50억년 동안의 고독

외 계 생 명 체 와 새 로 운 지 구 를 찾 아 가 는 길

50억년 동안의 고독

리 빌링스 지음 | 김승욱 옮김

어마마마

50억 년 동안의 고독

초판발행 2016년 5월 30일

지은이 리 빌링스
옮긴이 김승욱
펴낸이 김정한
편집 서동환
북디자인 전병준
펴낸곳 어마마마
출판등록 2010년 3월 19일 제 300-2010-35호
주소 110-034 서울특별시 종로구 효자로 9길 43(창성동)
문의 070.4213.5130(편집) 02.725.5130(팩스)
ISBN 979-11-87361-01-5 03440
값 18,000원

잘못된 책은 바꾸어 드립니다.

이 도서의 국립중앙도서관 출판예정도서목록(CIP)은 서지정보유통지원시스템 홈페이지
(http://seoji.nl.go.kr)와 국가자료공동목록시스템(http://www.nl.go.kr/kolisnet)에서 이용하실 수 있습니다.
(CIP제어번호: CIP2016012612)

들어가는 말

우리가 살고 있는 이 지구는 태양의 주위를 도는 행성이다. 태양은 불타고 있는 항성으로, 언젠가 완전히 타버리면 우리 태양계는 생명이 살 수 없는 곳이 될 것이다. 따라서 우리는 반드시 별들로 이어진 다리를 건설해야 한다. 우리가 아는 한, 지능이 있는 생명체는 온 우주에서 우리뿐이기 때문이다⋯⋯. 우리가 아는 의미 있는 삶은 이것뿐이므로, 우리는 그 삶을 계속 유지하기 위해 그러한 책임과 의무를 반드시 완수해야 한다.

_ 베르너 폰 브라운(NASA의 아폴로 프로젝트 기획자)

이 이야기는 우리 태양계가 차가운 수소와 먼지로 이루어진 몇 광년 너비의 구름으로부터 탄생했던 46억 년 전으로 거슬러 올라가 시작된다. 그 구름은 그보다 훨씬 더 큰 원시 가스 덩어리에서 나온 작은 가닥에 지나지 않았다. 그리고 가스 덩어리는 궁극적으로 초신성이 되어 폭발할 운명을 지닌 거대한 별들을 만들어내는 별들의 신생아실이었다. 거대한 별들이 폭죽처럼 하나씩 차례로 터지면서 무거운 원소들을 뿜어냈다. 방사능 때문에 지글지글 들끓는 그 원소들은 폭발의 충격파를 타고 수없이 많은 색종이 조각처럼 어두운 공간을 가로질렀다. 원소들을 품은 그 충격파들 중 하나가 지나는 길에 우리의 구름을 압축시키는 효과를 냈을 것이다. 구름의 밀도가 높아지자 중력이 주도권을 쥐게 되었고, 구름은 스스로 짜부라졌다. 구름을 구성하던 물질들은 대부분 중심부로 밀려가서 뜨겁게 지글거리는 원시별을 만들었다. 원시별의 질량이 점점 늘어나 마침내 중심부에서 핵융합에 의한 불이 타오르게 되자 우리 태양이 빛을 내기 시작했다. 구름을 구성하던 나머지 물질들은 새로 태어난 이 별의 주위에 자리를 잡고 백열하는 증기가 되어 거칠게 휙휙 도는 원반 모양을 이루었다.

소용돌이치던 원반이 서서히 식으면서 그로부터 금속, 바위, 얼음, 타르의 미세 알갱이들이 비처럼 쏟아져 나왔다. 이 알갱이들은 수천 년 동안 원반 속에서 소용돌이치며 때로는 서로 충돌하기도 하고 때로는 서로 달라붙기도 하면서 점점 커지는 물체들 속에 점차 흡수되었다. 처음에 나타난 것은 몇 밀리미터 수준의 구슬 같은 물체들뿐이었지만, 그것이 점점 커져서 몇 센티미터 크기의 자갈로, 몇 미터 크기의 바위로, 몇 킬로미터 크기의 산으로 변했다. 산처럼 거대한 덩치로 궤도를 도는 이 물체들을 '미행성체'라고 부른다. 미행성체들은 그 뒤로도 계속 충돌했다. 그리고 그들이 충돌할 때마다 얼음, 바위, 금속으로 이루어진 덩어리는 점점 커지기만 했다. 미처 1백만 년이 지나기 전에 미행성체들은 달 크기만 한 수백 개의 태아들, 즉 원시행성으로 자라났고, 이 원시행성들도 격렬한 충돌을 통해 더욱더 커져서 마침내 온전한 행

50억년 동안의 고독

성이 되었다.

 태양계 안쪽의 원시행성들은 아마도 1억 년쯤 더 충돌을 겪은 끝에 한데 합쳐져서 지구와 기타 바위투성이 행성들이 되었다. 이 내행성들은 물기 없이 바싹 말라 있었을 가능성이 높다. 아직 갓난아기인 태양의 강렬한 빛 때문에 물과 같이 증발하기 쉬운 물질들이 날아가버렸을 테니 말이다. 태양계 바깥쪽에서는 빙점 이하의 온도 때문에 그 물질들이 얼음에 갇혔다. 얼음은 행성을 구성하는 단단한 재료가 되어주었으므로, 목성을 비롯한 여러 행성의 핵이 급속히 형성되어 겨우 몇백만 년 만에 원반 안에서 머뭇거리며 남아 있던 가스를 쓸어 담았다. 이런 거대 행성들이 계속 자라면서 원시행성이 생겨날 수 없는 불안정한 구역이 만들어졌기 때문에 부서진 바위와 금속 조각, 원시 미행성체 등이 그대로 남았다. 이 잔여물들이 바로 소행성이다. 거대 행성들은 또한 얼음으로 이루어진 많은 미행성체들을 태양계의 저 먼 오지로 쏘아 보냈다. 그 때문에 그들은 지금으로 치면 명왕성의 궤도가 있는 자리 너머에서 어둠 속을 떠돌게 되었다. 이 차가운 부랑자들은 간혹 행성, 은하계의 조력潮力, 근접 거리를 지나가는 항성 등의 영향을 받아 혜성이 되어서 다시 태양 쪽으로 날아온다.

 마지막으로 40억 년 전부터 38억 년 전 사이의 어느 시점에 거대 행성들 사이에서 아주 복잡하고 혼란스러운 중력의 상호작용이 연달아 일어났다. 아직 명확히 밝혀지지 않은 이 상호작용이 태양계 바깥쪽 대부분을 흔들어놓는 바람에, 수많은 소행성과 혜성이 일제사격처럼 태양을 향해 날아오면서 건조한 바위투성이 내행성들을 두드렸다. '후기 운석 대충돌기Late Heavy Bombardment'라고 불리는 이 사건은 행성 형성 과정의 마지막 충격이었다. 여기저기 구덩이가 파인 달 표면은 이 사건의 여파를 보여준다. 우리 행성의 표면을 부식시켜 마치 흉터처럼 이런저런 지형을 만들어놓은 비에서도 이 사건의 영향을 볼 수 있다. 지구에 존재하는 물은 대부분 이 시기에 태양계 바깥쪽에서 특급으로 배달된 것처럼 보이기 때문이다. 이 사건이 끝난 뒤 지표면은 부분적으로 용해되었고, 원래 지구에 있던 대기는 대부분 날아가버렸다. 하지만 증기가 자욱한 하늘에서 처음으로 폭우가 내렸을 때, 우리 행성은 바다라는 선물을 받았다. 서서히 지구가 식으면서 화산들이 토해 낸 가스가 다시 대기를 구성했다. 그리고 머지않아 우리 행성은 생명을 얻었다. 태양계에 새로이 만들어진 모든 행성들 중에서 유일한 사례라고 해도 될 것이다.

그로부터 40억 년이 조금 못 되는 세월이 흐른 뒤 서기 1986년 1월, 나는 네 살이었다. 일몰 직후 나는 앨라배마 주 재스퍼에 있는 우리 집 뒤뜰에서 어머니, 아버지, 누이와 함께 서 있었다. 우리는 싸늘한 저녁 날씨 때문에 아버지가 피운 작은 모닥불 주위에 모여서 마시멜로를 구워 먹었다. 머리 위에서는 별들이 하나둘 모습을 드러냈다. 하늘 아래쪽, 그러니까 나무들 바로 위에 연한 하얀색 얼룩 같은 것이 희미하게 보였다. 태양을 도는 여행 중에 지구 근처를 지나가던 핼리혜성이었다. 그때 나는 가족들에게 그 혜성에 가볼 수 있냐고 물어보았던 기억이 난다. 생텍쥐페리의 소설 《어린 왕자》를 바탕으로 1974년에 제작된 영화를 얼마 전에 본 나는 영화 속에서 소행성에 살던 작은 소년처럼 우주를 날아 태양계의 기묘한 곳들을 모두 구경하고 싶었다. "언젠가 갈 수 있을지도 모르지." 내 질문에 이런 답이 돌아왔다. 몇 주 뒤

나를 비롯한 우리 또래 아이들은 우주여행이 동화같이 아름다운 이야기만은 아니라는 사실을 알게 되었다. 궤도를 향해 날아가던 미국항공우주국National Aeronautics and Space Administration, NASA의 우주셔틀 챌린저호가 폭발하는 모습을 보았기 때문이다.

그때는 핼리혜성이 멀고 먼 2061년에야 되돌아온다는 사실을 몰랐다. 게다가 나이도 너무 어려서 그 세월의 무게를 느낄 수도 없었다. 하지만 세월의 무게를 느끼지 못하는 건 혜성도 마찬가지일 것이다. 다시 돌아올 혜성은 예전 모습을 사실상 그대로 간직하고 있을 것이다. 반면 운이 좋아 그때까지 살아 있다면, 나는 여든 살이 가까운 노인이 되어 있을 것이다. 그리고 그보다 훨씬 더 커다란 행운이 따른다면, 100세가 넘은 내 부모님도 혜성을 볼 수 있을 것이다.

내가 열 살 때 우리는 사우스캐롤라이나 주 그린빌에 살고 있었다. 어느 해 여름 어머니는 동네 도서관에서 글을 모르는 어른들에게 글자를 가르치는 데 많은 시간을 쏟았다. 도서관에 갈 때마다 어머니는 나를 데리고 가서 내 마음대로 서가들 사이를 돌아다닐 수 있게 해주었다. 나는 외계 문명이나 우주여행을 다룬 공상과학소설들을 엄청나게 읽어댔다. 천문학 책들도 함께 읽었다. 그런데 그 책들은 우리 태양계 너머에 다른 행성들과 생물들이 존재할 가능성에 대해서는 어물쩍 넘어가면서, 그 대신 별의 폭발, 은하계 충돌, 탐욕스러운 블랙홀, 빅뱅처럼 더 거창하고 화려한 주제들을 다루는 경향이 있었다. 그런 것이 그 시대의 분위기였다. 20세기 중 대부분의 기간 동안 천문학자들은 점점 더 먼 시간과 공간 속을 바라보는 데에만 푹 빠져서 존재의 궁극적인 기원과 미래를 탐구했다. 그 결과 혁명적인 사실들이 연달아 발견되었다. 우리가 살고 있는 은하계가 헤아릴 수 없을 만큼 수많은 은하들 중 하나에 불과하다는 사실, 그리고 각각의 은하에는 수천 억 개의 별들이 있으며, 이들을 모두 감싼 우주가 거의 140억 년 전에 시작되어 지금도 팽창하고 있고, 어쩌면 영원히 존재할지도 모른다는 사실이 밝혀졌다. 나는 이런 우주 창조 이야기에 짜릿한 흥분을 느꼈지만, 중요한 뭔가를 놓치고 있는 것 같다는 생각을 떨칠 수 없었다. 바로 우리 인간의 존재가 빠져 있었다. 우주의 여명과 운명 사이 어딘가에서 길을 잃은 지구, 금속과 바위와 물로 구성된 이 둥근 지구는 단순히 생명만을 낳은 것이 아니라 지능이 있는 생명체를 낳았다. 자신의 기원을 발견할 수 있는 지적인 능력과 자신의 운명을 설계할 수 있는 기술적인 능력을 지닌 존재. 어쩌면 태양이 빛을 잃고 흐릿해지기 전에, 어떻게든 다른 별에 가 닿을지도 모르는 존재. 지구에서 이런 생명체가 탄생했으니, 어쩌면 다른 곳에서도 몇 번이나 같은 일이 일어날 가능성이 있었다. 아버지는 내가 도서관에서 빌려온 책들의 표지에 은하와 별이 그려져 있는 것을 보고, 백화점에서 파는 망원경을 사주었다.

　나는 망원경으로 하늘을 보았지만, 천문학 책에 묘사된 우주의 불꽃놀이를 볼 수 없다는 사실을 금방 알아차리고 실망했다. 공상과학소설에 나오는 은하 제국들이 존재한다는 증거도 전혀 찾아볼 수 없었다. 아무리 살펴보아도 우주는 죽은 것처럼 조용하기만 했다. 역설적이지만 광대한 우주 공간에는 생명체들과 그들이 살고 있는 작은 행성들을 위한 공간이 전혀 없는 듯했다. 따라서 박식하고 위대한 천문학자들의 머릿속에도 그런 공간은 없었다. 그런 것들은 너무 작아서 찾을 수 없었고, 너무 보잘것없어서 눈길을 끌지 못했다. 그래도 나는 가끔 망원경을 들여다보며 하늘을 가로지르는 UFO를 발견하거나 반짝이는 별빛 속에서 우주전쟁의 섬광을 볼 수 있을지도 모른다는 희망을 온전히 버리지 못했다. 어느 날 나는 아버지에게 다른 별들 주위에 행성이 존재하기는 하냐고 물었다. 아버지는 잠시 생각해보더니 다른 별들 주위에 행성이 있을 가능성이 높지만 확실히 아는 사람은 아무도 없다고 대답했다. 거리가 너무 멀어서 아직 그런 행성이 발견된 적이 없기 때문이었다. 그 뒤로 나는 밤하늘을 바라보며 저 우주에 존재하는 행성들이 어떤 모습일지 자주 궁금해졌다. 지구와 비슷할까? 거기에도 바다와 산, 산호초와 풀밭이 있을까? 도시와 농장, 컴퓨터와 라디오, 망원경과 우주선이 있을까? 그곳의 생물들도 우리처럼 살다가 죽을까? 하늘을 바라보며 삶의 목적에 대해 고민할까? 그들도 외로움을 느낄까? 가늘게 몸을 떠는 별들을 바라보면서 나는 결코 볼 수 없을 행성들을 발견하게 되기를 꿈꿨다.

2000년대 중반 무렵 나는 호기심을 직업으로 바꿔 과학 전문 기자가 되어 있었다. 덕분에 친구들과 지인들 대신 전문가들을 직접 붙들고 갖가지 질문으로 괴롭힐 수 있었다. 내가 어렸을 때 품었던 의문들 중 일부는 그사이 해결되어 있었다. 우리 태양이 아닌 다른 별들 주위에도 행성이 꽤나 흔히 존재하는 것이 밝혀졌고, 1990년대 중반 이후 천문학자들이 찾아낸 행성들이 수백 개에 달했다. '태양계외행성'이라고 불리는 이 행성들 중 대부분은 크기가 지나치게 크고 자기네 태양에 거리가 너무 가까워서 우리가 아는 한 생명체들이 살기에 좋은 환경이 아니었다. 천문학자들은 지상과 우주의 대형 망원경들을 이용해서 비교적 가까운 거리에 있는, 매우 크고 뜨거운 태양계외행성 몇 개의 사진까지 찍을 수 있었다. 하지만 아직 해결되지 않은 의문들도 있었다. 우리 은하와 그 밖의 우주에 환경과 크기가 지구와 비슷한 태양계외행성이 존재할까? 지구의 환경이 일반적인 것일까, 아니면 아주 특별하다 못해 유일무이한 것일까? 우리는 우주의 고독한 존재인가? 나는 영원할 것처럼 보이는 이런 의문들 중 일부의 해답을 곧 찾게 될지도 모른다는 사실을 알고 이 책을 쓰기로 결심했다.

때는 2007년, 나는 캘리포니아대학교 산타크루스캠퍼스의 천체물리학자 그렉 래플린을 인터뷰하고 있었다. 가벼운 이야기를 나누던 중에 래플린은 태양계외행성을 탐색하는 기술이 점점 더 세련되게 발전하고 있으므로 이미 알려진 수백 개의 태양계외행성 외에 수천 개의 행성들이 곧 발견되어 우리 지구와 그들을 비교할 수 있게 될 것이라고 설명했다. 그러면서 그는 천문학이 앞으로 다룰 큰 주제는 우주의 경계선과 시간의 시작이 아니라 가장 가까운 별들과 그들이 품고 있을 미지의 행성들, 생명이 살고 있을지도 모를 행성들이 될 것이라고 말했다. 대화가 거의 끝나갈 무렵, 그는 지구만 한 크기의 태양계외행성이 앞으로 5년 안에 처음으로 발견될 가능성이 높다는 추측을 내놓았다. 그는 질량이 가장 적은 태양계외행성들의 기록을 매년 그래프로 그려서 추적하고 있었는데, 그 결과 그려진 선은 지구만 한 질량의 행성이 2011년 중반에 발견될 가능성이 있음을 보여주었다. 나는 누구나 훤히 볼 수 있는 곳에 숨겨져 있던 엄청난 비밀과 느닷없이 맞닥뜨린 기분이었다. 태양계외행성과 관련된 보도 자료와 논문을 읽으면 읽을수록, 태양계 외부에서 생명체가 살 수 있는 행성들을 최초로 발견한 공로로 역사에 이름을 남길 과학자가 지구상 어딘가에 살고 있다는 확

12

신이 강해졌다. 어쩌면 외계 생명체의 증거까지 최초로 발견될지도 몰랐다. 하지만 그런 과학자들은 일반인들에게 전혀 알려지지 않은 익명의 존재들이었다. 나는 그들에 대해 더 많은 것을 알아내서 그들의 이야기를 사람들에게 들려주고 싶었다. 그래서 그들을 한 명씩 차례로 찾아냈다.

대부분의 과학자들은 두 팔 벌려 나를 반겨주었지만, 그렇지 않은 사람들도 예의 바르게 내 존재를 참아주었다. 그들 중에는 가까운 미래를 위해 희망찬 계획을 세우고 있는 사람이 많았다. 외진 곳의 산꼭대기와 먼 우주에 정부가 유리와 강철로 지어놓은 대규모 기술의 전당을 이용해서 하늘의 비밀을 밝혀내고, 가능성이 있어 보이는 태양계 외행성들에 생명의 흔적이 있는지 조사하는 계획들이었다. 좀 더 장기적으로는 우리 문명이 만족할 줄 모르는 호기심을 원동력으로 삼아 결국 지구를 완전히 벗어나서 태양계 전체와 그 너머까지 퍼져나가는 미래를 그리는 사람까지 있었다. 잠시도 가만히 있지 못하는 우리의 호기심은 한없이 광대한 공간 속에서 자꾸만 새로이 등장하는 미개척지를 향해 우리를 영원히 끌고 갈 것이다. 하지만 이 책을 위해 자료를 조사하는 과정에서 나는 중요한 망원경 건설계획이나 탐사계획이 지연되거나 취소되는 바람에 대담한 꿈들이 좌절되는 것도 많이 보았다. 그 꿈들은 영원히는 아니더라도 여러 세대 뒤로 미뤄졌다. 그들이 획기적인 발견의 문턱에서 휘청거린 것은 천체물리학이 새로운 한계에 부딪힌 탓이 아니었다. 빠르게 발전하는 외계 생명체 탐색 기술이 순전히 인간적이고 세속적인 문제에 무릎을 꿇은 탓이었다. 부주의한 조직 운영, 안정적이지 못하고 불충분한 자금 지원, 편협한 영역 다툼 같은 문제들 탓이었다. 행성 사냥꾼들은 별을 향해 손을 뻗고 있는데 정작 하늘이 무너지고 있는 것 같다는 기분이 들 때가 한두 번이 아니었다. 그래서 나는 과학자들의 개인적인 이야기뿐만 아니라 그들이 속한 분야의 이야기도 들려주기로 마음을 굳혔다. 그들의 연구가 어디에서 왔으며, 앞으로 운이 따른다면 어디까지 갈 수 있는지에 관한 이야기 말이다.

그 결과물이 바로 여러분이 지금 손에 들고 있는 이 책이다. 서가를 몇 개나 차지하고도 남을 위대한 발견들과 발견자들이 많지만, 이 책에서 그들의 이야기를 어쩔 수 없이 두리뭉실하게 넘기거나 아예 언급하지 못한 경우가 무수하다. 이 분야를 잘 아는 독자들께서 내가 다루고자 하는 이야기를 감안해 용서해주시기를 바랄 뿐이다. 이 책은 우리 행성의 초상화로서, 지구가 어떻게 태어났으며 먼 미래에 어떻게 죽어갈지를 다루고 있다. 이 책은 또한 계속 이어지고 있는 과학혁명의 연대기로서, 다른 항성들 주위에서 다른 행성들을 찾아내려는 열정적인 탐색을 집중적으로 다루고 있다. 하지만 무엇보다도 이 책은 인류의 불확실한 유산에 대한 명상이다.

이 책의 제목인 《50억년 동안의 고독》은 지구 상에서 생명이 살 수 있는 기간을 가리킨다. 지구 상의 생명은 언젠가 사라지게 되어 있다. 다른 이유는 몰라도, 언젠가 태양이 빛을 잃을 것이라는 이유 때문에라도 그럴 수밖에 없다. 약 45억 년 전 지구가 생겨난 직후 지구 상에 생명이 출현했다. 현재의 추정치로는, 다양하고 복잡한 다세포 생명들이 살고 있는 현재의 생물권이 단순한 미생물의 세계를 향해 돌이킬 수 없는 역행을 시작할 때까지 족히 5억 년쯤 남아 있다. 지금까지 오랜 세월 동안 지구는 우리와 비슷한 생명체를 만들어내지 못했다. 지구의 운명을 양손에 단단히 틀어쥐고 자기 멋대로 자연을 휘두를 능력을 지닌 생명체는 우리 외에 존재하지 않는다. 오래전 우리 조상들이 바다에서 나오는 법을 터득했듯이, 우리는 지구의 중력이라는 사슬을 끊는 법을 터득했다. 달까지 여행할 수 있는 기계, 태양계를 가로지를 수 있는 기계, 창조의 경계선을 응시할 수 있는 기계도 만들었다. 온실가스로 지구를 점차 삶아버릴 수 있는 기계, 핵융합반응의 불길로 지구를 급속히 태워 때 이른 세상의 종말을 불러올 수 있는 기계도 만들었다. 우리가 우리 자신 또는 서서히 죽어가는 지구를 구하는 데 우리의 힘을 쓸 것이라는 보장은 없다. 만약 우리가 실패하는 경우, 우리가 남긴 파괴의 흔적 속에서 지구가 새로운 기술 문명의 불을 붙일 수 있을 것이라는 희망도 거의 없다.

그렇다면 장기적으로 봤을 때, 우리는 한 가지 선택에 직면해 있다. 삶과 죽음의 선택, 과학을 초월해서 영적인 영역을 건드리는 선택이다. 지구가 소중한 만큼 우리는 지구의 고독과 이 세계의 끝에서 우리를 기다리는 종말을 끌어안을 수도 있고, 우리의 요람인 지구를 넘어 저 하늘 위 먼 곳에서 구원을 찾으려 할 수도 있다. 우리는 모두 살아가면서 이 원대한 선택에 나름대로 기여하며 인류의 미래를 지상으로 끌어내리기도 하고 별들을 향해 불쑥 들이밀기도 한다. 이 책에 등장하는 사람들 중 일부는 다른 별로부터 전파나 레이저광선을 타고 온 메시지를 통해 우리에게 가능한 미래를 엿볼 수 있을 것이라는 희망을 안고 우리보다 엄청나게 발전된 은하 문명의 흔적을 찾는 데 자신을 바쳤다. 그런가 하면 우리 지구와 다른 행성들에서 생명이 살 수 있는 조건의 한계를 명확히 밝혀내기 위해 오랜 세월에 걸친 지구의 기후변화를 자세히 연구하는 사람도 있다. 또한 우주 지도를 그리는 일이나 관측 장비를 제작하는 일을 하면서 멀고 먼 미래에 우리 후손들을 반가이 맞아줄 가능성이 가장 높은 행성을 찾으려고 애쓰는 사람들도 몇 명 있다. 이들은 모두 우리 행성의 시간이 끝나면 인류의 미래는 지구 너머 저 먼 곳에서만 찾을 수 있다고 믿는 듯하다. 여러분은 이 책에서 그들의 이야기를 읽게 될 것이다.

인류가 앞으로 어떤 선택을 할지, 정확히 어떤 방법으로 그 대담한 모험을 시작할지, 저 우주에서 궁극적으로 무엇을 찾게 될지에 대해 내가 마치 모든 것을 알고 있는 것처럼 굴지는 않을 것이다. 나는 다만 우리에게 실제로 선택의 여지가 존재한다는 믿음을 갖는 것으로 만족한다. 비슷한 맥락에서, 우리가 지구의 시급한 문제들을 모두 무시해버리고 별들로 탈출하는 꿈을 꾸어야 한다고 주장할 수도 없다. 우리는 반드시 지구와 우리 서로를 소중히 지키고 보호해야 한다. 어쩌면 우리를 환영해주는 다른 행성이나 생명체를 결코 찾을 수 없을지도 모르기 때문이다. 설사 그런 행성이나 생명체를 찾아낸다 해도, 우리에게는 아직 그들을 찾아갈 방법이 없다. 지금은 이 고독한 행성만이 우리에게 가능한 모든 미래의 시작점이다. 나는 이곳에서 우리의 미래가 종말을 맞지 않기를 기원한다.

리 빌링스
뉴욕에서

차례

들어가는 말 _5

1장 우리 은하에 문명이 존재할까? _19

2장 드레이크의 난초 _45

3장 부서진 제국 _73

4장 행성의 가치 _109

5장 골드러시 이후 _141

6장 큰 그림 _181

7장 평형을 벗어나서 _219

8장 빛의 일탈 _271

9장 빛을 없애는 방법 _311

10장 불모의 땅을 향해서 _347

감사의 말 _390

우리 은하에 문명이 존재할까?

우주가 얼마나 큰 것인가를 가르쳐주는 것은 거대한 고독뿐이다.
_ 카뮈

캘리포니아 주 산타크루즈 근처의 산 중턱 세쿼이아 숲 속에 나무와 같은 색의 단층집이 한 채 서 있었다. 바닥 일부의 높이가 조금 다르게 지어진 이 집 옆에는 작은 귤나무 숲과 나란히 세 채의 작은 온실들이 있었고, 잘 정돈된 뒤뜰 잔디밭에서는 접시 모양의 위성안테나가 하늘을 향하고 있었다. 코발트색 스테인드글라스 창문을 통해 거실로 새어 들어온 햇빛이 벨벳 소파에 앉은 노인 프랭크 드레이크를 바다색으로 물들였다. 그가 파랗게 보였다. 그는 뒤로 등을 기대고 커다란 이중 초점 안경을 조정하더니 양손을 배 위에 포개고 자신이 선택한 분야, 즉 외계 지적 생명체 탐사계획Search for Extra-Terrestrial Intelligence, SETI의 추락한 현실을 평가했다.

"진행 속도가 점점 느려져서 여러 면에서 사정이 좋지 않아요." 드레이크가 불퉁하게 말했다. "요즘은 돈이 없으니까. 우리 모두 늙어가고 있기도 하고. 우리를 찾아와서 이 일에 동참하고 싶다고 말하는 젊은

이들은 많지만, 이 분야에 일자리가 없다는 사실을 금방 알아차리죠. 외계인이 보낸 메시지를 탐색하기 위해 사람을 고용하는 회사는 없으니까요. 대부분의 사람들이 이 일이 별로 이득이 없다고 생각하는 것 같아요. 이렇게 흥미가 떨어진 것은, 아주 간단한 외계 메시지 탐지라도 그것의 의미가 무엇인지 대부분의 사람들이 모르기 때문일 겁니다. 우리가 혼자가 아니라는 사실을 알아내는 일의 가치가 얼마나 될까요?" 그는 기가 막힌다는 얼굴로 고개를 절레절레 젓더니 소파에 더욱 깊숙이 몸을 묻었다.

여든한 살인 드레이크는 주름살과 몸무게가 조금 늘어난 것을 빼면, 오래전 반세기도 더 전에 처음으로 SETI를 실행했던 젊은이와 거의 구분할 수 없는 모습이었다. 1959년에 드레이크는 웨스트버지니아 주 그린뱅크에 있는 미국국립전파천문대National Radio Astronomy Observatory, NRAO 소속 천문학자였다. 마르고 배가 고픈 스물아홉 살 청년에 불과했지만 벌써 나이 많은 정치가처럼 차분한 자신감과 은발을 지니고 있던 그는 어느 날 천문대에 새로 지어진 지름 25.9미터짜리 전파 안테나의 능력이 얼마나 되는지 궁금해졌다. 그래서 안테나의 민감도와 전송 능력을 바탕으로 대략적인 계산을 해보았다. 그는 그 결과를 다시 확인하면서 십중팔구 점점 환희를 느꼈을 것이다. 항성으로부터 겨우 12광년 떨어진 궤도를 도는 행성에서 지름 25.9미터의 전파 안테나 두 대가 신호를 보낸다면, 그린뱅크의 안테나가 그 신호를 쉽게 수신할 수 있음이 밝혀졌기 때문이다. 지구의 고독을 깨뜨리는 데 필요한 것은 전파망원경을 딱 맞는 시간에 딱 맞는 방향으로 돌려서 딱 맞는 주파수로 신호를 수신하는 일뿐이었다.

"그때도 지금도 그 사실은 변하지 않았습니다." 드레이크가 내게 말했다. "지금 이 순간 별들에서 날아온 메시지가 바로 이 방을 통과하는 중일 수도 있어요. 당신과 내 몸을 통과할 수도 있고요. 우리가 제대로 된 수신기를 갖고 있다면, 그 신호를 탐지할 수 있을 겁니다. 그런 생각을 하면 나는 지금도 소름이 돋아요."

드레이크가 이 엄청난 생각을 NRAO의 상관들과 의논하는 데는 시간이 오래 걸리지 않았다. 상관들은 그에게 간단한 탐색을 실행할 수 있는 소액의 예산을 허락해주었다. 1960년 봄에 드레이크는 25.9미터 안테나를 태양과 비슷한 근처의 두 항성, 즉 고래자리의 타우와 에리다누스강자리의 엡실론을 향해 주기적으로 맞춰놓고 지구를 향해 전파 신호를 보내는 외계 문명이 있는지 귀를 기울였다. 그는 이 연구에 '프로젝트 오즈마'라는 이름을 붙였다. 프랭크 바움의 인기 동화책 시리즈에 나오는 상상 속의 나라 오즈를 다스린 공주의 이름을 딴 명칭이었다. "바움처럼 나도 멀고 먼 나라를 꿈꿨다. 기묘하고 이국적인 존재들이 사는 나라." 나중에 그는 이렇게 썼다.

프로젝트 오즈마는 우주의 잡음을 기록하는 데 그쳤지만, 그래도 한 세대의 과학자들과 공학자들이 여기에서 영감을 얻어 다른 항성들 주위에 존재할지도 모르는 기술 문명을 찾아 통신을 주고받는 방법에 대해 진지하게 생각해보기 시작했다. 세월이 흐르는 동안 천문학자들은 전 세계의 전파망원경을 이용해서 수백 번이나 탐색에 나섰다. 그들은 수백만 개의 협대역 주파수로 수천 개의 별들을 살펴보았지만, 우리 행성이 아닌 곳에서 생명체나 지성이나 기술이 존재한다는 확실한 증거를 하나도 찾아내지 못했다. 우주의 침묵은 깨어지지 않았다. 그래서 드레이크와 그의 사도들은 50년이 넘도록 과학자의 역할뿐만 아니라 영업 사원의 역할도 수행했다. SETI 연구의 존속을 위해서 외계의 신호를 탐색할 때에 버금가는 열정으로 자금원을 찾아 헤맨 것이다.

처음에는 각국 정부들이 상당한 관심을 보였기 때문에, SETI는 냉전 시대에 짧은 기간 동안이나마 미국과 소련이 드잡이를 벌인 과학의 각축장 중 한 곳이 되기도 했다. 우주의 다른 문명 앞에서 인류의 대사 역할을 하는 것보다 더 훌륭한 선전이 어디 있을까? 다른 별들과의 통신을 통해 가치를 헤아릴 수 없는 귀한 지식을 얻어서 이용할 수도 있지 않은가? 1971년에 권위 있는 NASA의 한 위원회는 지구로부터 1천 광년 이내에 있는 별들의 전파 신호를 최대한 탐색하려면 총 수신 면적이 3~10킬로미터인 거대한 전파망원경들이 필요하다는 결론을 내렸다. 이러한 망원경 집합체를 건설하는 데 드는 비용은 약 100억 달러였다. 정치가들과 납세자들은 이 가격표를 보고는 멈칫했다. 그리고 이로 인해 SETI는 정치적인 관심을 잃고 긴 추락을 시작했다. 아무런 결과도 나오지 않는 세월이 수십 년으로 늘어나자 그렇지 않아도 빈약하고 불안정했던 연방 정부의 지원이 더욱더 축소되었다. 1992년에 NASA가 새로운 SETI 프로그램을 야심 차게 시작하면서 희망의 빛이 보이는 것 같았지만, 의회의 반발로 이 프로젝트는 이듬해에 문을 닫았다. 1993년 이후로는 다른 별들의 전파 신호를 찾는 연구에 연방 정부의 돈이 단 1달러도 직접 지원된 적이 없다. 드레이크와 그의 사도들은 이러한 미래를 짐작하고 있었으므로, 공공 부문과 민간 부문에서 모두 좀 더 용이하게 재정적인 지원을 이끌어내기 위해 1984년에 비영리 연구 조직인 SETI 연구소를 설립했다. 캘리포니아주 마운틴뷰에 본부를 둔 SETI 연구소는 1990년대 중반에 별처럼 눈을 반짝이는 실리콘밸리의 신흥 부자 기술자들의 기부금과 각종 기관의 연구 지원금 덕분에 호시절을 구가했다. 드레이크는 처음 연구소가 설립됐을 때부터 2000년까지 연구소장으로 일하다가, 새로운 천 년이 시작되고 2년쯤 뒤에 활동적인 은퇴 생활을 시작했다.

2003년까지 SETI 연구소는 마이크로소프트의 공동 창업자인 억만장자 폴 앨런의 지원으로 2,500만 달러를 확보하여 샌프란시스코에서 북쪽으로 약 300킬로미터 떨어진 우묵한 그릇 모양의 사막 계곡에 혁신적인 신장비인 앨런 망원경군Allen Telescope Array, ATA을 짓기로 했다. 소수의 거대한 접시안테나(값이 엄청나게 비싸다)를 배치하는 대신 다수의 작은 접시안테나를 배치하는 방법을 쓰면 돈을 절약할 수 있었다. 드레이크는 ATA의 설계 대부분을 선두에서 이끌었다. 계획에 따르면, 지름 6미터의 접시 안테나 350개가 하나의 초고감도 전파망원경 역할을 하면서 하늘에서 만월의 거의 다섯 배나 되는 지역을 다양한 주파수로 관찰할 예정이었다. 앨런의 기부금 외에 다른 곳에서 확보한 2,500만 달러가 더 있었으므로 ATA의 첫 단계인 42개의 접시안테나를 충분히 건설할 수 있었다. 이 작업은 2007년에 마무리되었다. 이제 막 걸음마를 시작한 ATA의 운영에 필요한 상당한 자금은 캘리포니아 대학교 버클리캠퍼스의 전파천문학연구소에 캘리포니아 주 정부와 연방 정부가 지원한 연구 기금에서 나왔다. 이 연구소가 SETI 연구소와 함께 공동으로 ATA를 운영하기 때문이었다. ATA는 아직 일부만 완성된 상태인데도 SETI뿐만 아니라 이 연구와는 관계없는 많은 전파천문학 연구들을 지원하는 데에도 훌륭한 기능을 발휘했다. ATA의 연간 운영예산은 적어도 2011년까지는 약 250만 달러였지만, 그 뒤로는 자금 부족으로 인해 시설 전체가 동면에 들어갈 수밖에 없었다.

2011년 6월에 내가 드레이크의 집에서 그와 이야기를 나눌 때, 이미 문을 닫은 ATA의 접시안테나들 주위에서 잡초가 자라고 있었다. 연구소에는 최소한의 인원인 4명만이 남아 시설이 수리조차 불가능할 정도로까지 망가지지만은 않게 관리했다. ATA는 12월이 되어서야 잠깐이나마 쏟아져 들어온 소액 기부금 덕분에 다시 작동하기 시작했다. 하지만 기부금은 겨우 몇 달 동안의 운영비에 불과했다. 연구소는 미국 공군과 파트너십을 맺으려고 애썼고, 나중에 공군은 ATA 사용 시간을 일부 구매해서 '우주 쓰레기'(로켓 발사 과정에서 단계별로 분리된 것들, 금속 나사, 기타 우주선에 충돌해서 피해를 입힐 수 있는 잔해들)를 감시했다. 하지만 이 자금 역시 일시적인 것에 불과했으며, 우주 쓰레기를 조사하는 데 시간을 쓴 만큼 ATA의 원래 목적인 SETI 연구에 쓸 수 있는 시간이 줄어들었다. 좀 더 돈이 많은 후원자가 하늘에서 떨어져 중량급 기부를 하지 않는 이상, ATA가 접시안테나 350개라는 원래 목표에 도달할 희망은 거의 없었다. 게다가 2008년 이후 세계 금융 위기라는 혼란 속에 불경기가 길게 이어지면서 기부자를 찾는 일도 외계 신호를 찾는 일만큼이나 힘들어졌다. 드레이크의 거창한 꿈이 그대로 무너지는 듯했다.

이런 정치적, 경제적 문제들 외에도 SETI의 추락에는 또 다른 요인이 작용했다. 과학적인 동시에 다소 얄궂은 그 요인은 바로 태양계외행성의 발견과 연구에만 집중하는 분야인 태양계외행성학의 부상이었다. 1990년대 초부터 전파망원경들이 외계 메시지를 찾기 위해 간

50억년 동안의 고독

헐적으로 하늘을 한 바퀴씩 둘러보는 과정에서 천문학의 혁명이 일어났다. 최신식 장비를 이용해 하늘을 관찰하던 사람들이 태양계외행성들을 발견하기 시작한 것이다. 처음 발견된 행성들은 '뜨거운 목성들', 즉 항성과 지나치게 가까운 거리에서 궤도를 도는 거대한 가스 행성이었다. 하지만 행성 탐색 기술이 점점 발전하면서 발견 속도가 빨라지자 그보다 작고 생명체가 살기에 더 적합한 환경을 지닌 행성들이 모습을 드러내기 시작했다. 2001년에는 모두 12개의 태양계외행성이 발견되었는데, 모두 뜨거운 목성이었다. 하지만 2004년에 발견된 28개의 태양계외행성 중에는 해왕성만큼 작은 것도 포함되어 있었다. 2010년에는 100개가 넘는 행성들이 발견되었고, 그중에는 지구와 거의 비슷한 크기의 행성들도 조금 있었다. NASA의 케플러우주망원경(지구와 환경이 비슷한 태양계외행성을 찾기 위해 2009년에 우주로 발사된 망원경 - 옮긴이)은 2013년 초까지 행성일 가능성이 높은 천체를 2,700개 이상 찾아냈는데, 그중 소수는 지구와 크기가 같거나 지구보다 작았으며, 생명이 존재할 수 있는 거리에서 항성 주위를 돌고 있었다. 이런 결과에 고무된 천문학자들은 근처 항성들 주위를 도는, 생명이 살 수 있을 것 같은 모든 행성에서 생명의 흔적을 찾아보기 위해 거대한 우주망원경을 건설하는 계획을 진지하게 논의했다.

2011년 12월에 잠시 다시 살아난 ATA는 혹시 케플러망원경이 찾아낸 유망한 후보들에 수다쟁이 외계인이 살고 있어서 그들이 전파 신호를 내보내지는 않는지 살피기 시작했다. 하지만 ATA가 또다시 자금에 굶주려서 동면에 들어갈 때까지 아무런 신호도 탐지되지 않았다. 태양계외행성을 찾는 작업이 계속 호시절을 구가하고, 놀라운 행성을 발견하는 사람들이 언론을 통해 명성을 얻고 학자로서 스타덤에 올라 많은 자금을 지원받는 현실에서 반세기 동안 아무런 결과도 내지 못한 SETI는 더 이상 앞으로 나아갈 수 없었다. 외계 생명체에 관심이 있는 사람들이 고개를 돌릴 곳은 SETI가 아니라 태양계외행성학이었다. 지구와 흡사한 행성을 찾는 작업이 끓어오르기 시작할 때, SETI는 꽁꽁 얼어붙은 채 과학계에서 밀려났다.

내가 드레이크에게 이제 SETI가 종말을 향해 가고 있는 것이냐고 묻자, 그는 체셔 고양이처럼 다 안다는 듯이 히죽 웃으며 파란 눈을 반짝였다. "저런, 그럴 리가요. 내 생각에 지금은 종말이 아니라 시작입니다. 사람들은 우리가 그동안 항상 모든 주파수로 하늘 전체를 살펴보았을 것이라고 생각하지만, 현실은 전혀 그렇지 않았어요. 사실 지금까지 SETI 연구를 통해 자세히 살펴본 것은 근처에 있는 항성 2,000여 개에 불과합니다. 지금은 그중 어떤 항성에 유망한 행성이 있을 가능성이 있는지 겨우 알아가는 단계예요……. 설사 우리가 그동안 방향을 제대로 찾아서 딱 맞는 주파수로 신호를 찾고 있었다 해도, 우리가 안테나로 탐색하는 시간에 신호가 날아올 가능성은 그리 크지 않습니다. 지금까지 우리는 겨우 몇 장의 복권으로 당첨을 노리고 있었을 뿐이에요."

우주에 다른 생명체가 존재한다는 드레이크의 확신은 프로젝트 오즈마 직후에 있었던 개인적인 회합에 뿌리를 두고 있다. 1961년 미국 과학아카데미의 J. P. T. 페어맨이 드레이크에게 접근해서 NRAO의 그린뱅크천문대에서 소규모의 비공식적인 SETI 회의를 여는 데 도움을 주었다. 페어맨의 설명에 따르면, 이 모임의 핵심적인 목적은 SETI가 다른 항성 주위에서 성공적으로 문명을 탐지해낼 수 있는 가능성을 정량화하는 것이었다. 이 '그린뱅크회의'는 1961년 11월 1일부터 3일까지 계속되었다.

몇 명 되지 않았던 초대 손님 명단에는 쟁쟁한 인물들이 꽤 포함되었다. 먼저 드레이크와 페어맨 외에 노벨상 수상자 세 명이 있었다. 그 중 화학자 해럴드 유리는 수소보다 무거운 수소의 동위원소인 중수소를 발견한 공로로, 생물학자 조슈아 레더버그는 박테리아들이 짝짓기를 통해 유전물질을 교환할 수 있다는 사실을 발견한 공로로 노벨상을 수상했다. 두 사람 모두 아직 신생아 단계인 새로운 분야, 즉 우주에서 생명의 기원과 발현을 연구하는 우주생물학의 초기 연구자였다. 유리는 특히 그 옛날 지구에 생물이 발생하기 이전의 화학적 상태에 관심이 있었고, 레더버그는 먼 행성의 외계 생명체를 먼 거리에서 탐지하는 방법을 찾아내려고 했다. 회의가 진행되는 동안 참석자 중 한 명인 화학자 멜빈 캘빈이 광합성에서 화학적 경로를 명료하게 밝혀낸 공로로 노벨상을 수상했다.

다른 참석자들의 명성도 이에 못지않았다. 물리학자 필립 모리슨은 1960년에 드레이크가 시행했던 것과 똑같은 SETI 프로그램을 옹호하는 논문을 1959년에 공동 저술했다. 데이나 애칠리는 전파통신시스템의 전문가로, 드레이크의 연구에 장비를 기증한 마이크로웨이브 어소시에이츠의 사장이었다. 버나드 올리버는 휴렛패커드의 연구 담당 부사장이었으며, 드레이크의 첫 연구 때 그린뱅크까지 와서 직접 보았기 때문에 이미 SETI의 열렬한 지지자였다. 러시아 태생의 미국인 천문학자이며 그린뱅크천문대의 대장 오토 스트루브는 이름을 날리는 제자 중 한 명인, 부드러운 말씨의 NASA 소속 학자 수슈 황을 초대했다. 스트루브는 전설적인 광학천문학자이자, 다른 항성 주위를 도는 행성을 발견할 방법을 남들보다 먼저 진지하게 생각해본 인물이었다. 그와 황은 항성의 질량과 밝기가 궤도를 도는 행성의 생명체 존재 가능성에 어떤 영향을 미칠 수 있는지 공동으로 연구한 적이 있었다. 신경과학자 존 릴리는 종種 간의 의사소통에 대한 자신의 생각을 발표하기 위해 그린뱅크에 왔다. 그의 연구에 바탕이 된 것은 인간에게 붙잡혀 갇혀 사는 큰돌고래를 상대로 한 실험이었는데, 이 실험은 논란의 대상이 되기도 했다. 검은 머리의 스물일곱 살짜리 총명한 청년으로 천문학 박사후 연구원이던 칼 세이건은 당시 참석자들 중 가장 젊었으며 가장 무명의 존재였다. 그는 스승 중 한 명인 레더버그의 초청으로 그 자리에 참석했다.

의제를 설정하는 일은 드레이크의 몫이 되었다. 회의가 시작되기 며칠 전 그는 연필과 종이를 들고 책상에 앉아 현재 우리 은하에 존재할 가능성이 있는 앞선 문명 중에서 우리가 탐지할 수 있는 것의 수 'N'을 추정하는 데 필요한 모든 핵심 정보를 범주별로 정리해보려고 했다. 먼저 그는 가장 기초적인 것부터 시작했다. 문명은 반드시 안정적이고 수명이 긴 항성 주위를 돌며, 생명이 거주할 수 있는 환경을 갖춘 행성에서만 생겨날 수 있을 것이다. 드레이크는 우리 은하의 평균 별 생성 속도 'R'이 우주 문명의 새로운 요람이 형성되는 데 대략적인 상한선이 될 것이라고 추론했다. 그 별들 중 작은 일부 'f_p'에서 실제로 행성이 형성될 것이며, 그 행성들 중 일부 'n_e'가 생명이 살기에 적합한 환경을 갖추게 될 것이다. 이제 드레이크의 추론은 천체물리학과 행성학의 영역에서 진화생물학의 영역으로 접어들었다. 생명이 살 수 있는 행성들 중 작은 일부 'f_l'이 실제로 생명의 꽃을 피울 것이며, 그 행성들 중 일부 'f_i'가 지능과 의식을 갖춘 생명체를 낳을 것이다. 생각이 점점 난해한 사회과학의 영역으로 옮겨가자 드레이크는 불안해졌다. 그는 자신이 합리적인 추론의 한계에 도달하고 있음을 감지했지만, 고집스럽게 앞으로 나아갔다. 지능이 있는 외계 생명체들 중 우주 공간을 가로질러 자신의 존재를 알릴 수 있는 기술을 발전시킨 일부는 'f_c', 기술 사회의 평균수명은 'L'로 설정했다.

드레이크는 수명이 중요하다고 믿었다. 우리 은하의 크기와 엄청난 나이 때문이었다. 그 무엇도 빛의 속도보다 빠르게 움직일 수는 없을 것 같다는 불편한 사실도 문제였다. 너비가 대략 10만 광년이고 나이는 우주와 거의 맞먹는 것으로 알려진 우리 은하에는 지구 외의 우주 문명이 출현할 수 있는 공간과 시간이 엄청나게 많았다. 예를 들어 발전된 기술 사회의 평균수명이 몇백 년 정도이고 그런 사회 두 곳이 1천 광년 떨어진 두 항성 주위에서 동시에 발생했다면, 외계와 통신할 수 있는 기간이 다양한 요인들로 인해 끝나버리기 전에, 그들이 서로 접촉할 가능성은 거의 없었다. 설사 한쪽이 모종의 방법으로 다른 쪽을 찾아내서 그 먼 별을 향해 메시지를 쏘아 보낸다 해도, 그 메시지가 도달하는 1천 년 뒤쯤이면 애당초 메시지를 보낸 사회는 이미 존재하지 않을 것이다.

타당성 있는 숫자들을 이용해서 드레이크의 인수들을 모두 곱한다면, 아마 'N'의 대략적인 추정치가 나올 것이다. 이 인수들은 상호 의 존적이다. 만약 그들 중 하나의 값이 거의 없다고 해도 좋을 만큼 낮다면, 'N'의 값, 즉 우리 은하 전체에서 우리가 탐지할 수 있는 기술 문명의 숫자 추정치도 급격히 떨어질 것이다. 이 인자들을 한데 늘어놓으면, 현재 우주에 존재하는 문명의 정확한 추정치를 구할 수는 없다 하더라도 최소한 우주에 관한 인류의 무지를 정량화할 수는 있었다.

11월 1일 아침, 손님들이 NRAO의 생활관에 있는 작은 휴게실에 자리를 잡고 앉아 커피를 마시고 있을 때 드레이크가 일어나 앞으로 걸어 나가서 자신의 추론 결과를 발표했다. 하지만 그는 중앙의 강연대에서 사람들을 향해 서지 않고 반대로 등을 돌린 채 칠판에 자신의 공식을 길게 써나갔다. 그가 분필을 놓고 옆으로 물러났을 때, 칠판에는 다음의 공식이 적혀 있었다.

$$N = R f_p \, n_e \, f_l \, f_i \, f_c \, L$$

이 글자들의 조합은 '드레이크 방정식'이라고 불리게 되었다. 드레이크는 사흘간의 그린뱅크회의에 지침을 마련할 목적으로 이 공식을 만들었을 뿐이지만, 이 방정식과 각각의 글자에 대응하는 타당성 있는 숫자들은 그 뒤 SETI 연구와 관련 논의를 모두 지배하게 되었다.

그린뱅크회의 당시 이 공식 중에서 값이 한정된 것은 'R', 즉 항성의 형성 속도뿐이었다. 천문학자들은 우리 은하에서 별이 형성되는 여러 지역을 이미 자세히 연구한 바 있었다. 회의에 참석한 천문학자들은 그 자료를 바탕으로 재빨리 'R'의 값을 정했다. 우리 은하 안에서 1

년에 적어도 하나의 별이 생성되는 것으로 가정한, 보수적인 값이었다. 그들은 또한 태양과 유사한 항성에 중점을 두기로 했다. 우리 태양보다 훨씬 큰 항성들은 훨씬 더 밝게 빛나면서 겨우 수천만 년 또는 수억 년 만에 다 타버리기 때문에 궤도를 도는 행성에서 복잡한 생명체가 출현할 시간이 거의 없었다. 반면 태양보다 훨씬 작은 항성들은 내부의 핵연료도 훨씬 적어서 수천억 년 동안 희미한 빛을 낼 수 있지만 행성이 그 희미한 빛으로 충분히 데워지려면 위험할 정도로 항성에 바짝 붙어야 했다. 그러다 보면 항성 표면의 불길과 중력의 파도가 생물권을 난장판으로 만들어버릴 수 있었다. 태양과 유사한 항성들은 이 두 극단 사이에서 균형을 유지하며 수십억 년 동안 충분한 밝기로 꾸준히 빛을 내기 때문에 항성의 불길로부터 멀리 떨어진 곳에 생명이 살 수 있는 행성이 생겨날 수 있었다.

1961년에는 우리 태양계 외부에 있는 행성이 하나도 알려져 있지 않았으므로 'f_p'의 추정치는 간접적인 증거에 의존할 수밖에 없었다. 추정치가 도출된 것은 스트루브와 모리슨의 토론을 통해서였다. 스트루브는 수십 년 전 선구적인 연구를 수행하면서 다양한 항성들의 회전속도를 측정했다. 그 결과 그는 몹시 뜨겁고 육중하며 우리 태양보다 큰 항성들이 매우 빨리 회전하는 반면, 우리 태양과 비슷한 항성들과 그보다 더 작고 차가운 항성들은 느리게 회전한다는 사실을 알아냈다. 스트루브는 우리 태양과 흡사한 항성 주위를 도는 행성들이 항성의 각角운동량을 약화시켜서 회전속도를 감소시키기 때문에 이런 차이가 생길 것이라고 짐작했다. 하지만 우리가 아는 한 태양과 유사한 항성들 중 대략 절반은 동반성同伴星과 함께 서로의 주위를 도는 쌍성계를 형성하고 있는데, 이 경우 별들이 서로에게 영향을 미칠 수 있었다. 학자들은 쌍성계에서 두 별이 서로를 끌어당기는 힘이 행성 형성 과정을 망가뜨릴 수 있다고 생각했다. 스트루브는 나머지 절반, 즉 쌍성계가 아닌 항성들에서 행성이 생겨날 가능성이 높다고 보았다. 그는 우리 태양과 비슷한 항성들 주위에 행성이 흔하게 존재할 것이라고 확신한 나머지, 그린뱅크회의보다 거의 10년 전인 1952년에 그런 행성들을 찾기 위한 두 가지 관측 전략을 제시한 논문을 발표하기까지 했다. 태양계외행성 붐이 일어나기 반세기 전에 미래를 예언한 셈이었다. 하지만 모리슨은 태양과 흡사한 항성들 중 절반이 행성을 갖고 있을 것이라는 스트루브의 추정치가 너무 높다고 보고, 혼자 도는 항성들 주위에서도 여기저기 흩어진 소행성과 혜성만 만들어지는 경우가 많을 것이라고 추측했다. 그래서 'f_p'를 5분의 1로 낮게 잡았다.

회의에 참석한 학자들이 그다음에 주의를 돌린 것은 'n_e', 즉 항성계 1개당 생명체가 살 수 있는 행성의 숫자였다. 황과 스트루브는 공동 연구를 통해 많은 행성들이 서로 널찍한 간격을 두고 궤도를 도는 우리 태양계의 구조가 전형적이라고 가정했다. 그들은 어떤 항성계에서든 적어도 한 행성이 황의 '생명체 가능구역habitable zone'에 들어올 것이라고 보았다. '생명체 가능구역'이란 항성 주위에서 행성의 표면에 액체 형태의 물이 존재할 수 있는 대략적인 구역을 말한다. 세이건도 이 의견에 동의하고, 행성의 대기 중에 풍부하게 포함된 온실가스가 원래대로라면 얼어붙을 듯이 추웠을 행성을 데우는 역할을 해서 생명체 가능구역이 크게 확장될 수 있음을 지적했다. 학자들은 우리 태양계에서 불길에 바짝 탄 금성과 얼어붙을 듯이 추운 화성에 초점을 맞췄다. 경계선상에 위치한 이 두 행성의 대기 구성이 조금 달랐다면, 두 행성은 지구와 상당히 흡사해졌을 것이다. 온실가스가 황의 생명체 가능구역을 확장시킨다는 세이건의 의견을 바탕으로 회의 참석자들은 한 항성계에 생명 활동에 적합한 행성이 1~5개씩 있을 가능성이 높다는 결론을 내렸다. 그래서 'n' 값은 1에서 5 사이가 되었다. 물론 은하에 생명이 살 수 있는 행성이 수십억 개나 존재할 수도 있지만, 만약 생명의 탄생이 우주적인 요행이었다면 지구를 제외한 다른 행성에는 전혀 생명체가 살지 않을 가능성도 있었다.

이제 토론은 'f_l' 값, 즉 생명체가 살 수 있는 행성들 중 실제로 생명이 태어난 곳의 숫자로 넘어갔다. 이것은 유리와 캘빈의 전문 영역에 속하는 문제였다. 유리는 1952년에 대학원생인 스탠리 밀러와 팀을 이루어 원시 지구에서 생명이 탄생한 과정을 조사했다. 당시 지구에는 지열, 번개, 아직 어려서 마구 날뛰는 태양에서 날아온 자외선 때문에 유용한 에너지가 가득했을 것이다. 유리와 밀러는 수소, 메탄, 암모니아, 수증기(원시 지구의 대기 구성과 비슷하다고 짐작되는 조합)를 용기에 넣고 봉한 뒤 용기 안에 가벼운 전류를 흘려보기로 했다. 두 사람은 실험을 시작한 지 겨우 1주일 만에 유기화합물(당, 지질은 물론 단백질의 재료인 아미노산까지 있었다)로 이루어진 '원시 수프'를 합성해냈다. 행성 차원에서 이런 반응이 수백만 년 동안 이루어진다면 무기 화학물질에서 생명체의 재료가 되는 유기 성분들이 쉽게 합성될 수 있을 것이다. 지구의 화석 기록은 지구가 형성되고 나서 뜨거운 열기가 식은 지 겨우 몇억 년 뒤에 이미 생명체가 번창하고 있었음을 암시한다. 환경이 갖춰지자마자 생명체가 실제로 나타났던 것으로 보인다.

캘빈은 지질시대적 관점에서 봤을 때, 생명체가 살 수 있는 행성이라면 어디서든 단순한 단세포생물이 반드시 등장했을 것이라고 강력하게 주장했다. 세이건은 천문학자들이 성간星間가스와 먼지에서 이미 수소, 메탄, 암모니아, 물을 발견했으며, 일부 운석에서도 유기화합물이 풍부하게 발견되었음을 지적했다. 세이건은 이 모든 사실들을 종합해볼 때, 행성 형성 과정에서 지구와 비슷한 대기를 지닌 행성들이 흔하게 생겨난 듯하다고 말했다. 물리와 화학의 법칙은 어디서나 똑같이 작용하므로, 항성의 빛으로 따뜻해진 행성들에서 생명의 재료인 유기물이 풍부하게 생겨났을 것이다. 원시 수프 속에서 유기화합물들이 수많은 반복과 치환을 거치면서 원시적인 촉매 효소들과 자가 복제 분자들이 점차 나타났을 것이고, 머지않아 그로부터 생명체가 탄생했을 것이다. 다른 학자들도 이 주장에 동의했다. 수억 년 또는 수십억 년의 시간이 주어진다면, 생명체가 살 수 있는 모든 행성에서 단세포 생물이 출현할 가능성이 높으므로 'f_l'값은 1이었다.

'f_i', 즉 생명체가 탄생한 행성들 중 지능 있는 생명체가 나타나는 행성의 숫자를 토론할 때가 되자, 릴리가 카리브 해의 세인트토머스 섬에 갇혀 있는 돌고래를 대상으로 실시한 실험 이야기를 꺼냈다. 그는 먼저 돌고래의 뇌가 인간보다 크며, 신경 밀도가 비슷하고, 피질 구조가 더 다양하다는 점을 지적했다. 그러고는 혀 차는 소리와 휘파람 소리로 이루어진 돌고래의 언어로 녀석들과 의사소통을 하려고 애쓴 다양한 시도를 설명한 뒤, 바다에서 돌고래들이 조난 당한 선원을 구출하는 이야기를 했다. 그는 자신이 데리고 있던 돌고래들 중 한 마리가 수영장의 차가운 물속에서 탈진해 익사할 위험에 처했을 때 다른 두 마리가 힘을 모아 그 돌고래를 구출한 이야기에 초점을 맞췄다. 체온이 내려가 위험에 처한 돌고래는 두 번 날카롭게 휘파람을 불었는데, 이것이 구원 요청이었는지 두 돌고래가 서로 이야기를 나누며 구출 계획을 짜더니 위험에 처한 동료를 구했다. 이 광경을 보고 릴리는 돌고래가 지구상에서 인간 이외에 지능을 지닌 또 다른 생물이며, 복잡한 의사소통, 미래 계획, 공감, 자기 성찰이 가능하다는 확신을 얻었다.

모리슨은 논의의 범위를 넓혀 수렴 진화라는 개념을 소개했다. 수렴 진화란 자연선택 과정에서 서로 크게 다른 진화 계통에 속하는 생물들이 공통의 환경과 생태적 지위에 잘 맞는 공통된 형태로 다듬어지는 경향을 말한다. 이 수렴 진화 덕분에 참치와 상어 같은 어류와 포유류인 돌고래가 모두 유선형 체형을 갖게 되었으며, 동물계 전체에서 여러 차례에 걸쳐 눈이나 날개 같은 것들이 독자적으로 진화할 수 있었다. 모리슨은 아마 지능도 수렴 진화의 또 다른 예일지 모른다면서, 지능이 인간과 돌고래뿐만 아니라 지금은 멸종된 네안데르탈인 같은 영장류와 고래류에게도 생겨났을 것이라고 말했다. 눈이나 날개와 마찬가지로 지능 또한 행성 환경에서 몇 번이나 등장하는, 지극히 성공적인 적응 결과일 가능성이 있다는 것이다. 물론 이를 위해서는 먼저 단세포생물이 복잡한 다세포생물로 진화하는 근본적인 도약이 필요했다. 그린뱅크회의에 참가한 학자들은 모리슨의 주장에 마음이 움직여서 낙관적인 기분이 되어 'f_i'값을 1로 설정했다.

모리슨은 또한 드레이크의 방정식 중 가장 모호한 마지막 두 가지 인자, 즉 지능 있는 생명체들이 사회를 만들고 항성 간 통신이 가능한 기술을 발전시킬 비율을 뜻하는 'f_c'와 발전된 기술 문명의 평균수명을 뜻하는 'L'에 관한 논의의 틀을 잡는 데에도 결정적인 역할을 했다. 먼저 그는 돌고래나 고래 같은 생물들이 지능을 갖고 있기는 하지만 지금처럼 물속에 사는 형태로는 우주에서 눈에 보이지 않는 존재가 될 수밖에 없음을 지적했다. 설사 그들이 언어와 문화를 갖고 있다 해도, 비교적 간단한 도구와 기계조차 조립하거나 사용할 방법을 아직 모르기 때문이다. 회의 참석자들은 그 누구도 고래 문명이 전파망원경이나 텔레비전 안테나 같은 것을 만드는 모습을 쉽사리 상상하지 못했다. 모리슨은 물속과 달리 육지에서는 기술 사회의 등장 역시 또 하나의 수렴 현상일 가능성이 있음을 역사가 암시해준다고 말했다. 중국, 중동, 아메리카 대륙의 초기 문명이 모두 독자적으로 형성되었지만 전반적으로 비슷한 발전 경로를 거친 것이 좋은 예였다.

하지만 사회 변화와 기술 발전의 동인이 무엇인지는 도무지 알 수 없었다. 중국은 화약, 나침반, 종이, 인쇄기 등을 유럽보다 수백 년 먼저 개발했지만, 유럽의 르네상스에 버금가는 현상이나 성공적인 과학혁명, 또는 산업혁명 같은 것을 경험하지 못했다. 바다를 항해하는 커다란 배를 타고 아메리카 대륙을 발견한 사람은 중국인이 아니라 스페인과 포르투갈의 탐험가들이었다. 그리고 그들이 아메리카 대륙에서 찾아낸 토착 문명은 유럽의 강철과 화약에는 상대가 되지 않는 석기시대 수준에 머물러 있었다. 바다 너머로 배를 보내는 일이나 다른 별들로 메시지를 보내는 일은 기술의 문제일 뿐만 아니라 선택의 문제이기도 한 것 같았다. 어떤 기술 문명이 항성 간 통신을 시도할지는 예측할 수 없었다. 그린뱅크회의 참석자들은 이처럼 다소 임의적인 결정을 내려야 하는 상황에서, 결국 지능을 지닌 생물의 10분의 1 내지 5분의 1이 다른 우주 문명을 찾아 신호를 보내겠다는 의도와 능력을 갖게 될 것이라고 추측했다. 이제 남은 것은 'L', 기술 문명의 평균수명뿐이었다.

잠시 휴식을 취하는 시간에 드레이크는 자신의 방정식을 근본적으로 간소하게 정리할 수 있을 것 같다는 생각이 들었다. 방정식의 일곱 가지 요소 중 세 가지 'R, f_l, f_i'가 1로 설정되었으므로, 방정식의 결과물인 'N', 즉 우리 은하에서 탐지할 수 있는 문명의 숫자에는 거의 영향을 미치지 못할 것이다. 또한 다른 세 가지 인수 'f_p, n_e, f_c'의 값은 쉽사리 서로를 상쇄할 수 있었다. 예를 들어 학자들은 항성계 1개당 생명이 살 수 있는 행성의 평균 숫자 'n_e'를 1~5로 추정했고, 행성을 거느린 항성의 비율인 'f_p'를 0.2~0.5로 추정했다. 만약 'n_e'의 값이 2이고, 'f_p'의 값이 0.5라면, 이 둘을 곱한 값이 1이므로 'N'에는 거의 영향을 미치지 않는다. 지구 상에서 가장 머리가 좋은 과학자들인 회의 참석자들은 자신들이 구할 수 있는 최고의 증거들을 살펴본 뒤 우주가 결국은 다소 살기 좋은 곳이라는 결론을 내렸다. 그러니 우주에는 틀림없이 생명체가 살고 있는 행성들이 넘쳐흐를 만큼 많을 터였다. 그렇다면 다른 항성의 주위를 도는 다른 행성에서 호기심 많은 생물들이 자기네 밤하늘을 바라보며 우주에 자기들만 존재하는 것은 아닌지 궁금해할 것이라고 생각하는 편이 합당했다. 하지만 드레이크는 현재 우주에 존재하는 기술 문명의 숫자를 파악하는 데 가장 중요한 것은 항성의 숫자, 생명이 살 수 있는 행성의 숫자, 생명과 지능과 고도의 기술이 태어나는 빈도가 아니라 순전히 기술 문명의 수명인 것 같다고 발표했다. 즉 '$N=L$'이었다.

모리슨은 이 말을 듣고 전율했다. 그린뱅크 참석자들 중 오직 그만
이 우리가 현대라고 부르는 이 시대가 얼마나 덧없이 짧은지를 진심
으로 이해할 수 있었다. 그는 제2차 세계대전 중에 맨해튼 프로젝트에
참여해 일하면서 1945년 7월 16일에 뉴멕시코 주 앨러머고도에서 사
상 최초로 원자폭탄이 터지는 모습을 목격했다. 그리고 한 달 뒤 그
가 남태평양의 티니안 섬에서 직접 조립한 원자폭탄이 나중에 일본 나
가사키에 떨어졌다. 수만 명의 민간인들이 원자폭탄의 불길 속에서 재
가 되어 사라졌고, 2차 화상과 방사성 낙진으로 또 수만 명의 사람들
이 서서히 죽어갔다. 모두 약 0.9킬로그램의 플루토늄이 일으킨 핵분
열반응의 결과였다. 일본의 항복으로 전쟁이 끝났을 때, 모리슨은 여
러 미국 학자들과 함께 히로시마와 나가사키를 둘러보며 핵전쟁이 만
들어낸 파괴 현장을 직접 보고 평가했다. 그 직후 그는 비핵화를 위
해 목소리를 드높였지만 이미 때늦은 일이었다. 소련이 원자폭탄 개발
을 위한 긴급 계획을 가동한 뒤였기 때문이다. 1949년에 소련이 첫 핵
실험을 성공적으로 마친 뒤 벌어진 군비경쟁에서 미국과 소련은 모두
핵분열보다 훨씬 더 강력한 핵융합 방법을 성공적으로 개발해서 폭탄
하나에 나가사키 때의 수백 배에 달하는 파괴력을 집어넣을 수 있게
되었다. 그 결과 만들어진 핵무기들의 힘은 단 한 번 공격을 주고받는
것만으로도 수억 명의 생명을 앗아 가고 남을 정도였다. 이런 핵 대량
학살을 이기고 살아남은 사람들도 심하게 망가진 생물권과 직면할
수밖에 없으므로, 세상은 또다시 암흑시대로 빠져들 터였다. 그린뱅크
회의로부터 1년이 채 되지 않아 벌어진 쿠바 미사일 위기는 온 세상을
핵전쟁 직전까지 몰고 갔다. 그리고 세월이 흐르면서 점점 더 많은 나

라들이 원자의 힘을 무기화하는 데 성공했다. 인류는 세계화된 사회, 전파망원경, 행성 간 로켓과 대량 살상 무기를 대략 비슷한 시기에 만들어냈다.

모리슨은 지구에서 일어날 수 있는 일이라면 다른 곳에서도 얼마든지 일어날 수 있다는 우울한 의견을 내놓았다. 어쩌면 모든 사회가 비슷한 궤적을 밟아나가면서 스스로를 멸망시킬 능력을 얻는 시기 즈음에 우주에 존재를 알리게 되는 것인지도 모른다. 모리슨은 뛰어난 머리로 계산을 계속하면서, 만약 문명이 겨우 10년을 버티다가 망각 속으로 사라지는 것이 평균이라면 어느 시기에든 은하계를 통틀어서 통신이 가능한 항성계는 딱 하나뿐일 가능성이 매우 높다고 말을 이었다. 그렇다면 우리는 우리 은하의 유일한 문명을 이미 만났다고 봐야 한다. 그 문명이 바로 우리니까. 모리슨은 외계 문명의 증거를 찾는 가장 강력한 이유 중 하나는 우리 문명이 현재의 기술적 사춘기를 이기고 살아남을 희망이 있는지 알아보려는 것이라고 생각했다. 어쩌면 다른 별에서 날아온 메시지가 인류의 자기 파괴 성향을 막는 예방주사 역할을 해줄지도 모르는 일이었다.

세이건은 대량 살상 무기를 개발하기 이전 또는 이후라도 행성 전체에 걸친 안정을 확립해서 번영을 누리는 기술 문명이 존재할 가능성을 배제할 수 없다며 이 우울한 예언에 반격을 시도했다. 그런 문명은 아마 행성의 환경을 완전히 통제할 수 있는 기술력을 지니고 있을 것이며, 같은 항성계의 다른 행성들에 있는 자원을 이용하는 단계에 진입해 있을 것이다. 세이건은 힘과 지혜가 넘치는 이런 사회라면 거의 모든 자연재해를 예방하거나 버텨낼 가능성이 있다고 보았다. 따라서 이론적으로는 수억 년, 아니 심지어 수십억 년 동안 계속 이어질 수 있을 것이다. 항성이 빛을 내는 한 그 문명도 지속되는 것이다. 그러다가 자기네 태양이 죽어갈 즈음 이 문명이 어떻게든 가까스로 탈출하여 다른 항성계에 정착한다면…… 그렇다면 사실상 영원히 존속할 수 있을 것이다. 세이건은 모든 회의 참석자들 중 가장 낙관적이어서 기술 문명이 자기 행성의 많은 문제들뿐만 아니라 우주여행과 관련된 다양한 어려움들도 해결할 수 있을 것이라고 생각했다. 비록 우리 은하는 아니더라도, 헤아릴 수 없이 많은 다른 은하들 중 적어도 하나의 은하에서는 항성들 가운데에서 영원한 나날을 보내는 불멸의 존재들이 있을 수 있었다. 세이건은 우리도 그런 존재에 포함될 가능성이 없지 않아 있다고 보았다.

참석자들이 지칠 때까지 'L'에 대해 토론하고 난 뒤 드레이크가 일어서서 의견 일치가 이루어졌다고 발표했다. 그는 기술 문명의 수명이 비교적 짧은 편이어서 기껏해야 1천 년 정도밖에 되지 않을 수도 있고, 아니면 1억 년이 넘을 만큼 아주 길 수도 있다고 말했다. 만약 기술 문명의 수명이 드레이크 방정식에서 가장 중요한 요소라면, 드레이크의 말은 우리 은하에 1천~1억 개의 기술 문명이 있음을 암시했다. 1천 개의 문명이라면 우리 은하의 항성 1억 개마다 하나의 문명이 존재한다는 뜻이다. 문명의 밀도가 이렇게 낮다면, 가장 가까운 이웃이라고 해도 수천 광년이나 떨어져 있을 테니 이야기를 나눌 상대를 찾기가 몹시 힘들 것이다. 하지만 만약 1억 개의 문명이 존재한다면 항성 1천 개마다 하나꼴이므로 이미 우리가 그들의 소식을 들었어야 한다. 1961년에 드레이크가 최선을 다해 내놓은 추정치는 이 양극단 사이에 존재

50억 년 동안의 고독

했다. 그는 'L'을 약 1만 년으로 추정했는데, 그렇다면 우리 은하 전역에 약 1만 개의 기술 문명이 흩어져 있다는 뜻이 된다. 드레이크의 추정치 덕분에, 외계 문명을 탐지해내는 것이 어렵기는 하지만, 그렇다고 해서 우리에게 완전히 불가능하지는 않은 일이 되었다. 아마도 우연히 나온 결과는 아닐 것이다. 그의 계산에 따르면, 1천만 개의 별만 살펴보면 문명을 하나 발견할 수 있을 것이다. 하지만 이 탐색에는 수십 년, 아니 수백 년이 걸릴지도 모른다.

회의가 끝난 뒤, 캘빈의 노벨상 수상을 축하하는 데 사용하고 남았던 샴페인을 참석자들이 마시고 있을 때, 스트루브가 건배를 제안했다.

"L' 값을 위하여. 그 값이 아주 큰 것으로 판명되기를."

2장

드
레
이
크
의

난
초

이 넓디넓은 우주에 우리만 존재한다면, 그것은 엄청난 공간의 낭비이다.
_ 칼 세이건

그로부터 반세기 뒤 나와 함께 거실에서 이야기를 나누면서 드레이크는 그린뱅크회의의 결론 대부분이 굳이 말하자면 너무 비관적이었다는 확신을 피력했다. 지난 수십 년 동안 천체물리학에서 우주가 생명에 우호적인 곳이라는 주장이 엄청나게 세력을 키웠다는 것이다. 항성 형성 속도 추정치는 1961년 이후로 거의 변하지 않았지만, 많은 새로운 연구 결과들은 우리 태양 같은 항성보다 훨씬 더 흔하고, 작고, 서늘한 '적색 왜성'이 생각보다 더 살기 좋은 환경일 가능성이 높음을 암시했다. 또한 태양계외행성 붐으로 축적된 데이터를 통계적으로 분석한 결과들을 보면, 우리 은하에만도 온갖 다양한 항성들 주위에 1천억 개의 행성이 존재하는 것 같다. 행성을 거느린 항성에 대한 그린뱅크 학자들의 추정치가 너무 낮았던 것이다. 당연히 1천억 개의 행성들 중 상당수가 생명체 가능구역 안에서 궤도를 돌고 있을 것이다. 금성과 화성을 방문한 우주선들은 두 곳에서 모두 수십 억 년 전에 바다가 존재했음을 나타내는 감질나는 증거들을 수집해 보여주었다. 하지만 두 행성에서 생명이 살 수 있는 기간은 짧았고, 수억 년 뒤에는 두 곳에서 모두 바다가 사라져버렸다. 한편 태양계 외곽에서도 액체 형태의 물이 모여 있는 바다가 발견되었다. 목성의 유로파와 토성의 타이탄 등 가스 거성의 얼어붙은 위성 표면 밑에 햇빛을 전혀 받지 못하는 거대한 대양이 발견된 것이다. 천문학자들은 이런 결과를 바탕으로, 다른 항성 주위에서 이미 발견된 목성 크기의 따뜻한 행성들 주위를 도는 위성 중에 지구처럼 생명체가 살 수 있는 환경을 갖춘 곳이 있을지도 모른다고 추정했다. 생명체가 살 수 있는 행성들이 항성에서 새총으로 쏜 것처럼 튕겨져 나와 먼 우주 공간을 자유로이 떠다닐 가능성까지 언급한 사람들도 소수지만 있었다. 온실가스로 이루어진 두툼한 담요 같은 대기나 깊은 바다를 뒤덮은 얼음 지각이, 떠도는 그 행성들을 외부와 차단시켜 수십 억 년 동안 생명이 살 수 있는 환경이 보존되었을 가능성이 있다는 것이다. 드레이크는 우리 은하에서 생명체가 살기에 적당한 대부분의 행성들이 우리 태양과 흡사한 항성의 주위를 돌고 있지 않을 가능성이 있다고 말했다. 아예 궤도를 돌지 않을지도 모른다는 뜻이었다.

그는 그동안 생화학 분야의 목소리도 커졌다고 보고 있다. 50년 동안 생명의 기원에 대한 연구가 진행되면서 세포막, 자기 복제가 가능한 분자 등 여러 기본적인 세포 구조를 낳을 수 있는 화학적 경로들이 수없이 발견되었다. 단세포생물에서 다세포생물로의 도약이 초기 지구에서 많은 생물에게 여러 차례 일어났음을 보여주는 증거도 다양하다. 이런 변화가 보기 드문 요행이 아니라 수렴 진화의 또 다른 사례임

50억년 동안의 고독

을 암시하는 대목이다. 학자들은 지하 몇 킬로미터에 있는 바위에서, 염도가 높고 산성을 띠며 펄펄 끓는 물속에서, 빙하 내부에서, 무엇보다 깊고 어두운 심해에서, 심지어는 방사능이 가득한 원자로의 차폐실에서도 미생물이 번성하고 있음을 발견했다. 행성에 일단 생명체가 생겨나면, 그들은 놀라울 정도로 환경에 적응하며 우리가 생각해낼 수 있는 거의 모든 환경 재앙을 이겨내고 온갖 생태 환경에서 번성하는 듯하다.

나는 드레이크에게 방정식의 후반부 인수들과 관련해서 이런 사실들이 무슨 의미를 지니느냐고 물어보았다.

"우리는 생명체가 살고 있을 가능성이 있는 곳을 정말로 많이 찾아냈지만, 지능을 갖고 기술을 발전시킨 생명체를 기대할 수 있는 곳의 숫자는 그리 많이 늘어나지 않았습니다." 드레이크가 대답했다. "내가 보기에 그것은 강력한 기술을 지닌 문명이 발전하는 데 상당한 장벽이 있음을 암시하는 것 같아요. 그 장벽을 넘기 위해서는 지구와 아주 흡사한 행성이 필요한 것인지도 모릅니다. 기운 빠지는 소리처럼 들리겠지만, 우주에 별이 얼마나 많은지 생각해보세요. 그 엄청난 숫자를 생각하면, 지구와 같은 행성이 있을 가능성이 있고, 그런 곳에서는 이전에도 앞으로도 몇 번이나 생명체가 생겨날 겁니다. 틀림없이 생명체가 존재하고 있어요."

그는 쿡쿡 웃다가 콜록콜록 기침을 하고는 소파에서 삐걱거리는 몸을 일으켰다. 앉아 있는 것에 질린 기색이 역력했다. 우리는 바람을 쐬려고 밖으로 나갔다.

오후의 햇볕이 얼굴을 따뜻하게 데워주고, 서늘한 산들바람이 우뚝 솟은 나무들 사이를 한숨처럼 불어와서 드레이크의 은발을 헝클어뜨렸다. 공기에서는 초록색 식물의 냄새가 났다. 드레이크가 구름 한 점 없는 하늘의 높은 곳에서 희미하게 보이는 가느다란 초승달을 가리켰다. 은색 바늘 같은 모양으로 높게 날아가는 여객기가 달과 나란히 있었다. 마당으로 걸어 나가면서 나는 현관 계단에 깨져 있는 울새 알의 연한 파란색 잔해를 피해 조심스레 발을 디뎠다. 나무 위 둥지에서 떨어진 모양이었다. 저 아래 먼 곳, 숲이 우거진 산과 바닷가 근처 마을을 지난 먼 곳에서 파도가 밀려왔다 밀려가고, 서핑을 하는 사람들은 몬테레이 만의 해안을 향해 커다란 파도를 탔다.

드레이크의 집 현관에서 본 풍경에는 지구 생명체들에 관한 많은 기본적인 사실들이 간략하게 요약되어 있었다. 식물들은 있는 대로 내리쬐는 햇빛을 연료로 삼아 물과 이산화탄소의 화학결합을 끊은 뒤, 수소와 탄소로는 당을 비롯한 여러 탄수화물을 자아내고, 산소는 공기 중으로 내뿜었다. 공기 중의 수많은 산소 분자에 햇빛이 부딪혀 산란되면서 하늘은 파란색을 띠었다. 동물들은 산소를 호흡하고 탄수화물로 몸에 영양분을 공급하므로, 식물들이 광합성을 통해 내놓는 선물에 전적으로 의존하고 있었다. 죽은 뒤에는 식물이든 동물이든 모두 햇빛을 이용해서 자아냈던 탄소를 지구에 돌려놓는다. 그러면 엄청난 열기와 압력, 세월이 그것을 석탄과 석유, 천연가스로 바꿔놓는다. 지각에서 기계로 추출해 엔진, 발전기, 화덕 등에서 태우는 그 화석연료가 인류의 기술 지배에 동력을 공급해주었다. 그리고 수억 년 동안 고이 묻혀 있던 탄소가 지질학적으로 따지면 순간에 불과한 시간 동안 대기 중으로 쏜살같이 빠져나가고 있었다.

몬테레이 만에서 우리가 본 그 풍경은 우리 행성의 물리적인 특징들이 낳은 산물이었다. 가능성이 희박해 보이는 여러 사건들도 거기에 영향을 미쳤다. 비정상적으로 큰 우리 달은 지축의 기울기를 안정시키고 조수 간만을 일으킨다. 달은 태양계 역사 초기에 화성만 한 크기의 물체가 원시 지구와 충돌했을 때 태어났다. 6천6백만 년 전에는 폭이 약 10킬로미터인 소행성이 지구와 충돌해서 대량 멸종을 일으키는 바람에 공룡의 시대가 끝났다. 그 뒤 인류의 조상이 된 소형 포유류들이 생물권 지배자의 위치를 향해 서서히 나아가기 시작했고, 죽지 않고 살아남은 공룡들은 점차 조류로 변했다. 공룡들이 생겨나기 수십 억 년 전, 우리가 바다라고 알고 있는 생명의 액체 또한 주로 충돌 물질들을 통해 지구로 옮겨졌다. 물이 풍부한 소행성들과 태양계 외곽에서 온 혜성들이 소나기처럼 쏟아졌던 것이다. 지구의 풍부한 물은 갈라진 지각 판에 윤활유 역할을 해서 그들이 이리저리 떠다니거나 미끄러질 수 있게 해주는 것으로 보인다. 이 지각 판 이동 현상은 태양계에서 우리 행성만이 유일하게 갖고 있는 기후 조절 메커니즘이다.

드레이크는 만에서 시선을 돌려 진입로 한복판으로 걸어갔다. 거기에 거대한 삼나무의 그루터기가 비바람에 시달린 모양으로 오래전에 활동을 멈춘 화산처럼 솟아 있었다. 드레이크는 허리를 굽혀 그 오래된 나무에 양손을 댔다. 그리고 말했다. 오래전 자신이 그루터기 표면 중 일부에 분필 가루를 엷게 펴서 나이테가 쉽게 보이게 한 다음, 어린 자녀들에게 나이테를 세어보라는 과학 숙제를 내주었다고. 아이들이 센 나이테는 2,000개가 넘었다. 나이테 하나가 1년에 해당하니까, 이 나무는 대략 예수그리스도가 태어난 무렵부터 살기 시작한 모양이었다.

"이 나무는 바로 여기에서 게성운을 만들어낸 초신성의 첫 번째 빛을 보았습니다." 드레이크가 그루터기의 중심과 외곽 중간쯤을 짚으면서 말했다. 그가 말한 초신성의 빛이 지구를 휩쓴 것은 1054년으로, 서유럽이 막 암흑시대를 벗어나려던 무렵이었다. 드레이크는 손을 그루터기 외곽을 향해 반쯤 더 움직이면서 발견의 시대, 즉 유럽인들이 처음으로 아메리카 대륙을 탐험하고 식민지로 삼았던 시절의 나이테를 지나갔다. 그의 손은 그러고도 계속 움직여서 마침내 그루터기 외곽을 미끄러지듯 벗어났다.

나무가 살아온 2,000년 세월 동안 우리 은하는 가장 가까운 나선형 은하인 안드로메다에 거의 8조 킬로미터쯤 가까워졌지만, 아직도 이 두 은하 사이의 거리가 너무 멀기 때문에 앞으로 아마 30억 년은 지나야 두 은하의 충돌이 이루어질 것이다. 그 2,000년 동안 태양은 은하계 중심부를 중심으로 2억5천만 년 동안 한 바퀴를 도는 궤도에서 거의 꼼짝도 하지 않았다. 태양의 수명을 감안하면, 2,000년 동안 단 하루도 나이를 먹지 않은 것과 같다. 우리 태양과 행성들은 46억 년 전에 형성된 이래로 아마 18번쯤 은하 궤도를 돌았을 것이다. 그러니까 '은하년年'으로 따져서 우리 태양계의 나이는 열여덟 살인 셈이다. 태양계가 열일곱 살일 때 지구에는 삼나무가 아직 존재하지 않았다. 열여섯 살 때는 단순한 구조의 생물들이 처음으로 조심스레 바다에서 나와 땅을 차지하기 시작했다. 사실 화석 증거들은 우리 행성이 대략 열다섯 살 때 고작해야 단세포 미생물과 다세포 박테리아 집단만이 이곳에 살고 있었으며, 풀이나 나무나 동물처럼 복잡한 생물은 전혀 없었음을 보여준다. 미분방정식을 풀거나, 로켓을 만들거나, 풍경화를 그리거나, 교향곡을 짓거나, 사랑을 느낄 수 있는 생명체의 존재에 대해서는 말할 것도 없다.

지금으로부터 수억 년이 흐른 뒤인 스물두 번째 생일 즈음에 우리 행성은 아마 옛날처럼 황량한 상태로 돌아가 있을 것이다. 천체물리학과 기후학 모델들은 나이를 먹으면서 꾸준히 밝아지는 태양 빛의 밝기가 그때까지 약 10퍼센트 증가할 것임을 시사한다. 언뜻 사소한 변화 같지만, 복잡한 다세포생물이 살수 없을 정도로 지구를 뜨겁게 달궈 기온을 상승시키고 대기를 빈혈 상태로 몰아넣기에는 충분하다. 이 무렵에 바다는 증발하기 시작할 것이고, 지구에 존재하는 물 대부분이 급속히 들끓어 우주로 날아가버릴 것이다. 지금으로부터 10억 년 뒤 바다가 사라지면, 지표면에 사는 모든 생물 또한 종말을 맞을 가능성이 높다. 하지만 어디에나 존재하는 미생물들은 바짝 마른 지표면 아래 깊은 곳에서 지표면을 방패 삼아 그 뒤로도 수십 억 년 동안 더 버텨낼지 모른다. 지금으로부터 약 50억 년 뒤에는 태양의 수소가 모두 고갈되면서 그보다 에너지가 더 많은 헬륨의 융합반응이 시작될 것이고, 태양은 지금의 250배의 크기로 풍선처럼 부풀어 올라 적색거성이 될 것이다. 천문학자들은 지구가 부풀어 오른 적색 태양의 뜨거운 표면층에 잠겨버릴지 아니면 지표면만이 다시 녹아 마그마로 변할 뿐 비교적 상처 없이 위험을 벗어날지를 놓고 토론을 벌이는 중이다. 어느 쪽이든 그때쯤이면 지구상의 생명체들은 확실히 종말에 이를 것이다.

오랫동안 천체물리학적인 사건들이 연쇄적으로 일어나면서 지구가 생명이 살 수 있는 곳으로 변한 것, 그리고 기술과 지질학이 미지의 시너지 작용을 일으켜 지구의 운명을 바꿔놓을 수 있다는 점을 생각하면 우연과 필연의 구분이 모호하다. 수억 년 정도 시간이 주어진다면, 바위와 물이 많고 따스한 행성 어디서든 생명이 탄생할 수 있을까? 지능과 기술은 우리 지구와 똑같은 역사, 지구의 달과 똑같은 위성, 이동하는 지각, 푸른 하늘을 지닌 행성에서만 나타날 수 있는 것인가? 아니면 이런 특징에만 초점을 맞추는 것은 순전히 우리의 상상력이 지구에 묶여 있기 때문인가? 우리 행성의 역사는 외계에서 생명체와 지능을 찾는 데 유용한 기준인가 아니면 장애물인가? 만약 우리가 5억 년 전, 또는 5억 년 뒤의 지구를 본다면 그곳을 '지구와 흡사한' 행성이라고 생각할까? 학자들이 연구할 수 있는 살아 있는 행성이 단 하나밖에 없는 상황에서는 이런 의문들에 대한 답을 구하기가 쉽지 않을 것이다. 하지만 드레이크는 우리가 영원히 답을 구할 수 없을 것이라고는 생각하지 않았다.

"1960년에 나는 내가 죽기 전에 태양계 바깥에서 행성을 발견할 가능성이 아주 낮다고 생각했습니다. 오토 스트루브가 이미 언젠가 그런 행성을 찾을 수 있는 방법에 대한 아이디어를 내놓은 뒤였는데도 말이에요." 드레이크가 다시 거실로 돌아와 내게 말했다. "나는 다른 행성이 존재한다는 증거를 찾는 방법은 그 행성들에 살고 있는 지적인 생명체의 전파 신호를 수신하는 것뿐이라고 생각했습니다. 요즘도 항성 주위를 도는 행성들의 특징을 파악하는 일과 관련해서 비슷한 비관주의가 판치고 있어요. 그 일을 해낼 수 있는 기법들이 우리 눈앞에 있는데 말이죠."

50억 년 동안의 고독

내가 드레이크와 이야기를 나누던 당시, 행성 사냥꾼들은 기본적으로 지구와 크게 다르지 않은 듯이 보이는 행성들을 이미 몇 개 찾아낸 뒤였다. 매년 점점 늘어나고 있던 이 행성들은 어쩌면 지구와 아주 흡사할 수도 있었다. 사람들은 행성을 찾아낼 때 희미한 행성 대신 그 행성 근처에서 등대처럼 밝게 빛나는 항성을 자세히 관찰하는 방법에 의존했다. 하지만 행성의 중력이 항성에 미치는 영향, 행성이 항성 앞을 지나갈 때 지구에 드리우는 그림자 등은 대개 그 행성의 질량, 크기, 궤도 속성 같은 것만을 알려줄 뿐이었다. 행성을 직접 보지 않는 한, 다시 말해서 행성의 대기와 표면에서 반사되어 나오는 광자光子들을 모아서 분석하지 않는 한, 그 행성이 생명체가 살기 좋은 곳인지, 지구와 흡사한지를 파악할 수 없었다. 학자들은 50년 전 드레이크처럼 다른 별에서 날아온 메시지가 멀고 먼 세상의 식물, 동물, 환경에 대한 정보를 가득 담고 하늘에서 떨어질 희박한 가능성을 바라는 수밖에 없을 터였다.

19세기에 일련의 발견들이 점진적으로 이어지면서 획기적인 전기가 마련되어 현대 천문학이 자리를 잡았다. 물질이 빛을 방출하거나 흡수하거나 반사하면 그 물질의 화학적 특징에 따라서 빛의 색깔이 변한다. 빛을 스펙트럼으로 쪼개서 그 색깔들을 드러내는 기법을 분광학이라고 부르는데, 이 방법을 통해 화학적 특징을 알아내서 멀고 먼 은하, 별, 행성의 화학적 구성을 측정할 수 있다. 유망한 태양계외행성에서 반사된 광자들을 충분히 모아서 그 행성의 전체적인 모습을 그려볼 수 있다면, 그 결과로 도출된 스펙트럼을 통해 그 행성의 대기 구성을 조사할 수 있을 것이다. 또한 수증기나 이산화탄소처럼 생명이 살 수 있는 환경인지를 알려주는 지표들은 물론 우리 지구의 하늘을 가득 채워 푸른색을 입혀주는 유리산소 같은 생명체의 흔적까지 찾아보는 것도 가능하다. 행성에 존재하는 바다의 매끈한 표면에서 반사된 항성의 빛을 찾아볼 수도 있고, 심지어 광합성을 하는 식물의 존재를 알려주는 육지 색깔의 미묘한 변화까지도 찾아볼 수 있다. 천문학자들은 인공위성과 행성 간 우주선에서 관측한 결과를 이용해서 이미 지구에 대해 이 모든 것들을 조사해본 결과, 이론적으로는 멀고 먼 우주 저편에서 우리 행성을 연구하는 것이 가능하다는 사실을 확인했다. 설사 외계인들이 우주를 향해 자기들의 존재를 널리 알리지 않는다 해도, 분광학 같은 방법들은 우리가 그들의 행성을 찾아내서 연구할 수 있을 것이라는 희망을 제공해준다.

20세기 후반기에 태양계외행성학이 과학의 한 분야로 당당히 인정받으면서 행성 사냥꾼들은 먼 행성의 사진을 찍는 방법을 여러 가지 고안해냈다. 이런 사진을 찍기 위해서는 언제나 항성의 밝은 빛을 제거해서 항성이 거느린 행성들을 드러내도록 설계된 특별한 우주망원경이 한 대 이상 필요했다. 지구에서 가까운 항성들 주위의 행성 이미지를 찍을 수 있는 우주망원경 한 대를 제작하는 데는 수십억 달러가 들 것으로 예상되었다. 이런 사진에서 각각의 행성은 겨우 몇 픽셀 크기의 아주 작은 점으로 나타날 뿐이지만, 분광학으로 대기 구성을 밝혀내는 데는 충분하고도 남았다. 돈에 구애 받지 않는다면, 우주나 달의 뒤편에서 망원경 군단을 조립해 한 대의 거대한 망원경 역할을 하게 만들어서 근처 태양계외행성들의 사진을 크게 찍을 수도 있을 터였다. 그래도 해상도는 매우 낮겠지만, 그 행성의 해안선, 대륙, 구름 패턴을 알아볼 수 있을 것이다. 그런 망원경은 또한 그 행성이 '지구와 흡사하다'는 평가를 받을 만한지 파악하는 데에도 많은 도움이 될 터였다. 하지만 분열된 천문학계, 냉담한 대중, 정체된 정치체제, 어려운 세계경제 때문에 가까운 시일 안에 그런 망원경이 만들어질 가능성은 희박해 보였다. 적어도 미국 연방 정부가 나설 가능성은 없었다.

드레이크는 반드시 지금 당장 이곳은 아니더라도 어디서든 일어날 일은 일어날 것이라고 생각했다. 그는 만약 앞선 문명이 근처에 존재한다면, 과연 그들이 대형 망원경을 이용해서 오랫동안 우리를 지켜보고 있었을지 궁금했다.

"내 추측이 사실일 가능성은 아주 희박합니다." 그가 나와 함께 자기 집 마당을 걸으며 말했다. "하지만 우리보다 기술적으로 조금 앞선 문명이라면 거의 모두 지름이 1백만 킬로미터대인 렌즈를 이용해서 우주를 탐색하고 다른 별들과 통신을 시도할 것 같습니다."

드레이크는 1980년대 말부터 달의 뒤편에 망원경을 설치하는 계획을 아이들 장난 정도로 보이게 만드는 생각을 떠올렸다. 은퇴한 뒤 이 작업은 그를 모두 집어삼켰고, 그의 남은 시간을 대부분 차지했다. 그는 다른 모든 것을 능가하는 망원경을 만들고 싶었다. 지름이 거의 150만 킬로미터나 되는 확대경이 달린 망원경, 즉 태양을 궁극의 망원경으로 변모시킬 방법을 찾아낸 것이다.

태양은 질량이 엄청나기 때문에 거대한 '중력렌즈' 역할을 한다. 태양 표면을 스치는 빛을 휘게 만들고 증폭시킨다는 뜻이다. 1919년의 일식 때 천문학자 아서 에딩턴이 처음으로 관측한 중력렌즈 효과는 아인슈타인의 일반상대성이론을 지지해준 핵심적인 증거였다. 간단한 계산과 물리 이론을 적절히 이용하면 우리 태양이 빛을 태양 중심 또는 멀고 먼 광원의 중심과 나란히 늘어선 가느다란 광선으로 휘게 만든다는 사실을 알 수 있다. 1979년에 스탠퍼드의 전파천문학자 본 에슐먼이 처음으로 계산해낸 이 광선들은 태양으로부터 약 820억 킬로미터 떨어진 지점에서부터 한 점으로 모여 무한한 공간을 향해 뻗어나간다. 820억 킬로미터라면 명왕성 궤도까지의 거리의 약 14배나 되는 거리이다. 하늘에는 빛을 내는 천체의 수만큼 빛이 모이는 지점들과 항성으로 인해 증폭된 광선들이 존재한다. 우리 항성을 거대한 구가 에워싸고 있는데, 그 표면에 하늘의 이미지를 확대해서 투영한 고해상도 그림이 그려져 있다고 상상해보라.

드레이크는 에슐먼의 계산을 검토하던 중, 태양 바깥층의 이온 가스가 일으키는 전자기 간섭으로 인해 이 궁극의 망원경이 이상적으로 기능을 발휘하는 곳은 820억 킬로미터 지점이 아니라 그보다 거의 두 배인 1,500억 킬로미터 지점임을 알아냈다. 지구와 태양 간 거리의 1천 배나 되는 거리이다. 이 거리가 어느 정도인지 설명하자면, 2011년 6월 당시 인류가 만든 가장 빠른 우주선으로 가장 멀리까지 나아간 보이저 1호가 1977년에 발사된 이후 항해한 거리가 태양으로부터 180억 킬로미터가 조금 못 되었다. 드레이크가 이상적인 초점으로 잡은 거리의 10분의 1을 조금 넘는 거리이다. 그런데 보이저 1호가 지구에서 그 거리까지 가는 데에는 35년이 걸렸다. 그러니 태양을 궁극의 망원경으로 사용하자는 계획을 실현하려면 수백 년이 걸릴 수도 있다. 하지만 그 덕분에 가치 있는 성과를 얻을 가능성이 있다. 먼 천체의 초점에 10미터짜리 망원경을 설치해 빛을 모으게 하면, 그 망원경은 달의 뒤편에 커다란 망원경군을 설치할 때보다 약 1백만 배나 해상도가 높은 이미지를 지구로 전송할 수 있다. 예를 들어 우리 태양에서 가장 가까운 항성계로서 쌍성계인 알파 켄타우루스를 생각해보자. 태양과 흡사한 그곳의 두 별 중 하나의 주위를 도는, 생명에 우호적일 것으로 짐작되는 행성을 조사하고 싶다면 태양-알파 켄타우루스의 중력 초점에 맞춰 설치한 10미터짜리 망원경으로 강, 숲, 도시의 불빛 같은 특징들을 분석할 수 있을 것이다. 달리 표현하자면, 알파 켄타우루스의 중력렌즈로 몬테레이 만의 해안선, 나무가 우거진 산, 샌프란시스코나 로스앤젤레스 같은 근처 대도시의 밝은 불빛 등을 쉽사리 볼 수 있다는 이야기이다.

"중력렌즈의 멋진 점 중 하나는 렌즈로 쓰이는 물체가 공간을 휘게 만들기 때문에 그 공간을 통과하는 빛도 모두 똑같이 영향을 받는다는 점이에요." 드레이크가 자기 집 레몬나무 아래에서 눈을 가늘게 뜨고 햇빛을 바라보며 말했다. "중력렌즈는 무색입니다. 가시광선, 적외선 등 모든 빛에 똑같이 작용하죠. 나는 중력렌즈가 무선통신에 어떤 영향을 미칠지 생각해보는 것이 즐겁습니다. 서로 다른 항성 주위를 도는 두 문명이 서로의 존재를 인식하고 통신을 주고받는다면, 중력렌즈를 이용해서 양쪽에 송수신 기지를 세울 수도 있을 겁니다. 처음에는 수치들이 완전히 말도 안 되는 것처럼 보이지만, 내 말은 진실이에요. 그러니까, 겨우 1와트의 동력만으로 여기서 알파 켄타우루스까지 고대역폭 신호를 전송할 수 있어요……."

그는 기대에 찬 표정으로 나를 바라보았지만, 나는 뭐라고 해야 할지 아무 생각도 나지 않았다.

"그건 휴대전화 송신에 필요한 동력과 같습니다." 그가 말을 맺었다. "내가 이 주제를 이야기할 때 가끔 인용하는 말이 있어요. 프랑스 희곡 《샤일로의 미친 여자》에 나오는 말입니다. '지금 이 순간 온 우주가 우리에게 귀를 기울이고 있다는 것을 나는 너무나 잘 알고 있다. 우리가 하는 말 한마디, 한마디가 멀고 먼 별에 메아리치고 있다는 것을.' 중력렌즈의 능력은 이런 터무니없는 미친 소리를 거의 현실로 만들어줄 수 있을 정도예요. 저 우주에 중력렌즈를 만들 능력을 지닌 존재가 있다면, '은하 인터넷'도 가능할 겁니다. 모든 사람이 아주 낮은 동력만으로도 아주 높은 대역폭으로 서로의 이야기를 듣고 말을 걸 수 있게 되는 거예요."

야외에서 30분 정도 천천히 걷다 보니 온실 세 개가 눈앞에 나타났다. 드레이크가 SETI 작업을 하지 않을 때 많은 시간을 보내는 곳이었다. 그가 가장 가까운 온실의 문을 열자 환풍기 돌아가는 소리와 비옥한 흙냄새 섞인 습한 바람이 풀들 위로 훅 끼쳐 나왔다. 드레이크는 안으로 발을 내디디며 평화로운 한숨을 내쉬었다. 나란히 있는 다른 두 온실과 마찬가지로 이 온실 안에도 난초가 가득했다. 투명한 지붕에 매달린 물이끼 화분 속의 난초, 물뿌리개가 흩어져 있는 긴 나무탁자 위에 줄지어 늘어선 난초, 램프와 관개용 파이프 아래 플라스틱 양동이에서 싹을 틔운 난초. 드레이크는 약 225주의 난초를 키우고 있다고 말했지만, 대부분 꽃을 피우지 않고 잠든 상태였다. 내가 세어보

50억년 동안의 고독

니 세 온실을 모두 합쳐도 꽃은 겨우 12송이 내외였다. 드레이크는 태양을 중력렌즈로 이용하는 아이디어를 진지하게 고려하기 시작한 때와 비슷한 시기인 1980년대에 난초를 취미로 키우기 시작했다. 이따금 변덕을 부리는 이 식물을 잘 키워서 꽃을 활짝 피우게 만드는 것이 때로는 도전해볼 만한 일인 것 같았고, 아름답고 다양한 꽃들이 새로 피어나는 모습을 보면 만족감이 느껴지기 때문에 손을 댔다고 했다. 수백만 년에 걸친 자연선택을 통해 난초 꽃들은 아주 다양한 모습과 색깔을 지니게 되었다. 각각의 특징은 저마다 한두 가지의 꽃가루 매개자에 맞춰진 것이다. "곤충들이죠. 주로 딱정벌레." 드레이크가 말했다. "녀석들은 멋도 모르고 꽃의 형태에 영향을 미칩니다. 하지만 물론 사람들이 잡종을 선택해서 교배하기도 해요."

드레이크가 머리 위의 성장 촉진용 램프를 켜자 연한 분홍색을 띤 불빛 속에서 잡종 꽃 몇 송이가 보였다. 그중 일부는 드레이크가 직접 꽃가루를 옮겨 교배시킨 품종이었다. 꽃마다 모양이 크게 달랐다. 길게 늘어진 하얀 꽃잎을 지닌 작은 꽃이 있는가 하면, 노란색 꽃가루가 묵직하게 묻어 있는 꽃도 있었다. 관 모양의 자주색 꽃 다섯 송이가 늘어져 있는 난초도 보였다. 불그스름하고 둥글게 말린 이파리들이 별의 광채 모양으로 늘어서서 각각의 꽃을 에워싸고 있었다.

드레이크가 현재 가장 좋아한다는 꽃으로 주의를 돌렸다. 각진 꽃잎 세 장이 달린 오렌지색 꽃 한 송이였다. 꽃잎은 끝이 점점 가늘어져서 피처럼 붉은 점으로 끝났다. 마치 엄니 같았다. "이것은 서로 다른 속屬인 드라쿨라와 마스데발리아를 교배시킨 잡종입니다." 드레이크가 말했다. "안데스에서 온, 추운 곳에서 자라는 식물들이죠. 이런 꽃은 지금껏 누구도 본 적이 없습니다. 이렇게 붉은 꽃은요. 어제는 꽃이 피지 않았는데. 여기 꽃들 중에는 1년 중 딱 하루만 피고 다음 날이면 져버리는 것들이 있습니다. 마침 오늘 여기에 왔으니 운이 좋은 거예요. 이 세계에서 꽃들은 오래 머무르지 않습니다." 그가 경의를 담아 꽃잎을 살짝 만졌다.

"꽃은 죽지만 환생하죠." 드레이크가 말을 이었다. "원칙만 따지면, 세심하게 잘 돌본 난초는 불멸입니다. 새로 싹을 내어서 번식하니까요. 여기 하나 있네요." 그가 꽃은 없지만 노르스름한 구근 모양의 새싹이 화분에서 늘어져 있는 식물을 가리켰다. "이 녀석은 나이가 상당히 많습니다. 그래서 화분보다 더 자라버렸어요. 분갈이를 해줘야 할 것 같습니다. 여기 구근 비슷한 것이 새로 자라난 싹입니다. 이런 것이 두세 개 생겨나면, 하나를 잘라서 비옥한 땅에 심어주면 돼요. 그러면 새로운 식물이 자라납니다. 그 식물이 더 많은 식물을 만들어내고, 그것들이 또 더 많은 식물을 만들어내죠. 각각의 난초는 영원히 살지 못합니다. 수명이 한 3~4년쯤 될까요? 하지만 이 생명체 자체는 파도처럼 움직이면서 끊임없이 새싹을 길러냅니다."

나는 드레이크에게 그의 난초를 보며 'L'을 떠올렸다고 말했다. 그의 방정식에서 가장 불확실한 존재였던 기술 문명의 수명 말이다. 그 수명이 너무 짧으면, 우리 은하는 영원처럼 긴 평생 동안 수백만 개, 아니 수십 억 개의 문명을 낳을 수도 있겠지만 각각의 문명은 고독한 행성에 고립되어 교차 수분의 기회조차 얻지 못한 채 아무도 모르게 시들어 사라질 것이다. 'L'의 수치가 크면 꽃을 활짝 피운 문명이 오래도록 머무르다가 결국 몇 광년 거리의 다른 문명과 섞여서 혼합 문명을 만들어낼 것이다. 그러면 안정성이 자리를 잡고, 개중에는 일종의 불멸성을 획득하는 문명이 나올지도 모른다.

드레이크는 내 말을 듣고 빙긋 웃으며 고개를 끄덕였다. 그도 그 점을 놓치지 않고 생각해봤다는 뜻이었다.

다시 집 안으로 들어온 드레이크는 찬장에서 캐슈너트 한 봉지를 꺼내더니 내게 새뮤얼 애덤스 맥주 한 병을 권했다. 그러고 나서 자신은 코카콜라 캔을 땄다. 우리는 거실 소파에 앉아 SETI의 미래에 대해 의견을 나눴다. 드레이크는 문명의 평균수명이 1만 년에 가깝고, 우리 은하에 약 1만 개의 외계 문명이 존재하면서 발견되기를 기다리고 있을 것이라는 자신의 생각은 아직 변하지 않았다고 말했다. 하지만 이것이 어느 정도는 단순히 믿음을 바탕으로 한 생각임을 인정했다.

"나는 '1만'이라는 숫자가 타당하다고 생각하지만, 그렇게 구체적인 숫자를 정확히 도출할 수 있는 관측 결과가 있다고 말할 수는 없습니다." 그가 캐슈너트를 씹으면서 말했다. "'L'은 지금도 완전히 수수께끼로 남아 있습니다. 이제는 행성을 거느린 항성의 비율이 대략적으로 알려져 있고, 생명이 살 수 있는 행성의 출현 빈도도 거의 밝혀낼 수 있을 것 같습니다. 그러니 조만간 정확한 숫자를 알게 될 겁니다. 하지만 기술 문명의 수명이라는 건……." 그가 말끝을 흐리며 거실의 파란색 스테인드글라스 창문을 한참 동안 빤히 바라보았다.

파란 창문 안에 다양한 색의 유리 조각들이 합쳐져서 일련의 그림문자를 만들어내고 있었다. 그 문자들의 윤곽선은 철사로 표현되었다. 햇빛 때문에 창문이 옛날 아날로그 텔레비전 화면처럼 형광색으로 빛났고, 색색의 뭉툭한 형태들이 오래전 1980년대 초의 비디오게임에 나오던 조잡한 그래픽과 아주 비슷하게 보였다. 드레이크는 코넬대학 교수로 근무하던 20년 중 절반이 지났을 때인 1974년에 그 무늬를 고안했다. 그가 1964년에 처음 코넬대학 교수 자리에 마음이 끌렸던 것은 당시 코넬대학이 새로 문을 연 아레시보천문대를 관리하고 있었기 때문이었다. 그 천문대에는 지상 최대이자 최강인 전파망원경이 있었다. 코넬에서 일을 시작한 지 얼마 되지 않아 드레이크는 아레시보천문대 대장이 되어 1981년까지 그 직을 유지했다. 천문대는 푸에르토리코 북부 정글 속의 거대한 석회암 구멍 속에 지어져 있었으며, 지름이 305미터인 움푹 패인 그릇 모양의 알루미늄 접시안테나를 자랑했다. 드레이크가 한때 계산한 바에 따르면, 3억5천만 상자가 넘는 콘플레이크를 담을 수 있는 크기였다. 수백 광년은 물론 심지어 수천 광년 너머까지 메시지를 전송하기에도 충분했다. 1974년 11월 16일에 드레이크는 주파수를 조절한 전파에 자신의 메시지를 담아 이 거대한 접시를 이용해서 M13이라는 성단을 향해 쏘아 보냈다. 약 2만5천 광년 떨어진 헤라클레스자리에 있는 성단이었다. 특정한 주파수로 2백만 메가와트의 동력을 사용해 효과적으로 쏘아 보낸 드레이크의 광선은 전송되는 3분 동안 태양보다 10만 배나 밝게 빛났다.

그가 전송한 이미지의 해상도가 낮은 것은 기능적으로 어쩔 수 없는 일이었다. 메시지의 내용은 전송 광선 속에 1,679회의 주파수 펄스가 연달아 이어지는 형태로 표현되었다. 1,679는 소수인 73과 23을 곱한 숫자이다. 드레이크는 생각이 깊은 외계인이라면 이 힌트를 이용해서 메시지의 펄스가 높이는 73단위이고 폭은 23단위인 0과 1의 격자를 이룬다는 사실을 제대로 알아낼 것이라는 희망을 품었다. 그의 집에 있는 스테인드글라스 창문은 그 결과물을 보여주었다. 맨 윗줄의 점들은 2진법으로 1에서부터 10까지 숫자를 세는 법을 표현하고, 두 번째 줄은 수소, 탄소, 질소, 산소, 인 등 지구에 사는 모든 생명체를 구성하는 필수 원소들의 원자번호를 표시했다. 세 번째 줄에서는 앞의 원자번호를 조합해서 DNA 분자의 뉴클레오티드(DNA 사슬의 기본 구성단위 - 옮긴이) 화학 공식을 표현했다. 그다음 줄은 DNA 분자의 특징적인 이중나선 형태를 나타냈다. 긴 수직선은 당과 인산염으로 이루어진 DNA 분자의 등뼈를 상징하면서, 인간 게놈의 뉴클레오티드 염기쌍 숫자와 비슷한 30억을 이진법으로 표현하는 역할도 했다. 이 DNA 분자의 이미지는 막대인형처럼 그린 사람의 머리 위에서 어른거렸다. 그리고 그 사람은 40억과 14를 뜻하는 두 개의 2진법 숫자 사이에 샌드위치처럼 끼어 있었다. 40억은 1974년 당시의 세계 인구를 뜻하고, 14는 드레이크가 전송한 전파의 파장 길이인 12.6센티미터를 곱해서 키 176센티미터인 인간의 모습을 보여주기 위해 삽입된 숫자였다. 알고 보니 176센티미터는 바로 프랭크 드레이크의 키였다. 막대인형은 아주 커다란 점 하나에서 뻗어 나온 아홉 개의 작은 점 중 세 번째 점 위에 서 있었다. 이 점들은 우리 태양계를 형상화한 것이며, 사람이 세 번째 점 위에 서 있는 것은 우리가 세 번째 행성에 살고 있다는 암시였다. 마지막으로 단순화된 접시와 안테나 모양이 아레시보를 상징했으며, 이 천문대의 엄청난 크기는 이진법 숫자로 표시되었다.

과연 외계인이 이 메시지를 이해할 수 있을지 여부는 또 다른 문제이다. 대부분의 인간들도 이 메시지를 해석하기 힘들 것이다. 드레이크는 전파를 전송하기 전에 이 메시지를 동료들에게 보여준 결과 각자의 전문 분야에 따라 내용의 이해도가 크게 달라진다는 사실을 발견했다. 화학자들은 메시지에 표시된 원소들을 알아보았고, 천문학자들은 태양계를 알아보았으며, 생물학자와 기타 대부분의 사람들은 DNA를 알아보았다. 하지만 이 메시지의 내용 전체를 제대로 해석한 사람은 단 한 명도 없었다.

드레이크가 아레시보에서 전송한 메시지를 과연 외계 생명체가 해석할 수 있을 것인가 하는 문제는 미결로 남았다. 지금으로부터 2만5천 년이 조금 못 되는 세월이 흐른 뒤 그 메시지를 구성하는 광자들이 M13의 항성 약 30만 개에 도달할 무렵이면 그 자리가 빈 공간이 되어 있으리라는 사실을 알아냈기 때문이었다. M13 성단은 은하의 회전으로 인해 드레이크가 겨냥한 위치로부터 아주 먼 곳에 가 있을 터였다. 전파 펄스는 그 공간을 지난 뒤에도 계속 나아가 아마도 고독한 항성들 몇 개를 스쳐 지나가고 나서 결국 우리 은하의 경계선을 벗어날 것이다. 그 속에 담긴 희미한 기술의 메아리, 생물과 문화에 관한 저해상도 정보는 지구가 사라져 그저 기억 속에만 남은 존재로 변해버린 뒤에도 오랫동안 은하들 사이의 허공을 한없이 흘러갈 것이다.

아레시보 메시지는 그 내용을 단순히 합한 것보다도 더 커다란 의미를 지니고 있었다. 드레이크가 항성 간 통신에 대해 개인적으로나 직업적으로 갖고 있던 관심이 그 메시지에서 절정에 이르렀기 때문이다. 사실 아레시보천문대는 멀고 먼 별의 낯선 사람들이 보낸 메시지를 수신하겠다는 그의 꿈에서 아주 중요한 위치를 차지하고 있었다. 오랫동안 우주의 침묵이 계속되면서 일부 SETI 참여자들이 'L'의 추정

50억년 동안의 고독

치와 가까운 항성들 주위에서 문명이 발전할 가능성을 낮추는 동안 아레시보의 거대한 접시안테나는 SETI 연구의 지속을 정당화해주는 가장 중요한 요소였다. 비관적인 목소리가 점점 늘어나는 가운데에서도 그 망원경 덕분에 외계 문명과의 접촉 가능성을 유지할 수 있었다. 가장 가까운 이웃들이 은하계를 절반쯤 가로지른 거리에 있고, 그들이 우리 아레시보천문대처럼 20세기 초기 수준의 기술로 지어진 시설을 갖고 메시지를 전송했다면 우리가 그 신호를 탐지할 가능성은 원칙적으로 아직 남아 있었다. 그러니까 아레시보는 예를 들어 나중에 케플러망원경의 시야에 들어오는 항성들 중 행성을 거느린 별을 앨런망원경군ATA으로 조사할 때 중요한 근거가 되어주었다. 케플러망원경으로 관찰한 항성들은 대부분 수백 광년 거리에 있다. 따라서 상대편이 적어도 아레시보의 접시안테나만 한 크기의 송신 안테나를 갖고 있지 않다면 ATA로 전파 신호를 탐지할 가능성은 지극히 희박하다.

SETI 연구소나 ATA와 비슷하게 아레시보도 예전만큼 성세를 누리지 못했다. 2000년대가 밝아올 무렵, 아레시보천문대에 지원되는 자금은 꾸준히 줄어들고 있었다. 미국과학재단NSF이나 NASA 같은 연방기관들이 정치권의 강요로 예산 감축에 힘쓰면서 아레시보천문대에 지출되는 금액을 삭감한 탓이었다. 개인 기부, 대학의 자금 지원, 푸에르토리코 정부가 지원하는 소액의 자금으로는 그 감소 폭을 상쇄할 수 없었다. 2011년 5월에 NSF는 코넬대학이 더 이상 천문대를 관리하지 않을 것이라면서, 비영리조직인 SRI 인터내셔널이 이끄는 민관 합동 컨소시엄에 관리권을 넘겨주었다. 떠도는 소문에 따르면, 추가로 대규모 자금을 지원해줄 후원자를 찾지 못한다면 새로운 관리자들이 아레시보천문대를 폐쇄하고, 세계 최대의 전파망원경을 해체한 뒤 석회암을 자연 상태로 되돌릴 것이라고 했다. SRI 인터내셔널은 2012년에 시름시름 앓고 있던 ATA의 관리권도 넘겨받았다.

"처음에 방정식에서 인수 'L'은 고도의 기술을 지닌 문명이 지속될 수 있는 기간일 뿐이었습니다." 드레이크가 창문에서 시선을 돌려 점점 줄어드는 캐슈너트를 바라보며 말했다. "하지만 'L'은 우리가 감지할 수 있는 기술을 그 문명이 계속 보유하고 있는 기간이 되어야 합니다. 그런데 그렇게 되면 모든 것이 혼란해져요. 애당초 우리가 찾아내려고 하는 기술 문명의 존재뿐만 아니라 그 문명을 탐색하는 사람들의 기술적인 능력도 'L'을 좌우할 수 있게 되니까요. 우리 문명을 예로 들어봅시다. 우리가 전파를 사용하기 시작한 건 대략 100년 전입니다. 그러니 우리의 'L'이 최소한 100년이 될 것 같죠? 하지만 지금 우리는 전파 측면에서 예전보다 훨씬 더 조용해지고 있습니다. 그러니까 만약 누가 전파로 우리를 바라보고 있다면, 오래지 않아 우리를 시야에서 놓치게 될지도 몰라요."

"1960년대에 우리는 대륙간 탄도미사일을 막기 위한 조기경보시스템, 강력한 군사용 레이더 같은 것을 보유하고 있었습니다." 드레이크는 회상에 젖었다. "만약 근처 항성의 문명이 당시 우리와 비슷한 장비를 갖고 있었다면 그런 시설을 탐지할 수 있었을 겁니다. 그때 나는 그런 기술이 앞으로 계속 강력해질 터이니 외계의 존재들이 언제까지나 지구를 탐지할 수 있을 것이라고 생각했어요. 하지만 실제로는 기술이 강력해지기는 했어도, 내가 생각한 형태가 아니었습니다. 더 효율적으로 발전했으니까요. 우리가 디지털 텔레비전으로 돌아서면서 예전 아날로그 신호를 사용할 때에 비해 우주에서 우리를 탐지하기가 훨씬 더 어려워졌습니다. 동축케이블과 광섬유로 전송하는 신호도 과거보다 훨씬 늘어났고요. 현재 우리가 전파 신호를 전송하는 방법은 대부분 우주의 전파잡음과 구분하기가 거의 힘듭니다. 이런 모든 요인들이 합쳐지면 우리의 존재를 알려주는 가장 커다란 흔적이 그냥 사라져버립니다. '펑!' 하고."

드레이크는 한숨을 내쉬었다. "요즘은 기술이 발달된 문명일수록 탐지하기가 더 어려울 것 같다는 생각이 들어요."

지구에서 20세기 전반기에 개발된 고도의 기술은 후반기에 선진국으로부터 퍼져나가 전 세계를 식민지로 삼았다. 과학은 원자핵의 힘을 이용하는 법을 알아낸 뒤, 살아 있는 세포의 핵 안에 존재하는 메커니즘으로 시선을 돌려 생물 합성의 새로운 시대를 이끌어내고 있었다. 또한 생물공학으로 농업 생산성이 크게 높아지고, 의료 기술이 획기적으로 발전하면서, 그리고 과학의 발전 덕분에 생활수준이 크게 높아지면서 세계 인구는 두 배 이상 늘었다. 이와 동시에 환경 파괴와 서식지 파괴로 인해 생물의 멸종률이 치솟았다. 땅에는 슈퍼고속도로, 송전선, 광섬유 통신망이 우글거리고 하늘에는 대륙을 가로지르는 제트기의 비행운과 별처럼 반짝이는 인공위성들의 빛이 얼기설기 얽혀 있었다. 허공 또한 라디오, 텔레비전, 휴대전화가 쏟아내는 전자기 수다가 가득하고, 화석연료의 광적인 연소로 이산화탄소 양도 계속 늘었다. 정보 기술 분야에서 급속히 연달아 일어난 혁명적인 발전으로 강력한 컴퓨터들이 도처에 존재하게 되고, 또 개인용으로도 쓰이며, 나아가 네트워크로 연결되면서 물질세계와는 아주 위태롭게만 연결되어 있는 광대한 가상 세계가 만들어졌다.

이런 변화들이 우리 문화 및 지구의 미래와 관련해서 어떤 의미를 지니는지는 아직 두고 보아야 할 문제이지만, 앞으로 몇백 년 뒤에는 우리도 우리 후손들의 모습을 알아보지 못할 것 같았다. 나는 SETI 연구소에 자금을 지원했던 실리콘밸리의 거물들 다수가 훨씬 더 급격하고 근본적인 변화의 시대를 자주 입에 올렸음을 드레이크에게 언급했다. 그들은 컴퓨터 능력이 기하급수적으로 늘어나고 더욱 정교해지면서 최소한으로 잡아도 지구 전체를 바꿔놓는 '기술 특이점'이 다가오고 있다고 자주 말하곤 했다. 어떤 기술 예언가들은 컴퓨터에 지각이 생겨서 신과 같은 능력을 갖게 되는 미래를 숭배하듯 또는 두려운 듯 말하기도 했다. 언젠가 인류가 머릿속의 정보를 실리콘 기판에 업로드해서 탄소를 기반으로 한 몸의 구속에서 벗어나 어떤 의미로는 영원히 살게 될 것이라는 추측을 내놓는 사람들도 있었다. 사람들은 모두 설사 인류가 지구를 상속받을 운명이 아니라 해도 궁극적으로 지구의 상속자가 될 존재를 직접 만들어낼 것이라는 주장에 동의하는 듯했다. 심지어 드레이크의 청년 시절에 유행하다 사라진 우주 시대의 꿈을 다시 불러내서 인류가 지능을 갖춘 기계를 타고 태양계 전체는 물론 언젠가 다른 별까지 여행하는 번영과 탐험의 새 황금시대에 대한 꿈을 펼쳐놓는 사람들도 몇 명 있었다.

"그래요, 나도 그런 얘기를 들었습니다." 드레이크가 대답했다. "만약 우리가 화성에 갈 수 있다면 좋겠죠. 하지만 우리가 모두 서서히 컴퓨터로 변할 것이라거나 컴퓨터가 우리를 대신할 것이라는 가설에는 동의하지 않습니다. 그리고 앞으로 우리가 할 수 있을지도 모른다는 그 모든 일들 중에서, 다른 항성을 식민화하는 일은 일어나지 않을 것 같습니다."

나는 이유를 물었다.

"컴퓨터는 즐기는 법을 모를 것 같거든요." 그가 말했다. "컴퓨터는 기쁨을 느낄 수 없을 것 같습니다. 하지만 내가 뭘 알겠습니까?" 그가 웃음을 터뜨렸다. "반면 우주여행에 대해서는 내가 적잖이 연구를 했습니다. 가까운 별에 사람 100명을 보내는 데에는 그들을 태양계의 궤도에 올려놓을 때보다 약 1백만 배의 비용이 듭니다. 그런 일을 해내려면 아주 부자여야 해요.

10광년 거리를 두고 떨어져 있는 식민지 두 곳이 있다고 칩시다. 아마 생명이 살 수 있는 행성들 간의 거리가 대략 그 정도일 겁니다. 문제는 우리가 광속의 10분의 1보다 더 빠른 속도로 이동할 수 없다는 점이에요. 그보다 속도가 높으면 무엇이든 질량이 있는 물체와 부딪혔을 때 방출되는 에너지가 원자폭탄의 에너지와 거의 맞먹습니다. 그러니까 광속의 10퍼센트로 속도를 제한할 수밖에 없어요. 그나마도 지금 우리는 그 속도 근처에도 갈 수 없지만요. 그러니 적어도 100년이 걸려야 식민지에 갈 수 있습니다. 거리, 시간, 속도가 모두 어마어마하죠. 하지만 무엇보다 어마어마한 건 비용이에요. 그럭저럭 필요한 사람들을 태우고 탐험에 나서려면 최소한 보잉 737기만 한 크기의 우주선이 필요합니다. 그 우주선을 광속의 10퍼센트 속도로 가까운 별에 보내는 겁니다, 알겠죠? 자, 이제 거기에 드는 운동에너지를 계산해보세요. 현재 미국의 총 전력 생산량 200년치에 맞먹는 에너지가 듭니다. 게다가 이건 가는 데만 드는 비용이에요. 목적지에 도착한 뒤 점점 속도를 늦춰 궤도에 들어가는 비용은 포함되지 않았어요. 우주여행에 이런 어려움이 내재해 있기 때문에, 전파 신호 같은 것을 찾는 작업이 그토록 매력적으로 보이는 겁니다. 그게 큰 이유 중 하나예요."

"그럼 선생님은 우리가 태양계를 벗어날 수 없다고 생각하시는군요. 그렇습니까?" 나는 붉게 부풀어 오른 태양이 지구를 불모지로 만들 먼 미래를 생각하며 이렇게 말했다.

"그래요, 그렇게 생각합니다." 드레이크가 우울하게 대답했다. "하지만 인정해야 돼요. 남은 세월 동안 좋은 시절을 보낼 수 있다는 걸."

드레이크는 마지막 남은 캐슈너트를 먹고 코카콜라 캔을 들어 내 맥주병 목에 '치렁' 하고 갖다 댔다. 우리는 'L'과 'L'의 값을 더 크게 만들려고 애쓰는 모든 사람을 위해 건배했다.

3장

부서진 제국

내게 신이란 우주 만물에 대한 나의 경외감이다.
_ 알버트 아인슈타인

1960년에 프로젝트 오즈마가 베일을 벗었을 때 천문학자들 사

이에 깊은 균열이 생겼다. 은하계의 다른 문명을 찾기 위해 하늘을 훑는다는 생각에 좋아서 어쩔 줄 모르는 사람들이 있는가 하면, 최악의 사이비 과학이라고 생각하는 사람들도 있었다. 오토 스트루브는 SETI를 옹호하기 위해 편지를 써서 전 세계 천문학계의 상층부에 돌려 영향력을 발휘했다.

이 편지에서 스트루브는 다른 항성 주위에 행성이 흔하게 있을 가능성이 높다는 점을 강조하고, 특정한 행성에서 생명체나 지능이 발생할 가능성은 아직 미지수지만 "본질적으로 있을 것 같지 않은 일이라도 표본의 수가 아주 크다면 가능성이 크게 높아질 수 있다. …… 태양과 비슷한 항성의 표본이 충분히 늘어난다면 오즈마 실험이 궁극적으로 긍정적인 결과를 낳을 것이라고 믿을 이유가 충분하다."고 썼다. 그는 인류가 더 이상은 우주에서 고독한 익명의 존재라고 볼 수 없다고 추론했다.

스트루브는 천문학이 전환점에 이르렀다고 썼다. 우주 시대의 도래로 천문학은 "요동치고, 불확실하며, 인류의 역사상 유례가 없는 혼란스러운 확장 상태"로 불쑥 내동댕이쳐졌으며, 정부의 거대한 금고에서 지원되는 돈이 점점 늘어났다. 그래서 천문학자들은 외계 생명체와 지능을 찾는 작업을 받아들이고, 계몽주의 시대에 버금가는 새로운 발견의 시대를 불러옴으로써 그 새로운 풍요를 이용할 수 있었다. 아니면 그저 얼렁뚱땅 현상만 유지하면서 미래의 역사가들 앞에 그다지 인상적이지 않은 기록을 남겨주는 방법도 있었다. "능력은 있지만 특별히 뛰어나지는 않은 많은 과학자들의 공동 작업, 다양한 아이디어들의 혼란, 학자들 사이의 경쟁적인 분위기와 정치색"이 특징인 그런 기록 말이다. 하지만 흔히 그렇듯이, 현실은 이 두 극단 사이 어딘가에 있을 터였다.

나는 드레이크를 만나기 며칠 전에 스트루브의 경고를 염두에 두고 산타크루스에서 북쪽으로 200킬로미터 떨어진 토멀스 만의 마르코니 회의센터에서 열린 과학자들과 언론인들의 모임에 참석했다. 1913년에 이탈리아의 전파 선구자 구글리엘모 마르코니가 지은 이 센터는 세계 최초로 태평양 너머의 무선통신을 수신한 기지였지만, 지금은 캘리포니아대학교 버클리캠퍼스의 밀러기초과학연구소가 매년 개최하는 학제 간 회의의 장소로 쓰이고 있었다. 따뜻하고 화창한 토요일 오후라서 작은 배들과 제트스키들이 만의 좁은 에메랄드빛 물 위에 점점이 떠 있었지만 회의 참석자들은 모두 답답하고 어둠침침한 방에 앉아 말쑥하고 키 큰 남자를 홀린 듯이 바라보고 있었다. 호리호리한 몸매

50억년 동안의 고독

에 검은 머리, 커다란 초록색 눈, 매부리코를 지닌 그 남자는 프로젝터로 띄워 놓은 파워포인트 슬라이드 앞에서 열심히 동작을 곁들여가며 신명 나게 이야기하는 중이었다. 빠르게 말을 쏟아내느라 가끔은 말을 더듬기도 했다. 그는 캘리포니아대학교 산타크루스캠퍼스의 교수이자 천체물리학자인 마흔네 살의 그렉 래플린이었다.

"이 사진은 제가 우리 집 문 앞에서 흔한 카메라로 찍은 것입니다." 래플린이 진한 파란색을 배경으로 연한 색의 레고 조각들이 뭉친 덩어리 같은 사진을 가리키며 말했다. "이것은 금성입니다. 픽셀이 하나하나 잘 보이도록 확대해서 찍은 거죠. 금성은 태양계외행성과 관련해서 현재 우리가 처한 상황을 상징하는 존재입니다. 여기에 뭔가 구조물이 있는 것처럼 보이는데 정체를 알 수 없어서 우리가 더 자세히 알고 싶어한다는 점에서 그렇다는 말입니다. 금성은 또한, 우리가 다른 항성의 궤도를 도는 행성에 대해 알고 싶어하는 것들 중 대부분은 우리 태양계의 행성들을 연구할 때 이미 겪은 일이라는 점에서도 상징적인 존재입니다."

금성은 래플린이 과학자로서 첫발을 내딛는 데에도 상징적인 역할을 했다. 그가 처음으로 천문학을 접한 것은 일리노이 주 남쪽의 콩을 재배하는 농촌에서 살던 여덟 살 때였다. 그는 푼돈을 모아 작고 단순한 망원경을 사서 별들과 달을 관찰했다. 그러던 어느 날 황혼 녘에 그는 하늘에 낮게 떠서 반짝이는 금성을 향해 망원경을 돌렸다. 육안으로 봤을 때처럼 흐릿한 점 같은 것이 확대돼서 보일 것이라고 예상했지만, 망원경이 그에게 보여준 것은 잘라낸 손톱처럼 날카롭고 약간 노르스름한 하얀색의 초승달 모양이었다. 그는 자신이 금성의 낮과

밤을 동시에 보고 있음을 점차 깨달았다. 그리고 밤과 낮 사이의 경계선은 그가 그 순간 지구에서 경험하고 있던 것과 똑같은 황혼 구역이었다. 일리노이 주의 집 뒷마당에서 본 금성은 그 어느 때보다 크면서 또한 작았다. 그때까지 숨겨져 있던 외계 행성의 세세한 부분들이 눈앞에 드러난 것 같아서 그의 마음이 들끓었다. 그런 기분은 차차 가라앉았지만, 세월이 흐르는 동안 그가 뭔가 뜻밖의 아름다운 것을 발견할 때마다 순간적으로 되돌아왔다. 그는 많이 배울수록 숫자와 방정식의 순수성 속에서 심오함을 발견했고, 행성과 항성과 은하의 삶에서 더욱 장엄함을 느꼈다. 저 먼 금성의 구름 위에서 빛나는 햇빛을 바라보던 그때는 몰랐지만, 망원경을 통해 래플린의 눈앞에 펼쳐진 그 광경은 나중에 그를 행성 사냥의 최전선으로 깊숙이 끌어들였다.

"금성은 비록 태양에 가깝지만, 워낙 짙은 구름에 뒤덮여 있어서 햇빛을 흡수하는 양이 사실 지구보다 적습니다." 래플린은 청중에게 이렇게 말했다. "따라서 아주 오랫동안 금성 표면이 이렇게 생겼으리라고 상상하는 것이 얼마든지 가능했죠." 그의 등 뒤에 걸린 스크린에 항공사진 한 장이 나타났다. 안개에 싸인 산속의 숲에서 폭포수가 떨어지는 장면을 잡은 사진이었다. "그런데 1950년대 말에 금성이 섭씨 600도대의 온도에 상응하는 마이크로파를 내뿜고 있다는 것이 밝혀졌습니다. 그리고 오래지 않아 금성이 제멋대로 날뛰는 온실 같은 행성임이 분명해졌습니다. 정말로 끔찍한 곳이었습니다." 래플린은 진짜 금성 표면의 사진을 화면에 불러내서 아무 말 없이 청중에게 보여주었다. 러시아의 우주선 베네라 13호의 착륙선이 1982년에 금성의 지옥불 같은 온도와 엄청난 대기압에 녹아서 터져버리기 직전에 지구로 전

50억년 동안의 고독

송해준 그 사진에는 생기가 전혀 없고, 바위가 부서져 있으며, 높낮이가 거의 없는 풍경이 펼쳐져 있었다.

"1950년대에 아주 잠깐 동안 금성이 정말로 생명이 살 수 있는 환경을 지니고 있을 뿐만 아니라 인류가 곧 금성을 방문할 수도 있을 것이라는 희망을 사실인 것처럼 품을 수 있었던 시기가 있었습니다. 아폴로 프로그램이 시작되기 직전이라, 다른 행성으로 여행할 수 있는 기술이 금방 손에 잡힐 것 같았죠. 지금은 그렇지 않지만 말입니다. 만약 우리가 문자 그대로 바로 옆집에서 지구처럼 생명이 살 수 있는 행성을 발견했다면 어떻게 됐을지 생각해보세요. 역사가 어떻게 바뀌었을 것이며, 오늘날 우리 지구는 어떤 모습을 하고 있었을까요? 우주 시대의 여명이 밝아오던 바로 그 무렵에 이런 가능성들이 사라져버렸다는 것은 기묘하고 비극적인 우연입니다. 그리고 처음에는 금성이, 그다음에는 화성이 본격적인 경제 식민지 후보에서 주로 과학적인 관심의 대상으로 변하면서, 대중들의 관심은 다른 항성의 주위를 도는 행성들로 옮겨 갔습니다."

래플린은 슬라이드를 몇 장 더 넘겨서 그때까지 알려진 모든 태양계외행성들에 대한 그래프를 보여주었다. y축은 행성들의 질량, x축은 발견 시기를 표시했다. 점의 개수가 별로 많지 않은 왼편, 그러니까 시기적으로 좀 더 앞선 구역에서 1995년 줄에 외로운 점 한 개가 찍혀 있었다. 질량은 목성과 토성 사이로 큰 편이었다. 그 점은 근처 항성인 페가수스자리 51과 아주 가까운 거리에서 4.5일짜리 궤도를 도는 거대 가스 행성이었다. 페가수스자리 51b라고 명명된 이 '뜨거운 목성'은 태양과 비슷한 항성 주위를 도는 태양계외행성으로 처음 확인된 행성이며, 이 항성계가 워낙 기묘해서 학자들로 하여금 행성 형성 모델을 다시 작성하게 만들 정도였다. 그래프에서 시간을 훌쩍 뛰어넘어 앞으로 와보면 점들이 그래프 전체에 걸쳐 크게 늘어나 있었다. 질량도 다양해서 점들이 폭이 넓고 두툼한 쐐기 모양을 이루었다. 10년 사이에 우리 태양계 너머에서 확인된 행성의 숫자가 수백 개로 급증했을 뿐만 아니라, 여전히 끝이 보이지 않고 있었다. 태양계외행성학은 그 어느 때보다 호시절을 구가하는 중이었다.

행성들은 거의 모두 시선속도Radial-Velocity, RV〔천체가 관측자의 시선 방향에 가까워지거나 멀어지는 속도-옮긴이〕 분광학이라는 기법을 통해 탐지되었다. 궤도를 도는 행성들의 중력에 영향을 받아 별들이 흔들리는 현상을 관찰하는 기법이다. 행성의 중력이 항성을 지구의 관찰자 쪽으로 잡아당기면, 그 항성에서 오는 빛의 파동이 스펙트럼의 파란색 쪽으로 압축된다. 반면 행성의 중력이 항성을 반대쪽으로 잡아당기면, 별빛은 빨간색 쪽으로 늘어난다. 이런 현상은 소리의 파동에서도 나타난다. 구급차가 나를 향해 달려올 때는 사이렌 소리가 높아지다가, 멀어질 때는 낮아지는 것이 좋은 예이다. 행성의 중력에 의한 별의 요동 빈도를 관찰하면 행성의 공전주기를 알 수 있다. 그리고 요동의 강도(예를 들어 움직이는 속도가 초당 1킬로미터인지, 아니면 1센티미터인지)는 행성의 질량을 추정할 수 있게 해준다.

우리가 항성이라고 부르는 별들은 폭이 1백만 킬로미터나 되는 플라스마 덩어리이다. 따라서 마구 타오르는 이 둥근 플라스마 덩어리의 움직임에서 행성의 신호를 알아내는 작업은 쉬운 일이 아니다. 특히 행성의 크기가 작고 궤도가 멀 때는 더하다. 대형 망원경뿐만 아니라, 지극히 안정적인 고해상도 분광계도 필요하다. 망원경의 반사경은 항성에서 온 빛을 모아 증폭시키고, 이 빛은 분광계로 보내진다. 분광계 안에서 빛은 미로처럼 복잡하게 설치된 거울, 격자, 프리즘을 통과하면서 파장을 기준으로 쪼개지고 분류된다. 그리고 이렇게 분류된 광자들은 일반 디지털카메라의 CCD와 흡사한 CCD로 보내져 저장된다. 처리를 거치지 않은 항성의 스펙트럼은 무지개를 길게 늘여서 잘라놓은 것처럼 보인다. 빨간색에서 파란색까지 느슨하게 이어져 있는 띠에 수천 개의 검은 흡수선들이 늘어서 있는 모양이기 때문이다. 이 흡수선들은, 특정 원자와 분자가 타오르는 행성 표면에서 활발히 움직이며, 광자들이 우주 공간으로 탈출하기 전에 특정 파장을 흡수해버리기 때문에 생긴다. 우리는 항성이 행성의 중력에 영향을 받아 반사적인 움직임을 보일 때 이 흡수선들이 처음에는 빨간색 쪽으로, 그다음에는 파란색 쪽으로 움직이는 것을 관찰함으로써 항성의 요동을 파악할 수 있다. 천문학자들은 흡수선의 움직임을 추적하기 위해 스펙트럼에 기준점들을 투사한다. 자에 작은 표시를 그려넣는 것과 같다. 행성의 크기가 작을 경우에는 흡수선의 위치 변동 폭이 CCD 탐지기 1픽셀의 극히 일부밖에 되지 않을 수도 있다. 이럴 때는 탐지기 온도를 극저온으로 낮추는 것이 픽셀의 전자 잡음을 최소화해서 희미한 변화를 잡아내는 데 도움이 된다. 전류의 산란이나 기압과 기온의 사소한 변화도 잡음을 일으켜 행성의 신호를 가리거나 허위 신호를 만들어낼 수 있다. 복잡한 통계 계산법을 이용해서 수집된 데이터의 오차를 수정하고 분석할 때에도 실수가 일어날 가능성이 있다. 잡음에서 희미한 RV 신호를 가려내는 작업은 명실상부한 과학인 동시에 난해한 예술이기도 하기 때문에, 이 작업을 해낼 수 있는 물리적 자원과 정신적 능력을 지닌 사람은 전 세계에 기껏해야 수십 명밖에 되지 않는다.

행성 사냥에서 기기 안정성과 데이터 조정은 새로운 문제가 아니었다. 과거 행성들이 발견되었다고 착각했던 시대, 지금은 거의 망각 속에 묻혀버린 그 시대에도 이런 것들이 문제가 되었다. 1940년대 초부터 1970년대 초까지 여러 천문학자들이 근처 항성 주위를 도는 행성들을 찾아냈다고 주장했는데, 그들 모두 나중에 착각으로 판명되었다. 그 시대의 가장 유명한 행성 사냥꾼으로는 스워스모어대학에서 근무하던 네덜란드계 미국인 피터 반 드 캄프가 있다. 그는 대학의 24인치 스프롤망원경으로 수십 년 동안 촬영한 사진 건판에서 알파 켄타우루스 다음으로 우리 태양에 가까운 항성이자 희미한 적색 왜성인 바너드별의 움직임을 관찰하다가 행성 요동을 찾아냈다고 생각했다. 바너드별 주위에 거대한 가스 행성 두 개가 있다는 그의 주장은 처음에 과학 전문지의 승인을 받고 게재되었다. 〈타임〉지나 〈뉴욕타임스〉 같은 대중매체에도 소개되었다. 하지만 그의 경쟁자들은 두 행성이 존재한다는 증거를 찾아낼 수 없었다. 조사 결과 반 드 캄프가 발견한 요동은 잘못된 분석 기법뿐만 아니라 스프롤망원경의 주기적인 세척 및 업그레이드 작업 과정에서 발생한 이상 때문인 것으로 짐작되었다. 학자들이 수년 동안 면밀히 관찰했는데도 그가 찾아냈다는 행성들에 관한 증거는 전혀 발견되지 않았다. 반 드 캄프는 1995년 페가수스자리 51b가 발견되기 몇 달 전에 세상을 떠났다. 그는 자신을 비판한 사람들을 끝까지 용서하지 않았으며, 자신의 행성들이 정말로 존재한다는 확신이 전혀 흔들리지 않았다. 오늘날 천문학자들은 그의 사례를

50억년 동안의 고독

간접적인 증거와 빈약한 통계자료를 바탕으로 행성을 발견했다고 대담하게 주장하면 안 된다는 것을 보여주는 강력한 경고로 이용하고 있다.

2009년에 6억 달러의 비용이 들어간 NASA의 케플러우주망원경이 발사되면서, RV 외에 또 다른 직접적인 탐지 기법이 널리 퍼졌다. 케플러망원경은 항성의 요동 대신, 행성이 항성 표면을 지나면서 CCD에 기록되는 항성의 빛 중 일부를 차단하는 현상에 주의를 기울였다. 이런 항성 통과의 발생 빈도를 알아내면 행성의 공전주기를 알 수 있고, 행성이 지나갈 때 항성의 빛이 얼마나 희미해지는지를 기준으로 행성의 크기도 추정할 수 있다. 시간이 흐르면 대부분의 항성 주위를 도는 대부분의 행성을 탐지할 수 있다고 알려진 RV와 달리 항성 통과 탐지법은 임의적인 기하학 배열에 좌우된다. 즉 지구에 있는 관찰자의 시선에 대략적으로 걸쳐 있는 궤도를 도는 행성들만이 탐지되는 것이다. 이 기법을 이용하면, 태양계외행성들 대다수가 눈에 띄지 않게 된다. 하지만 이런 도박으로 대박을 터뜨릴 가능성이 있었다. 래플린이 마르코니회의센터에서 발표를 하던 그 시기는 케플러망원경이 하늘에서 16만5천 개가 넘는 별이 있는 한 부분을 조사하면서 이미 항성 표면을 통과하는 행성 후보를 1,200개 이상 찾아낸 뒤였다. '후보'라는 말은 다른 기법으로 그 행성의 존재가 확인될 때까지 사용하는 단어지만, 케플러망원경이 찾아낸 별들 중에는 너무 희미해서 확실한 측정이 불가능한 것들이 많았다. 2013년 초까지 케플러 팀이 찾아냈다고 발표한 행성은 확인된 것만 100개가 넘고, 후보는 거의 3천 개나 되었다.

케플러 팀의 행성 후보들은 래플린의 도표 중 가장 오른쪽에서 끊어지지 않는 선을 이루고 있었다. 도표 중 그 이전 시기에 발견된 행성들은 비교적 듬성듬성 떨어져 있는 데 비해, 케플러의 데이터는 질량이 목성의 몇 배나 되는 지점부터 몇 퍼센트밖에 안 되는 지점, 즉 지구의 질량과 비슷한 지점까지 이어진 단단한 벽처럼 보였다. "이 도표는 우리가 질량이 작은 행성들을 점점 더 많이 발견하고 있음을 보여줍니다." 래플린이 도표에서 벽처럼 늘어선 케플러 행성들을 가리키며 말했다. "몇 년 전만 해도 이 행성들은 거의 모두 알려지지 않은 땅이었습니다. 그런데 바로 올해, 바로 지금, 마침내 지구와 질량이 같은 행성들이 발견되기 시작했습니다. 지구와 크기도 질량도 같은 행성들이 다른 항성 주위를 돌고 있다는 말을 자신 있게 할 수 있는 때가 온 겁니다. 또한 대부분의 항성계가 어떻게 배열되어 있는지에 대해서도 더 많은 정보가 드러나고 있습니다. 우리는 지금 이른바 '은하계 행성 통계조사'를 실시하고 있는 셈입니다. 그리고 그 결과물은 금성이나 페가수스자리 51b의 경우와 마찬가지로 지구나 우리 태양계를 배경으로 단순한 추정을 하는 것이 위험할 수 있음을 다시 일깨워주고 있습니다."

래플린은 지속적인 은하계 행성 통계조사에서 망원경을 이용한 관찰자가 아니라 관측 데이터의 분석가로서 아주 중요한 역할을 했다. 그의 전문 분야 중에는 RV 요동만으로 수집한 항성계 자료를 시행착오를 거치면서 통계적으로 처리하는 일이 포함되어 있다. 만약 항성의 요동을 일으킨 궤도 행성이 하나뿐이라면, 시간의 흐름을 따라 변동폭을 그린 그래프는 고전적인 사인파波 모양이 된다. 행성의 공전주기를 기준으로 마루와 골이 매끄럽게 반복되면서, 바이올린 현으로 단한 음만을 강하게 뜯을 때와 같은 그래프가 만들어지는 것이다. 데이터에서 이 패턴을 찾아내는 것은 간단한 일이었다. 하지만 행성이 여러 개일 때는 행성들이 항성에 저마다 미세하지만 확실한 영향을 미치기 때문에 요동 패턴이 복잡해진다. 이런 요동 패턴에서 항성계의 구조를 알아내는 것은 각각의 악기가 동시에 다른 음을 연주하는 오케스트라 연주를 들으며 악기의 배열과 구성을 파악하는 것과 비슷하다. 행성들이 자아내는 음악에서 소수의 고립된 달콤한 음에만 너무 주의를 기울인다면, 다른 음과 잔향 속에 숨어 있는 다른 행성들을 놓칠 우려가 있다. 행성이 작을수록 신호가 약하기 때문에, 우주 잡음의 공세 속에서 존재를 탐지해내기가 힘들다. 래플린은 이처럼 복잡한 데이터에서 행성의 신호를 파악해낼 수 있는 소프트웨어인 시스테믹 콘솔의 개발을 선도했다. 그리고 이 소프트웨어는 이 분야의 기본 도구 중 하나로 급속히 자리를 잡았다. 래플린은 노트북 컴퓨터로 이 프로그램을 불러내 청중에게 진정한 행성 사냥이 어떤 것인지 맛보기를 보여주었다. 흑백 격자가 화면에 나타나더니, 수백 개의 점들이 격자 전체에서 꽃처럼 피어났다.

"이것은 지구에서 약 28광년 떨어진 항성인 처녀자리 61의 RV 데이터로, 제 동료인 폴 버틀러와 스티브 보그트가 몇 년 동안 두 대의 망원경으로 관측한 것입니다." 래플린이 이렇게 설명한 뒤 버튼을 누르자 사인파 곡선이 데이터 위에 덧씌워지면서 많은 점들을 가로질렀다. "공전주기가 몇백 일이고 질량이 대략 목성의 4분의 1인 행성의 신호를 표현하면 이런 모양이 될 겁니다. 하지만 이 곡선이 전혀 완벽하게 들어맞지 않는다는 것을 여러분도 알 수 있을 겁니다." 그가 행성의 궤도와 질량을 잠시 조정했지만, 사인파 곡선은 고집스레 저항했다. "이제 자동 조정 메뉴를 실행할 겁니다. 안정적인 행성의 다양한 수치들을 이용해서 최적화를 시행해 가장 잘 맞는 결과를 도출해내는 메뉴입니다." 그가 또다시 버튼을 누르자 몇 초 만에 세 개의 뚜렷한 곡선이 점들 속에서 튀어나왔다. 래플린이 처음에 불러냈던 사인파 곡선보다 훨씬 더 많은 점들을 통과하는 선이었다.

"이 프로그램이 세 개의 행성을 도출해냈음을 알 수 있습니다. 하지만 여기에 아직 남은 것들이 있죠. 처녀자리 61에 더 많은 행성이 있을 수 있다는 뜻입니다. 심지어 생명체 가능구역에 있을 수도 있어요. 이것이 저와 동료들이 함께 발표한 결과입니다. 정말로 흥미로운 것은, 우리와 가장 가까운 수백 개의 항성들 중 처녀자리 61이 우리 별과 가장 흡사한 축에 속한다는 점입니다. 질량도, 반지름도, 화학적 구성도 태양과 거의 똑같고, 나이도 비슷합니다. 그런데도 항성계는 우리와 완전히 달라요. 이 행성들, 그러니까 가장 가까운 행성부터 가장 먼 행성까지 행성들의 질량은 대략 지구의 5배, 18배, 23배입니다. 또한 이 세 행성은 우리 태양계를 기준으로 볼 때 대략 수성의 궤도 안쪽에 다닥다닥 몰려 있습니다. 우리 태양계에서는 수성의 궤도 안쪽에 아무것도 없는데, 처녀자리 61에서는 행성 세 개가 전부 몰려 있다니! 어디서나 찾아볼 수 있는 이런 구성은 우리 태양계를 기준으로 가정했을 때는 결코 도출되지 않았습니다. 전혀 예상하지 못한 구성이었던 겁니다."

청중 가운데 누군가가 행성이 아예 하나도 없는 항성은 몇 개나 되겠느냐고 물었다.

50억년 동안의 고독

"어떤 항성에 행성이 전혀 없다는 것을 밝혀내는 일은 몹시 어렵습니다." 래플린이 대답했다. "따라서 우리와 비슷한 항성계를 지닌 항성의 비율이 얼마나 되는지 물어보는 편이 더 유용합니다. RV 데이터와 케플러망원경의 데이터를 통해 목성만 한 질량을 지닌 행성이 태양계에서처럼 대략 10년이 걸리는 공전주기를 돌고 있는 항성이 상당히 드물다는 사실이 이제야 조금씩 드러나고 있습니다. 제 생각에는 지금까지 우리가 조사한 별들 중에서 이런 조건에 맞는 별은 기껏해야 10퍼센트에 불과할 것 같습니다. 적어도 목성에 관한 한, 우리 태양계는 다소 이례적입니다. 현재 데이터는 해왕성과 비슷한 행성이 주기가 짧고 기온이 따뜻한 궤도를 도는 것이 전형적인 항성계의 모습임을 보여줍니다. 하지만 여기에는 표본 선택 편의selection bias가 영향을 미치고 있습니다. 그런 행성들을 탐지하기가 가장 쉽거든요."

그는 생각에 잠긴 표정으로 단상과 창문 사이를 오락가락하며 발표의 리듬을 되찾았다. "우리는 지구와 비슷한 궤도를 도는 지구만 한 행성들의 분포에 대해 아직 아는 것이 별로 없지만, 그런 행성이 많을 것이라고 기대하고 있습니다. 케플러망원경이 곧 우리에게 알려주겠지요. 제 생각에는…… 통과 행성들의 존재를 확인하기가 더 쉽습니다. 비록 그 행성들이 전체의 작은 일부에 불과할 뿐이지만요. 오늘날 우리가 탐지하는 작은 행성들은 자신의 항성에 대해 초당 1미터 수준의 RV 신호를 만들어냅니다. 제가 지금 초당 1미터의 속도로 걷고 있습니다. 몇 광년이나 떨어진 항성 전체의 움직임 중에서 이렇게 작은 변화를 탐지해낸다는 것은 믿을 수 없을 만큼 굉장한 일이지만 그것만으로는 충분하지 않습니다. 지구가 태양에 일으키는 RV 신호는 겨우 초당 10센티미터 정도에 불과합니다. 그런데 항성들 내부의 박동과 진동, 표면을 둘러싼 물질들의 흐름은 항성을 이보다 더 많이 움직이게 만듭니다. 항성은 언제나 그런 잡음을 만들어내고 있기 때문에, 그 천체물리학적인 요동이 신호를 오염시킵니다."

래플린이 조심스럽게 단어를 골라 표현한 이 말에는 경고가 내포되어 있었다. 가장 기대를 불러일으키는 행성들, 지구와 비슷해서 생명을 품고 있을 가능성이 있는 행성들은 가장 찾기 어려운 행성이기도 했다. 기온이 온화한 궤도를 도는 저질량 행성은 항성 잡음의 바다 위로 우뚝 솟은 신호 조각으로만 탐지되기 일쑤였다. 근처 항성 주위를 도는 지구형 행성들을 찾아내라는 압력이 RV 연구자들에게 가중되는 가운데, 진짜 신호를 파악해내는 일 또한 점점 어려워지고 있었다.

래플린은 조용한 별에 주의를 아낌없이 기울이고, 수백 번 또는 수천 번이나 관측한 뒤 시간의 흐름에 따라 평균을 내서 그렇지 않아도 조용한 항성 잡음을 더욱더 내리누른다면 행성의 희미한 RV 신호를 증폭할 수 있다고 말했다. 하지만 이 방법에는 위험이 따랐다. 세계적인 규모의 망원경과 분광계를 이용해서 관측할 수 있는 시간을 운 좋게 확보한 팀이 몇 달 또는 몇 년 동안 기대를 모으는 신호들을 추적하더라도 결국 행성이 있을 것이라는 기대가 환상으로 판명될 수 있기 때문이다. 통계의 안개 속에서 행성이 발견될 확률이라는 황량한 바람 한 줄기 때문에 누군가는 경력과 명성을 얻고, 누군가는 경력과 명성이 산산조각 날 수 있다. "저질량 행성 쪽으로 치우치는 현상은 서로 경쟁하는 여러 집단들 사이에서 벌어지는 '군비경쟁' 중 일부입니다." 이제 발표의 결말에 거의 다다른 래플린이 설명했다. "행성을 한번 발견하고 나면, 시간배분위원회가 그 사람에게 더 많은 행성을 찾아내라며 더 많은 시간을 줍니다. 그러다 행성을 찾아내지 못하면 그걸로 끝입니다. 그대로 아웃이에요."

천문학자들이 1990년대 중반에 태양계외행성들을 자주 찾아내기 시작한 지 10년이 넘는 세월 동안 RV '게임'은 행성 사냥계의 두 위대한 왕조 사이의 경쟁으로 압축되었다. 미국에 있는 첫 번째 왕조는 1983년에 캘리포니아 주 패서디나에서 힘겹게 천문학 박사후 연구원으로 일하던 스물여덟 살의 젊은이 제프 마시가 어느 날 아침 오랫동안 샤워를 하던 중에 시작되었다. 그는 항성의 자기장에 관한 연구에 진전이 별로 없어서 선배 천문학자 몇 명으로부터 가차 없는 비판을 받고 있었다. 그는 자신이 무능하다는 생각에 기운이 다 빠지고 우울해졌다. 숙인 머리로 샤워기의 물을 받으면서 그는 그때까지 자신의 연구 경력이 주로 실패로 끝났으며, 아무런 변화가 일어나지 않는다면 연구자의 삶을 제대로 시작도 해보기 전에 끝을 맞게 될 수 있다는 것을 깨달았다. 그는 재앙과도 같은 천문학자의 길에 자신이 애당초 왜 발을 들여놓았는지 돌이켜보았다. 어렸을 때 하늘의 모든 별에 행성이 있는지 궁금해한 것이 시작이었다. 그의 열정이 모두 사라져버린 것일까? 갑자기 퍼뜩 깨달음이 찾아왔다. 어차피 실패할 운명이라면, 진지하게 생각하는 사람은 별로 없지만 내가 사랑해 마지않는 주제를 연구하면서 화려하게 실패하자. 샤워를 마쳤을 때쯤, 그는 어쩌면 아주 짧아질지도 모르는 자신의 연구 생활을 태양계외행성 탐색에 바치기로 마음을 굳히고 있었다.

마시는 자신의 생각만큼 무능한 사람이 아니었다. 천문학에 대한 백과사전적인 지식, 거기에 빠른 머리와 타고난 이야기꾼의 재주까지 덧붙여져서 그는 아무리 난해한 천문학 관련 주제라도 평범한 사람들이 이해하게 만들 수 있었다. 그는 곧 샌프란시스코주립대학의 초급 교수가 되어, 강의가 없는 시간에 행성의 RV 신호 조사에 대해 생각했다. 하지만 그의 계획은 언제나 설익게만 보였다. 기계를 적절히 조정하지 않으면 행성들의 스펙트럼 신호를 구분해내기가 불가능할 터였다. 그러다 그가 폴 버틀러를 만나면서 일이 풀리기 시작했다. 버틀러는 화학 학부 과정과 천체물리학 석사과정을 동시에 밟고 있는 젊은 학생이었다. 그는 마시보다 어렸지만 마시처럼 태양계외행성에 흥미를 갖고 있었으므로, 두 사람은 절친한 친구가 되었다. 그리고 힘을 합쳐 기계를 조정하는 이상적인 방법을 찾아내려고 노력했다. 마침내 버틀러가 해결책을 찾아냈다. 유리그릇에 요오드를 가득 채워서 분광계에 부착하는 방법이었다. 이 '흡수실'을 통과하는 빛은 항성의 스펙트럼에 해시마크(미국 군인들의 근속 연수를 표시하기 위해 소매에 붙이는 마크-옮긴이)와 비슷한 요오드 흡수선을 만들어내서, 작은 요동이 눈이 띄게 해줄 것이다. 버틀러의 요오드 그릇은 나중에 수십 년 동안 RV 행성 탐색을 위한 기본적인 기법이 되었다.

마시와 버틀러는 1987년에 요오드 그릇에 다목적 '해밀턴' 분광계를 결합시켰다. 마시가 박사과정을 밟을 때 지도 교수였던, 캘리포니아대학교 산타크루스캠퍼스의 천문학자 스티브 보그트가 만든 분광계였다. 두 사람은 이 도구를 가지고 행성 탐색을 시작했다. 두 사람은 산호세에서 동쪽으로 40킬로미터 떨어진 해밀턴 산의 릭천문대에서 여러

망원경에 이 분광계를 사용해서 태양과 비슷한 근처 항성 120개의 주위를 도는 목성급 행성들이 있는지 오랫동안 찾아보았지만 성과가 없었다. 버틀러는 메릴랜드대학에서 박사 학위를 받느라 잠시 천문대를 떠났지만, 마시와 함께 수집한 데이터를 분석하는 소프트웨어를 계속 갈고닦아서 마침내 데이터의 RV 정밀도를 초당 15미터에서 5미터로 높였다. 1995년 가을에 두 사람의 인내심도 점점 바닥을 드러낼 무렵, 제네바대학의 두 천문학 교수 미셸 마이어와 디디에 클로즈가 프랑스 남부 오트프로방스천문대에서 실시된 RV 연구를 바탕으로 페가수스자리 51b를 발견했다고 발표했다.

마시와 버틀러는 이 소식을 듣고 페가수스자리 51을 직접 관찰하려고 달려갔다. 그러고 나서 며칠 만에 뜨겁게 소용돌이치는 목성급 행성 때문에 항성에 요동이 일어나는 것을 똑똑히 보았다. 두 사람은 그때까지 몇 년 동안 연구하면서도 그런 행성이 있을 것이라고 생각해보거나 그런 행성을 찾아보려고 한 적이 없었다. 두 사람은 자신들의 과거 데이터를 다시 훑어보면서 큰곰자리 47과 처녀자리 70 주위에서 거대한 행성 두 개를 금방 찾아냈다. 이렇게 두 사람이 이제 막 싹을 틔운 태양계외행성 발견 경쟁에서 다시 리드를 잡았고, 이것은 향후 수십 년 동안 이어질 경쟁 관계의 시작이었다.

초창기의 이 황금시대에 마시와 버틀러는 거의 10년이나 되는 경험과 대량으로 축적된 데이터를 동력으로 삼아 앞으로 돌진했다. 새 천년이 밝아올 무렵까지 두 사람은 항성과 가까운 궤도를 도는 거대 가스 행성을 거의 40개나 찾아냈다. 그리고 행성을 하나씩 찾아낼 때마다 뉴스가 되었다. 태양계외행성의 발견이 아직은 일상적인 일이 아니였기 때문이다. 연구 결과가 잡지 표지와 전국적인 뉴스를 장식하면서 학계에서 두 사람을 찾는 사람들이 갑자기 많아졌고, 두 사람은 곧 더 좋은 자리로 옮겨 갔다. 마시는 캘리포니아대학교 버클리캠퍼스의 교수로, 버틀러는 워싱턴에 있는 카네기과학연구소의 연구원으로 자리를 잡은 것이다. 이렇게 지리적으로 떨어진 뒤에도 두 사람은 공동 연구를 계속하면서 점점 높아져가는 명성을 이용해 연구 팀을 확대해서 보그트는 물론 뛰어난 행성 사냥꾼인 천문학자 데브라 피셔도 끌어들였다. 이 연구 팀은 더 많은 지원금을 확보하고, 세계 최고의 천문학 시설들 중 일부를 사용할 수 있었다. 그중에는 특히 보그트가 만든 또하나의 분광계인 HIRES도 포함되어 있었다. 하와이 주 마우나케아에 있는 W. M. 켁 천문대의 10미터짜리 쌍둥이 망원경에 부착된 HIRES는 RV 정밀도가 최대 초당 3미터였기 때문에 더 서늘한 궤도를 도는 작은 행성들도 찾아낼 수 있었다. 하지만 생명이 살 수 있는 행성을 찾아내려면 정밀도가 이보다 더 높아져야 했다. 마시는 팀원들에게 이메일을 보낼 때 맨 끝에 "OMPSOD!"라는 문구를 넣기 시작했다. '초당 1미터가 아니면 죽음!One Meter Per Second, Or Death!'이라는 뜻이었다.

제네바에서 마시, 버틀러와 경쟁하는 사람들은 전 세계 학자들과 협력하는데도 언제나 '스위스 팀'이라고 불렸다. 그들도 미국의 경쟁자들이 약진하는 동안 가만히 앉아서 놀지는 않았다. 그들 역시 팀을 확대하고, 노력을 배가해서 더 많은 행성을 찾아내려고 했다. 두 팀 모두 능력이 뛰어났으므로 경쟁도 격렬해졌다. 1998년 6월에 열린 학술회의에서 미국 팀은 글리제 876b를 발견했다고 발표했다. 적색 왜성 주위에서 처음으로 발견된 행성이었다. 다음 날 스위스 팀은 미국 팀이 그 행성을 발견했다고 발표하기 며칠 전에 자기들도 찾아냈다면서 학술회의가 열리기 몇 시간 전에 자신들의 발견을 확인했다고 주장했다. 다만 마시와 버틀러가 먼저 연단에 나섰을 뿐이라는 것이었다. 미국 팀은 그 행성에 관한 논문을 동료들의 검토를 거쳐 발표하는 데에도 한발 앞섰기 때문에 발견자의 명예를 가져갔다. 1999년 11월에 두 팀은 최초의 통과 행성을 발견한 공로를 공동으로 나누기 위해 서로의 발뒤꿈치를 물어뜯었다. 두 팀이 항성 HD 209458 주위를 도는 뜨거운 목성형인 이 행성이 항성을 통과하는 것을 거의 동시에 관찰하고 그 결과를 담은 논문을 제출했기 때문이다. 2002년에는 경쟁이 더욱 가열되었다. 그해에 스위스 팀은 항성 HD 83443 주위에서 '뜨거운 토성형' 쌍둥이 행성을 찾아냈다는 논문을 발표했다. 마시, 버틀러, 보그트도 그 항성을 관찰했지만, 두 행성의 존재를 뒷받침하는 증거를 관측 데이터에서 찾아낼 수 없었다. 버틀러는 선봉에 서서 스위스 팀의 주장을 조목조목 반박하는 논문을 발표했다. 그러고 나서 몇 달 뒤 스위스 팀은 두 행성 중 하나에 대한 주장을 철회함으로써 그때까지 흠집 하나 없던 기록에 오점을 남겼다. 이와는 대조적으로 미국 팀은 단 한 번도 주장을 철회한 적이 없었다. 스위스 팀은 버틀러가 앞장서서 자신들을 비판한 것을 절대로 잊어버리지 않고, 언제나 그와 멀찍이 거리를 유지했다.

한편 스위스 팀은 2004년에 HARPS 분광계를 데뷔시키면서 RV 정밀도에서 선두를 차지했다. 유럽남부천문대European Southern Observatory, ESO와 공동으로 개발한 이 분광계는 기온이 조절되는 진공실에서 안정화되어 칠레의 케로 파라날에 있는 3.6미터짜리 ESO 망원경에 장착되었다. 그리고 초당 1미터가 조금 안 되는 엄청난 RV 정밀도를 과시하며 스위스 팀에게 생명이 살 수 있는 좁은 구역에서 작은 행성들을 수없이 찾아낼 수 있는 결정적인 우위를 제공해주었다. 그렇게 발견된 행성들 중 일부는 질량이 지구의 겨우 몇 배밖에 되지 않았으므로, 짙은 가스층에 감싸여 있기보다는 바위 행성일 가능성이 있었다. 학자들은 희망을 담아 이 행성들에 '슈퍼지구'라는 이름을 붙여주었다. 켁의 HIRES도 같은 해에 업그레이드된 탐지기들을 장착해서 정밀도를 HARPS와 비슷하게 끌어올렸지만 같은 수준까지는 이르지 못했다. 미국 팀은 행성 발견 실적이 더 좋았지만, 생명이 살 수 있는 행성을 찾아내는 부문에서는 경쟁자들이 더 빨리 발전하고 있음을 알고 있었다. RV 정밀도에서 초당 1미터 장벽을 먼저 깨뜨린 쪽은 스위스 팀이었고, HIRES는 업그레이드를 했는데도 성능이 HARPS에 조금 못 미쳤다. 미국 팀은 비록 오랫동안 경쟁에서 우위를 차지했지만, HIRES 성능의 사소한 차이가 몰락으로 이어질 수도 있다고 남몰래 걱정했다.

스위스 팀이 HARPS를 개발하던 2002년과 2003년에 피셔, 보그트, 버틀러, 마시는 우월한 고지를 차지하기 위한 웅대한 계획을 세웠다. 2.4미터짜리 로봇 망원경인 자동 행성 발견자Automated Planet Finder, APF를 릭천문대에 설치하고, 보그트가 RV 정밀도를 초당 1미터 이하로 향상시키기 위해 특별히 제작한 새 분광계를 장착하자는 계획이었다. 비록 구경이 큰 많은 지상망원경의 빛 수집 능력에는 미치지 못하지만, APF는 단 한 가지 목적만을 위해 만들어졌다는 점에 장점이 있었다. 세계적인 수준의 거의 모든 망원경은 어쩔 수 없이 천문학의 모든 분야에 사용되고 있었으며, 행성 사냥에 할애되는 시간은 일부에 불과했다. 반면 APF의 임무는 오로지 근처의 밝은 항성들을 밤마다 조사해서 작은 바위 행성의 존재 여부를 밝혀줄 RV 신호를 꾸준히 축적하는 것뿐이었다. 연구 팀은 보그트를 APF의 최고 연구원으로 선택했다. 하지만 마시와 버틀러의 관계가 갑자기 악화되면서 이 프로젝트는 암초에 부딪혔다.

마시와 버틀러는 극단적인 성공으로 인해 세월이 흐르면서 오히려 서로 거리가 멀어졌다. 두 사람은 이제 젊은이가 아니었다. 눈 밑에는 거뭇한 그림자가 지고, 턱수염은 희끗희끗해졌으며, 머리도 그믐달보다 더 많은 면적이 벗어져 있었다. 20년간의 공동 작업 끝에 한때는 신선하고 새롭게 보였던 많은 것들이 이제는 성가시고 갑갑하게 느껴졌다. 버틀러는 처음에 마시 밑에서 공부하는 대학원생에 불과했지만, 요오드 그릇을 개발하고 RV 데이터 분석 기법 발전에도 기여하면서 마시와 동등한 위치로 올라섰다. 하지만 마시는 여전히 연구 팀의 실질적인 리더 겸 관리자 행세를 했다. 버틀러는 말수가 적고 단도직입적인 성격이라서 섬세한 말솜씨가 필요한 언론 인터뷰나 학계 정치보다 단순히 행성을 찾는 데만 몰두하는 편을 더 좋아했다. 반면 마시는 말이 많고, 카리스마가 있었으며, 머리 회전이 빠르고, 연구 팀의 작업에 관해 길게 이야기를 늘어놓으면서 많은 사람들이 인용할 만한 문구를 섞는 것을 좋아했다. 또한 항상 경쟁자들에게 외교적인 찬사를 보내는 것도 게을리하지 않았다. 스위스 팀이 오랫동안 버틀러를 기피 인물처럼 대하는데도 마시는 그들에게 친절하다 못해 호의적인 태도를 보였다. 버틀러를 무시하고 대신 마시를 상대하려는 태도는 거의 누구에게서나 볼 수 있었는데, 이것이 두 사람의 처지를 확연히 갈라놓았다. 마시가 언론의 조명과 학술상 수상 등 노른자위를 차지했기 때문이다.

　공을 제대로 인정받지 못하고 묻혀버렸다고 생각한 버틀러는 2007년에 결국 한계에 이르러 마시를 버리고 보그트와 새로운 행성 사냥 팀을 꾸렸다. 그들은 칠레와 오스트레일리아의 시설은 물론 릭천문대의 장비도 사용했다. 이렇게 해서 버틀러와 마시의 왕조가 조각조각 갈라지기 시작했다. 피셔도 곧 연구 팀을 그만두고, 샌프란시스코주립대학에서 예일대학 교수로 자리를 옮겼다. 그리고 자기만의 행성 사냥 팀을 만들어서 HARPS를 능가할 새로운 분광계인 CHIRON을 제작하기 시작했다. 한편 NASA의 케플러망원경 프로젝트에 공동 연구원으로 합류한 마시는 캘리포니아대학교 버클리캠퍼스에 남아 새로운 피후견인인 천문학자 앤드루 하워드와 긴밀히 교류하며 켁과 HIRES를 이용해 계속 행성을 탐색했고, 케플러망원경이 찾아낸 수천 개의 후보 행성들을 연구했다. 예전에는 외계의 지구를 찾기 위해 진지하게 경쟁하는 RV 팀이 둘뿐이었지만, 마시와 버틀러의 강력한 동반자 관계가 무너지면서 많은 팀들이 새로 태어난 것이다. 게다가 전 세계 천문대에서 새로 제작 중이거나 배치 중인 분광계들을 이용하려고 대기하는 신생 팀들도 많았다. 하지만 이렇게 산산이 부서진 미국 팀이라도 그곳에 소속되었던 베테랑 연구원들은 하나로 통일된 스위스 팀과 더불어 최고의 데이터, 최고의 천문대 이용권, 생명체 가능구역에서 바위 행성을 찾아낼 수 있는 최고의 기회를 여전히 갖고 있었다. 마시의 팀은 기존의 연구를 계속하면서 또한 동시에 케플러망원경의 단물을 가장 먼저 마실 수 있는 위치에 있었기 때문에 승리가 확실한 후보였다.

2010년 9월 29일에 보그트, 버틀러, 그리고 네 명의 공동 연구원은 이 확실한 후보를 제쳤다고 선언했다. 그들의 발표는 우연히 마시의 56번째 생일과 겹쳤는데 아마 단순한 우연은 아닐 것이다. 예전의 친구들이 마지막으로 보낸 악의적인 선물이었다. 보그트와 버틀러는 예전에 HIRES로 관측한 자료와 스위스 팀이 공개한 HARPS 데이터를 합해서 약 20광년 떨어진 저울자리의 적색 왜성 글리제 581 주위를 도는 행성 두 개를 RV 신호로 찾아냈다고 주장했다. 두 행성 중 하나는 질량이 지구의 3배와 4배 사이이며, 공전주기는 37일이고, 궤도 위치는 생명체 가능구역의 정중앙이었다. 관습에 따라 이 행성의 공식 명칭은 글리제 581g가 되었다. 'g'는 이 행성이 해당 항성 주위에서 발견된 여섯 번째 행성임을 뜻하지만, '골디락스Goldilocks[영국 민담에서 골디락스란 이름의 소녀가 오두막에서 죽 세 그릇을 발견했는데, 하나는 너무 뜨겁고 또 하나는 너무 차가웠지만 나머지 하나는 온도가 적절해 맛있게 먹었다는 데에서 유래한 표현이다-옮긴이]'를 뜻하는 것일 수도 있었다. 행성이 바위로 이루어져 있을 가능성이 있고, 궤도가 너무 뜨겁지도 너무 춥지도 않은 지역에 있었기 때문이다. 하지만 보그트는 아내의 이름을 따서 '자미나 행성'이라고 부르는 편을 선호했다. 그리고 기자회견에서 이 행성에 생물이 있을 가능성이 "100퍼센트"라고 믿는다고 말했다. 버틀러는 이보다 보수적인 입장을 선택해서 "이 행성과 항성 간의 거리는 행성에 물이 있기에 딱 맞고, 이 행성의 질량은 대기를 갖기에 딱 맞다."라고 말했다.

이 발표를 듣고 스위스 팀은 저마다 머리를 긁적였다. 그들은 이미 예전에 글리제 581 주위를 도는 작은 행성 네 개를 발견한 적이 있는 데, 그중에는 생명체 가능구역 양쪽 끝에서 경계선에 걸쳐 있는 행성 두 개가 포함되어 있었다. 그런데 행성이 두 개 더 있는 걸 왜 보지 못했을까? 그들은 HARPS로 관측한 데이터를 범위를 넓혀 다시 분석해 보았지만, 역시 예전과 마찬가지로 네 개의 행성만 확인했을 뿐이었다. 자미나 행성이나 또 하나의 행성인 글리제 581f의 흔적은 없었다. 그들은 HARPS보다 정밀도가 떨어지는 HIRES 때문에, 글리제 581에 대한 정밀한 HARPS 관측 데이터에 유령 행성들이 나타난 것이라고 주장했다. 여러 학자들도 HARPS와 HIRES의 공개된 데이터를 독자적으로 분석해보았으나, 서로 결과가 엇갈렸다. 어떤 가정을 바탕으로 했는가에 따라 새로운 행성들에 대한 증거를 발견한 사람도 있었고, 그 행성들의 존재를 부정한 사람도 있었다. RV 신호를 추출해낼 때 특정한 통계분석 방법을 사용하면 글리제 581 주위의 행성은 여섯 개가 아니라 네 개뿐이었다. 새로 발견된 두 행성은 잘못된 경보일 뿐이었다! 보그트와 버틀러는 역학 시뮬레이션에서 두 행성의 궤도를 타원형이 아니라 거의 원형에 가깝게 변형시켜서 여섯 개의 행성이 존재한다는 안정적인 결과를 얻었다. 그러니까 두 행성은 거짓이 아니었다! 하지만 이미 존재가 확인된 네 행성의 궤도들 사이에서 벌어지는 다양한 상호작용을 덧붙이자 논란의 대상인 두 행성의 RV 신호가 부분적으로 모호하게 희석되는 것 같았다.

이처럼 글리제 581g를 둘러싸고 불확실한 주장들이 오가는 가운데, 생명체 가능구역에서 논란의 여지가 없는 지구형 행성을 처음으로 발견한 공로는 여전히 잡는 사람이 임자였다. 2012년 7월에 보그트와 버틀러의 연구 팀은 자신들의 연구를 비판하는 주장을 반박하는 글을 발표했다. HARPS 데이터를 2보 전진을 위해 1보 후퇴하는 식으로 다시 분석한 이 글에는 글리제 581f가 거의 언급되지 않았으며, 자미나 행성은 질량이 지구의 2.2배로 더 작아지고 공전주기도 32일로 축소되어 있었다. 하지만 여전히 생명체 가능구역 안에 존재했다. 보그트와 버틀러는 이 행성 후보가 착각일 가능성은 대략 4퍼센트라고 썼다. 하지만 이 행성의 신호가 워낙 미약해서 물샐틈없이 완벽한 확인을 위해서는 훨씬 더 많은 데이터가 필요할 것이라고 했다. 스위스 팀은 자미나 행성의 존재를 인정하기에는 착각일 가능성 4퍼센트가 너무 높다고 보았다. 1퍼센트의 착각 가능성만 있어도 해당 행성이 경계선상에 위치하는 것으로 보아야 할 터였다. 그들은 비상한 주장에는 비상한 증거가 필요하다고 주장했다. 그러면서 그 증거를 제공해줄 수 있는 것은 적어도 HARPS 수준의 정밀도를 지닌 분광계뿐이라고 은연중에 암시했다.

버틀러와 가끔 공동 연구를 하던 서른두 살의 스페인 천문학자 기엠 앙글라다-에스쿠데가 2011년 여름에 HARPS의 자료에서 RV 신호를 가려내는 또 다른 데이터 분석 소프트웨어를 직접 개발하기 시작했다. HARPS 데이터는 유럽남부천문대ESO의 방침에 따라 스위스 팀이 2년 동안 독점한 뒤 공개한 상태였다. 가공을 거치지 않은 항성의 스펙트럼 자료를 상당량 무시해버린 스위스 팀의 분석 방법과 달리, 앙글라다의 소프트웨어는 그 데이터를 더 많이 가져와 잡음에서 더 많은 신호를 추출하여 특정한 항성들, 특히 적색 왜성에 대한 RV 정밀도를 높였다. 그렇게 해서 그는 자신의 방법보다 정밀도가 떨어지는 스위스 팀의 분석 방법이 놓쳤을지도 모르는 경계선상의 행성 신호를 찾을 수 있을 것이라는 희망을 안고, HARPS 데이터 샘플을 자신의 소프트웨어로 돌렸다. 그는 카네기과학연구소에서 박사후 연구원 과정을 마치기 직전이었으므로, 새로운 일자리를 찾고 있었다. 행성을 몇 개 찾아낸다면 일자리를 찾기가 쉬워질 것 같았다. 그가 가장 먼저 조사한 12개의 데이터 세트에는 새로운 신호가 전혀 없었다.

8월의 어느 날, 독일 괴팅겐대학의 박사후 연구원 자리를 위해 면접을 마친 앙글라다는 저녁 늦게 호텔로 돌아와 또 다른 HARPS 데이터를 살펴보았다. 2004년부터 2008년 사이에 지구에서 약 22광년 떨어진 삼성계triple star system의 적색 왜성 GJ 667C의 RV 신호를 143회 관측한 자료였다. 그는 데이터를 가공해서 래플린의 시스테믹 소프트웨어에 입력하고, 프로그램이 패턴을 찾아내기를 기다렸다. 프로그램은 스위스 팀이 2009년에 발표한 7일짜리 공전궤도에서 행성의 흔적을 찾아냈지만, 앙글라다는 점묘화처럼 몰려 있는 측정 결과들 속에 잔여물 같은 것이 있는 것을 보았다. 그가 시스테믹으로 다시 데이터를 돌리자, 91일짜리 공전궤도의 흔적이 강하게 나타났다. 이것 역시 행성일 가능성이 있지만, 105일로 추정되는 항성의 자전주기와 관련해서 주기적으로 발생하는 항성 맥동일 수도 있었다. 앙글라다는 시스테믹을 한 번 더 돌려서 7일짜리 신호와 91일짜리 신호를 지운 뒤 떨리는 손으로 담배에 불을 붙이고는 경악한 표정으로 노트북 화면을 빤히 바라보았다. 측정 결과들 사이에 새로 나타난 사인파 곡선은 아무리 봐도 질량이 지구의 4.5배이고, 지구와 흡사하며, 공전주기가 28일이고, GJ 667C의 주위에서 생명체 가능구역을 확실히 돌고 있는 행성의 신호인 것 같아 보였다. 만약 이 행성이 진짜로 판명된다면, GJ

50억년 동안의 고독

667Cc로 명명될 터였다.

"아직 아무도 발표하지 않았고, 어쩌면 생명이 살 수도 있는 행성을 3년 전에 작성된 공개 데이터에서 발견하다니 정말 기분이 묘했습니다." 앙글라다가 내게 말했다. "그래서 (스위스 팀의) 방법으로 자료를 다시 살펴봤죠. 28일짜리 신호가 분명히 있었습니다. 하지만 잘못된 경보일 가능성 또한 1퍼센트보다는 상당히 커 보이더군요." HARPS 팀이 행성 발견을 발표하기 전에 전통적으로 통과하도록 고수해온 초강력 기준을 만족시키기에는 잘못된 경보일 가능성이 너무 컸다. 반면 앙글라다의 방식을 이용하면 이 28일짜리 신호가 착각일 가능성이 0.03퍼센트밖에 되지 않았다. 그가 이 결과를 버틀러에게 알려주자, 버틀러는 신이 나서 그 항성에 대한 데이터를 더 많이 모아보겠다고 말했다. 그리고 GJ 667C의 RV 신호를 새로 20회 측정한 자료를 손에 넣었다. 보그트는 켁의 HIRES 자료실에서 과거 20회의 측정 결과를 찾아내 제공해주었다. 이 두 자료 모두 28일짜리 신호를 강하게 뒷받침했다. 세 사람은 곧 가상 모델을 만들어서 역학적 안정성을 조사하고, 이 발견 사실을 알릴 논문의 초안을 잡기 시작했다. 그동안 앙글라다는 여전히 세계 최고의 자료인 HARPS의 새 자료를 구해 자신의 주장을 든든히 보강하기로 결심했다. 하지만 HARPS 팀을 믿지 못하는 버틀러와 보그트는 그냥 지금 손에 있는 자료만 가지고 2011년 9월 28일에 논문을 발표하라고 촉구했다. 앙글라다는 두 사람의 경고를 무시하고 HARPS의 20일치 관측 기록을 신청하는 제안서를 ESO에 제출했다. 앙글라다는 제안서에서 자신이 발견한 것을 노골적으로 밝히지 않았지만, 관측 대상 목록에 GJ 667C를 포함시키고, 이 항성의 7일짜리, 91일짜리, 28일짜리 신호와 관련된 내용도 포함시켰다.

앙글라다는 제안서를 제출한 뒤 개인 웹사이트로 들어오는 통신 양을 주의 깊게 지켜보았다. ESO 검토위원들이 그의 경력을 조사하려고 웹사이트를 방문할 터이니, 들어오는 통신 양을 통해 자신의 제안서가 검토되는 시기를 가늠할 수 있을 것이라고 생각했기 때문이었다. 11월 중순이 되자 ESO 검토위원회가 있는 뮌헨의 컴퓨터 여러 대에서 신호가 수신되었다. 제네바, 포르토, 파리, 산티아고 등 HARPS 팀원들이 있는 도시들의 컴퓨터에서도 역시 통신이 들어왔다. 방문객들은 각자 몇 분 동안 웹사이트를 둘러본 뒤 나가서 다시 들어오지 않았다. 11월 21일에 HARPS 팀은 온라인 공개자료실에 77쪽 분량의 미발표 자료를 업로드했다. 학계 동료들의 심사를 거친 논문을 싣는 저명한 학술지에 제출된 논문의 초안으로, 2003년부터 2009년까지 6년간 HARPS의 관측 기록을 요약한 자료였다. HARPS 팀의 상급 연구원인 천문학자 자비에 본피스가 제1 저자로 표시된 이 논문의 3쪽에 있는 표와 8쪽에 있는 한 문단에서 연구팀은 GJ 667C 주위의 28일짜리 공전궤도에서 슈퍼지구를 탐지했음을 밝히고, 더 자세한 논문이 곧 나올 것이라고 예고했다. 앙글라다는 나중에 자신의 제안서가 거부되었음을 알게 되었다.

GJ 667Cc를 발견했다는 스위스 팀의 미발표 자료를 가장 먼저 본 사람은 보그트였다. 그는 즉시 앙글라다와 버틀러에게 간단한 이메일을 보냈다. "우리 것을 도둑맞았다." 앙글라다는 풀이 죽어서 스위스 팀의 미발표 자료를 읽어본 뒤 사무실을 나와 한참 동안 산책을 했다. 그날 밤 그는 잠을 이루지 못했다.

"도무지 진정이 되지 않았습니다." 그가 말했다. "그래서 그 자료를 다시 읽으면서 이상한 점들을 정리하기 시작했죠. 항성계 역학에 관한 상세한 분석은 조금도 없고, 91일짜리 신호도 거의 언급되어 있지 않았습니다. GJ 667Cc가 존재한다는 증거를 현재 준비 중인 논문에 제시하겠다고 했지만, 그 논문이 이미 GJ 667Cc의 발견을 발표했다는 말도 있었습니다. 이렇게 앞뒤가 맞지 않는 말이 한꺼번에 들어 있는 논문으로 행성의 발견을 공식화하려는 것은 적절치 못한 일인 것 같았습니다." 앙글라다는 행성의 궤도 파라미터들을 열거한 표를 살펴다가 이상한 점을 발견했다. 표에는 GJ 667Cc의 공전주기가 28일로 되어 있었지만, 궤도의 크기는 공전주기가 91일인 경우와 같았던 것이다. 마치 GJ 667Cc가 처음에는 28일짜리 신호가 아니라 91일짜리 신호와 관련되어 있었던 것 같았다.

"우연의 일치였는지도 모르죠." 앙글라다가 내게 말했다. "하지만 나는 의심을 떨칠 수 없었습니다. 만약 그들이 2008년에 자기들 자료에서 일찌감치 이 신호를 봤다면 왜 3년을 기다린 뒤에 그렇게 이상한 방식으로 행성 발견을 발표할까요? 그것도 나의 HARPS 제안서를 검토한 뒤에? 공전궤도의 크기와 공전주기가 왜 일치하지 않을까요? 나는 점점 화가 나서 조사를 계속해야겠다고 결심했습니다." 앙글라다는 1주일도 안 돼서 자신의 논문을 완성해 〈천체물리학 저널 레터스〉에 제출했고, 2012년 2월호에 논문이 실렸다. HARPS 팀이 동료 학자들의 검토를 거쳐 발표하기로 한 논문보다 먼저였다. 캘리포니아대학교 산타크루스캠퍼스는 앙글라다, 버틀러, 보그트 연구팀이 GJ 667Cc를 발견했다는 내용의 보도 자료를 배포했다.

본피스를 비롯한 HARPS 팀은 기겁했다. 그들은 11월의 미발표 논문에 밝힌 것처럼 자신들이 그 행성의 진정한 발견자라고 주장했다. 이 논란은 6월까지 그대로 방치되다가, 앙글라다와 본피스가 바르셀로나에서 열린 학술회의 때 회의장 밖의 커피숍에서 만나기로 하면서 새로운 전기를 맞았다. 본피스는 앙글라다에게 HARPS 팀이 2009년에 이미 GJ 667Cc의 존재를 알고 있었다고 말했다. 2009년이라면 그들이 이 항성계에서 7일짜리 궤도를 도는 다른 행성의 발견을 발표한 해였다. 본피스는 자신들이 다른 학자들의 검토를 거쳐 학술지에 게재하기 위해 2009년 4월에 77쪽 분량의 논문을 제출했지만, 검토자들 중 한 명의 문제 제기로 인해 논문 발표를 2011년 11월까지 미뤘다고 말했다. 앙글라다는 미발표 논문의 작성 시기는 상관없다고 말했다. HARPS 팀이 GJ 667Cc를 발견했다는 주장을 뒷받침하기에 충분한 상세 정보가 그 논문에 들어 있지 않았기 때문이었다. 누구든 항성의 요동을 보고할 수 있지만, 그 요동이 행성 때문임을 증명하려면 분석 결과를 내놓아야 했다. 본피스는 분석 결과를 발표하는 것이 중요하다면, 앙글라다의 논문에도 문제가 있다고 반박했다. 버틀러와 보그트가 글리제 581 항성계와 관련해서 저지른 실수를 앙글라다도 똑같이 저질렀다는 것이었다. 본피스는 HARPS의 데이터를 그보다 성능이 떨어지는 HIRES 같은 분광계 데이터와 섞으면 RV 데이터의 질이 떨어져서 잘못된 결과가 나올 가능성이 높아질 뿐이라고 주장했다. 반면 HARPS 팀의 미발표 논문은 행성의 발견 사실을 합당하게 밝힌 논문이라는 것이었다. 두 사람은 커피를 다 마실 때까지 조금도 서로를 설득하지 못했다. 두 사람 사이의 긴장은 그저 높아지기만 했다.

나는 이 만남으로부터 한 달 뒤 본피스와 전화로 대화를 나눌 수 있었다. 그는 괴로워하는 것 같았다.

"그들은 자기들이 발견하지도 않은 행성을 발견했다며 공을 가로채려고 합니다. 아주 간단해요. 우리가 그 행성을 발견한 건 우연이 아닙니다. 신중한 연구의 결과예요. GJ 667C는 우리가 가장 많이 관측한 항성 중 하납니다. 그래서 (앙글라다도) 그 별을 보게 된 겁니다. HARPS는 우리 팀이 만든 것이고, 과학적인 프로그램과 관측도 우리 팀의 손으로 이루어진 것입니다. 데이터 환산도 대부분 우리가 공개한 자료에 이미 되어 있었습니다. 도구를 직접 만들고 관측 프로그램을 설계해서 실행한 사람들이 연구의 공을 인정받지 못하는 건 정말 안타까운 일입니다. 나는 자료 공개를 지지하는 사람이지만, 누군가가 우리보다 먼저 우리 데이터를 발표할지도 모른다고 오래전부터 걱정했습니다. 그 일이 지금 벌어진 거예요. 지금 우리에게는 양심 있는 행동과 신사적인 협정이 중요합니다."

본피스는 논문 발표가 이미 몇 년이나 지연된 상태에서 2011년 11월에 미발표 논문을 서둘러 공개할 특별한 이유는 전혀 없었다고 강력히 주장했다. 순전히 우연의 일치라는 것이었다. "일이 느렸던 건 사실입니다." 그는 인정했다. "그렇게 시간이 오래 걸린 것이 자랑스럽지는 않아요." 그는 공개된 HARPS 데이터를 놓고 싸움이 벌어진 원인에 대한 자기 나름의 견해를 밝혔다. "전에는 마시, 버틀러, 보그트, 피셔가 한 팀이었습니다. 하지만 지금은 그들이 갈라섰기 때문에 팀이 거의 증발해버렸죠. 난 보그트와 버틀러를 개인적으로 잘 모르고, 앙글라다와는 딱 한 번 만났습니다. 하지만 그 사람들 사이에 뭐랄까, 긴

장이 있는 것 같아요. 논문에서도 보입니다. 그 사람들이 사용하는 표현이나 비난 속에 나와 있어요. 굶주림, 공격성이. 이제는 그 사람들이 관측 시간을 필요한 만큼 얻기가 힘들어진 것 같습니다."

앙글라다는 새로운 발견을 위해 공개된 HARPS 데이터를 조사하는 일을 그만둘 계획이 당분간은 없다고 내게 말했다. "사람들은 GJ 667Cc의 발견이 일회성이라고 생각하는 것 같습니다. 아니면 내가 마침 그 데이터를 살펴본 것이 운이 좋았다고 생각하거나. 하지만 이것은 더욱더 위대한 발견의 시초에 불과합니다. 나처럼 정밀도를 높이면, 더 많은 것이 모습을 드러냅니다. 우리가 질량이 작은 행성들에 민감하게 주의를 돌리면서, 태양계외행성의 숫자가 기하급수적으로 늘어나고 있습니다. 나는 지금까지 그쪽 데이터베이스에 있는 항성계 수백 개를 살펴봤어요. 많은 것들이 새로이 모습을 드러내고 있습니다."

래플린은 보그트, 버틀러와 긴밀히 협력하면서도, 어쩌면 생명이 사는 최초의 태양계외행성일 수도 있는 천체를 둘러싼 싸움에는 휘말리지 않았다. 글리제 581g나 GJ 667Cc의 발견, 발표, 비판에 직접적으로 관련되지 않은 것이다. 그는 앞으로도 이런 상태를 유지하고 싶어 했다. 그는 이런 논란에 대해 장기적인 관점을 갖고 있었다. 연구 팀들 사이의 갈등과 태양계외행성학의 폭발적인 성장은 곧 성숙을 앞둔 학문 분야의 성장통일 뿐이라는 것이 그의 생각이었다.

"다른 항성 주위에서 행성을 찾아내는 것만으로는 예전처럼 언론의 주목을 받거나 사람들의 관심을 끌 수 없습니다." 래플린이 어느 날 오후 산타크루스에서 내게 말했다. "그것만으로는 10년 전이나 20년 전처럼 번쩍거리는 기자회견을 열 수도 없고, 신문의 1면을 장식할 수도 없어요. 화가가 강렬한 상상도를 그려주지도 않습니다. 이제 앞으로 10년이나 20년 뒤에는 태양과 흡사한 항성의 생명체 가능구역에서 질량이 지구만 한 행성을 찾는 것 역시 그다지 굉장한 일이 아닐 겁니다. 역사가들이 지금 이 시대를 돌아보며 고개를 절레절레 저을지도 모르죠. 천문학자들이 '생명이 살 수 있는 최초의 행성'을 찾았다는 주장을 주기적으로 내놓았지만, 그 행성이라는 게 그 직전에 발견된 '생명이 살 수 있는 최초의 행성'에 비해 겨우 조금 더 나은 행성이었을 뿐이라면서요. 내 느낌에 미래 사람들은 지금 이 시기를 태양계외행성 발견의 영웅시대가 막을 내린 시대로 기억할 것 같습니다."

마시는 내게 이런 말을 했다. "중요한 것은 지구만 한 크기, 지구만 한 질량을 지닌 행성의 존재를 확인하는 일, 또는 그런 발견의 타이밍이 아닙니다. 그런 행성을 하나 발견하는 것만으로 천체물리학이나 행성학이 뒤집어지지 않아요. 중요한 것은 그런 행성을 하나라도 발견하는 것이 가능해졌다는 놀라운 사실입니다. 먼지 한 점에 불과한 이 지구에서 우리가 그런 발견의 문턱에 이르렀다는 사실이 중요한 겁니다. 그건 마치 개미집에서 다른 개미들과 함께 살고 있는 개미 한 마리가 우리 태양계의 크기를 계산해낸 것만큼 놀라운 일입니다. 우리가 하는 일이라고는 별들에서 날아온 광자를 모으는 것뿐인데 말이죠. 그 광자들을 바탕으로 우리는 행성의 존재를 추론하고, 우주 전체의 규모와 구조와 미래를 추측할 수 있습니다. 엄청난 일이에요."

릭천문대의 APF가 우여곡절 끝에 2013년에 마침내 완전히 작동하게 되자 관측 시간이 마시 팀과 버틀러-보그트 팀에 공평하게 분배되었다. 양쪽의 관계는 돌이킬 수 없을 만큼 완전히 단절된 것 같았다.

버틀러와 마시는 2007년 이후 서로 말을 나눈 적이 없는데, 아마 앞으로도 그럴 것이다. 하지만 해밀턴 산 위의 하늘이 아주 맑은 밤이면, 두 사람이 사실상 나란히 자리를 잡고 있는 것을 볼 수 있었다. 공동으로 사용하는 로봇 망원경이 먼 곳에서 듬성듬성 떨어져 있는 빛의 점들을 훑는 동안, 두 사람은 별들 사이에 갈라진 제국을 세우고 있었다.

50억년 동안의 고독

4장

행성의 가치

이 무한한 우주의 영원한 침묵이 나를 두려움으로 몰아넣는다.
_ 블레이즈 파스칼

2009년, 케플러망원경이 델타II 로켓에 실려 행성 사냥 역사의 새 장을 향해 발사된 지 1주일도 되지 않았을 때, 래플린이 자신의 블로그 'systemic@oklo.org'에 반쯤은 변덕으로 만들어낸 기묘한 방정식을 조용히 올려놓았다. 그 뒤로 연달아 올린 몇 건의 글에서 그는 케플러 프로젝트를 비롯한 몇 건의 선도적인 연구로 곧 발견될지도 모르는 지구형 태양계외행성의 가치를 대략적으로 정량화하는 데 불확실한 변수들과 가중 함수들이 길게 이어진 그 방정식을 어떻게 이용할 수 있는지 설명했다. 그는 '지구와 비슷한' 행성이 언론의 호들갑과는 별개로 과학자들의 마음을 들뜨게 만들 만한 합당한 가치가 있는지 판단해보기 위해 방정식을 만들었다고 말했다. 래플린의 방정식에 행성의 질량, 기온 추정치, 항성의 나이와 유형 등 몇 가지 핵심적인 매개변수를 대입하면 그 행성의 가치가 달러화로 산출된다. 이 방정식에 따르면, 태양과 비슷한 중년의 온화한 항성 주위에서 온화한 궤도를 도는 작은 바위 행성들이 최고의 가치를 지녔다. 복잡한 생물계가 존재할 가능성이 가장 높기 때문이었다. 정말로 그런 행성에 복잡한 생물들이 존재한다면 미래의 우주망원경들이 결국 그들을 찾아낼 수도 있을 것이다. 래플린은 어떤 행성이 널리 주의를 끌려면, 그 가치가 적어도 1백만 달러는 넘어야 할 것이라는 의견을 내놓았다.

래플린은 방정식을 만들 때 경제적인 기준선을 간단한 계산으로 도출했다. 연방 정부가 케플러 프로젝트에 지원한 6억 달러를, 케플러우주망원경이 수명을 다할 때까지 발견할 것으로 예상되는 지구형 행성의 수를 보수적으로 추정한 숫자 100으로 나눈 것이다. 그는 이 행성들을 상품으로 간주했을 때, 2009년의 시장가격을 6백만 달러로 잡을 수 있다고 보았다. 하지만 작은 바위 행성이 천문학자들의 금고를 채우고도 남을 만큼 많이 발견되기 시작하면, 이 가격이 점차 내려갈 수도 있었다. 한편 케플러망원경이 태양과 비슷한 항성의 생명체 가능구역 한복판에서 지구형 행성을 발견하는 경우를 가정하고 시험적인 계산을 해본 결과, 행성의 가치가 3천만 달러를 넘어섰다. 하지만 자미나 행성은 실제로 존재한다 해도, 가치가 약 6만 달러에 불과했다. GJ 667Cc의 가치는 이보다도 낮았다. 케플러망원경은 래플린의 계산에 따른 1백만 달러짜리 행성 후보를 2012년 2월에 처음으로 찾아냈다. 그 뒤로도 여러 행성이 발견되어 각각 케플러-62f, 케플러-69c 등으로 명명되었다. 하지만 2013년 5월에 케플러 우주선이 심각한 기능 장애를 일으키는 바람에 가장 중요한 임무인 행성 탐색이 거의 끝나버리고 말았다.

래플린의 방정식에서 가장 영리함이 돋보이는 부분은 행성을 거느

50억년 동안의 고독

린 항성을 다루는 방식이다. 래플린은 자신의 방정식으로 우리 태양계의 행성들도 검토해볼 수 있게 했다. 행성 사냥꾼들에게 기본적인 화폐는 달러가 아니라 광자이다. 광자를 통해 행성 탐지뿐만 아니라 특징 파악까지도 가능하기 때문이다. 일반적으로 말해서, 천문학자들이 태양계 외부의 항성계에서 광자를 많이 수집할수록 그 항성계에 대해 더 많은 것을 알 수 있다. 우리 태양계에 가까운 항성과 행성은 거리 덕분에 하늘에서 더 밝게 보이므로 더 가치가 높다. 광자를 찔끔찔끔 보내오는 먼 천체들에 비해, 유용한 광자들을 홍수처럼 제공해주기 때문이다. 케플러망원경이 찾아낸 작은 행성들의 가치가 1백만 달러에 채 미치지 못하는 경우가 많은 것은 바로 거리가 아주 멀어서 몹시 희미하다는 이유 때문이다. 태양계에서 다른 천체보다 몇 배나 더 밝게 빛나는 별은 당연히 태양이다. 따라서 방정식을 통해 산출한 태양의 가치는 진정으로 천문학적인 수준이다.

금성의 구름이 태양에서 강렬하게 방출되는 것들을 반사하는 방패 역할을 한다는 20세기 초의 생각을 바탕으로, 래플린의 방정식은 금성의 가치를 1,500조 달러로 산출했다. 반면 온실가스가 제멋대로 날뛰는 금성의 표면 온도를 기준으로 계산하면, 금성의 가치는 1조 분의 1센트밖에 되지 않았다. 래플린은 이렇게 엄청난 차이를 보이는 행성들의 가치를 1990년대 중반부터 말까지의 닷컴 버블과 가끔 비교했다. 당시 주식시장에서 닷컴 기업들은 투자자들의 비이성적인 흥분을 이용해 기업의 가치를 수십억 달러로 부풀렸지만, 거품이 꺼지고 그보다 훨씬 낮은 실제 가치가 드러나자 쓰러져버리고 말았다. 래플린은 방정식을 지구에 적용해본 결과 약 5천조 달러의 값을 얻었다. 전 세계의 국내총생산을 합한 값의 대략 100배에 달하는 값이다. 래플린은 인류가 지금까지 축적한 기술 인프라의 경제적 가치를 쉽게 어림잡은 값이기도 하다고 보았다. 이런 계산을 하다 보니, 생명이 살 수 있는 행성을 찾는 일이 우주적 규모의 주식시장에서 투기를 하는 것과 비슷하게 보였다.

래플린은 또한 태양과 비슷한 알파 켄타우루스의 두 항성 중 하나를 상대로, 생명체 가능구역 안에 지구 크기의 행성이 존재한다는 가정하에 방정식을 돌려보았다. 그 결과 65억 달러라는 값이 나왔다. 천문학자들이 그런 행성에서 생명의 흔적을 찾을 수 있는 우주망원경을 제작하는 데 필요하다고 추정하는 금액과 우연히 일치하는 값이었다. 래플린은 만약 인류가 우주선을 타고 알파 켄타우루스까지 정말로 갈 수 있다면, 거리가 가까워질수록 별빛이 점점 밝아져서 나중에는 새로운 행성의 새로운 하늘에 뜬 새로운 태양을 볼 수 있게 될 것이라고 내게 말한 적이 있다. "그러니까 그곳을 향해 여행함으로써 그곳의 가치를 본질적으로 증가시킬 능력을 갖게 되는 겁니다. 정말 짜릿한 일이죠. 우주로 나아가 이런 행성들을 찾아나서는 데에 궁극적으로 이윤이라는 동기를 부여해주니까요. 지구에 있을 때는 수십 억 달러에 불과했던 천체가, 우리가 가까이 다가감으로써 수천 조 달러의 수익을 안겨준다는 얘깁니다."

나는 토멀스 만에서 열린 학술회의에서 래플린을 만나기 몇 달 전에, 'BoingBoing.net'이라는 웹사이트에 기고할 기사를 위해 래플린을 인터뷰했다. 그의 방정식을 다룬 이 기사는 주류 언론에서도 다루게 되었는데, 그들은 태양계외행성의 가치보다 우리 행성의 가치에 대한 래플린의 생각에 훨씬 더 초점을 맞췄다. "지구의 가치는 3천조 파운드, 과학자의 행성 가치 산출 공식에 따라."(〈데일리 메일〉, 2011년 2월 28일자) "지구 사실래요? 값은 5천 조 달러."(〈토론토 선〉, 2011년 3월 1일자) 이런 제목들이 언론에 등장했다. 분노의 이메일들이 래플린의 메일함에 쌓이기 시작했고, 텔레비전과 라디오 방송국들은 건방지게 우리 행성의 값을 매긴 미친 과학자를 인터뷰하려고 전화를 걸어왔다. 래플린은 당황했다. 블로그에 올린 글이나 나와 나눈 대화에서 자신의 방정식은, 예를 들어 인간의 생명이나 새로운 아이디어의 가치를 평가하려고 만든 것이 아니고, 그런 것을 평가할 능력도 없다고 분명히 강조했는데⋯⋯. 래플린에 관한 기사는 24시간 내내 탐욕스럽게 돌아가는 언론 생태계에서 다른 기사들에 밀려 곧 사라졌지만, 선정적인 기사 제목들은 오랫동안 흔적을 남겼다. 래플린이 밀러연구소 심포지엄에서 연사로 나서기 전에, 나는 청중 한 명이 그를 '지구를 판 남자'라고 지칭하며 우스갯소리를 하는 것을 들었다.

그의 발표 다음 날, 나는 산타크루스로 돌아가는 래플린의 자동차 조수석에 앉아 있었다. 뒷좌석에는 '월드 와일드라이프 펀드' 소속의 생태학자인 테일러 리케츠가 앉았다. 그가 심포지엄에서 발표한 주제는 '자연 자본', 즉 지구 생물권이 제공하는 재화와 용역의 경제적 가치였다. 리케츠는 경제학의 맥락에서 생태학을 연구하자고 목소리를 높이는 사람들 중 하나였다. 이 학제 간 연구는, 예를 들어 원시림의 경제적 가치 같은 것뿐만 아니라 숲을 목장이나 주차장으로 바꿨을 때의 가치 변화에도 관심을 보였다.

밀러연구소의 심포지엄이 끝난 뒤 우리가 차를 몰고 금문교를 건너

샌프란시스코 시내를 가로질러서 101번 고속도로를 달리기 시작한 지 얼마 되지 않아 리케츠는 지나가는 말처럼 버몬트대학교의 건드생태 경제학연구소를 언급했다. 그리고 몇 달 뒤 그 연구소의 소장이 되었다. 리케츠는 건드연구소의 전임 소장인 생태학자 로버트 코스탠자가 1997년에 지구의 가치를 추정해본 논문을 〈네이처〉에 발표했다가 '곤경에 빠졌다'고 말했다.

래플린이 텁수룩한 눈썹을 획 치뜨며 백미러로 리케츠를 바라보았다. "코스탠자가 산출한 값이 얼마였습니까?"

"지구 전체의 생태계에 대해 연간 33조 달러였습니다."

"그런 걸로 왜 곤경에 빠졌는지 모르겠군." 래플린이 한숨을 내쉬었다.

"경제적인 측면과 관련해서 기본적인 실수를 여러 개 저질렀기 때문에 최종 산출값이 기본적으로 신뢰를 얻지 못했습니다." 리케츠가 말했다. "하지만 더 근본적인 이유는, 코스탠자를 비판한 사람들의 말속에 있었죠. '33조 달러라니? 무한의 값을 멋지게 과소평가했군.' 우리에게 우리 행성의 가치는 무한합니다. 만약 지구 생태계가 사라지면 생명이 끝나니까요. 우리 모두에게. 그러니까 그런 것을 숫자로 산출하는 행동을 정당화해줄 이유가 존재하지 않습니다. 어떤 사람들은 그런 추정치를 내놓은 코스탠자를 어리석다고 말하고, 또 어떤 사람들은 그런 시도를 하다니 용감하다고 말했습니다. 그 일이 코스탠자의 경력에 어떤 영향을 미쳤는지는 알 수 없지만, 그의 이름이 족쇄를 찬 것처럼 그 논문에 묶여 있는 건 사실입니다."

몇 분이 흘렀다. 우리는 길고 높은 언덕길 꼭대기에서 빨간 꼬리등 불빛들이 다닥다닥 늘어서 있는 오후의 혼잡한 도로로 슥 들어갔다.

50억년 동안의 고독

"지구의 가치가 '무한'하다는 말을 반박할 수 있는 흥미로운 사실을 하나 든다면, 언젠가 이 모든 것이 사라진다는 점이죠." 래플린이 말했다. 그의 눈이 바삐 움직이며 가로수가 늘어선 가파른 인도를 천천히 오르고 있는 행인들, 시동을 켠 채 도로에 멈춰 서 있는 자동차들, 나무로 지은 상자 모양의 주택들이 늘어선 단지를 드나드는 사람들, 유리와 강철로 이루어진 고층 건물 등을 훑어본 뒤 다시 백미러를 바라보았다. "우리가 무슨 짓을 해서가 아니라, 태양이 적색거성으로 변해서 지구를 파괴할 테니까요. 우리가 가만히 앉아서 묵묵히 따를 일은 아닙니다. 그러니까 우리의 행동이 유용한 결과를 낳을 수 있는 시기가 언제인지 대해 우리가 기꺼이 이야기를 시작할 자세가 되어 있는가 하는 점이 중요합니다."

"맞아요." 리케츠가 말했다. "하지만 경제학이란 빈약한 자원으로 어떤 결정을 내릴 것인지를 다루는 학문이죠. 안 그래요? 하고 싶은 일을 전부 할 수는 없으니까, 꼭 해야 할 일과 하지 말아야 할 일을 골라야 하는데 과연 그 방법이 뭘까요? 사고 싶은 걸 전부 살 수 없으니 꼭 사야 할 것과 사지 말아야 할 것도 골라야 합니다. 따라서 물건에 값을 매기는 것은 선택에 유용한 정보를 제공하기 위해서입니다. 그것이 경제학의 기본적인 존재 이유예요. 지구에 값을 매기는 것은……." 그는 말꼬리를 흐리며 잠시 적당한 단어를 골랐다. "지구 외에 어떤 대안이 있는지 나는 모르겠습니다. 가격에 대한 정보로 우리가 무엇을 할 수 있는지 말입니다. 태양의 손에 파괴되지 않는 길을 선택할 방법이 없지 않습니까? 아마 그래서 경제학자들이 행성의 가치 측정을 조금 어리석은 짓이라고 생각하는 거겠죠."

래플린이 웃는 얼굴로 내 쪽을 흘깃 보았다. "우리한테 대안이 있어요. 지구를 옮길 수 있단 말입니다."

잠시 의미심장한 침묵이 흘렀다. "지구를 옮겨요?"

"그럼요."

"그러니까, 견인차로 자동차를 끌 듯이요?"

"기본적으로는 그렇죠. 시간은 넘칠 만큼 충분히 남아 있습니다. 카이퍼대(帶)에 있는 대형 혜성이나 소행성을 이용해서, 수억 년에 걸쳐 목성의 궤도 에너지와 각운동량을 일부 지구로 옮기는 겁니다. 그런 것들이 한 번씩 지구를 스치며 날아갈 때마다 지구에 조금씩 발길질을 하면, 지구궤도가 점차 확대될 거예요. 지구를 옮기려면 혜성이나 소행성이 이런 식으로 수천 년에 한 번씩 지구 옆을 수백만 번 지나가야 합니다. 하지만 분명히 지구의 궤도를 늘릴 수 있어요. 지금 화성이 있는 곳 근처까지. 이건 내가 10년 전에 친구들 두어 명과 함께 고안해낸 방법이에요."

또 잠시 침묵이 흐르고, 리케츠는 래플린의 황당한 제안을 생각해보았다. "멋지군요. 비용 대비 편익 분석을 해보죠. 지구를 끌어내는 비용과 그로 인한 이득을 비교해보는 겁니다."

"지구의 달이 불안정해져서 사라질 가능성이 있습니다." 래플린이 말했다. "또한 혜성이나 소행성이 지구와 충돌해서 생물들을 싹 죽여버리지 않도록 근접 비행의 시간을 맞추는 데 극도로 주의를 기울여야 합니다. 하지만 이 방법을 쓰면, 생물계가 수십억 년을 더 벌 수 있습니다. 경제적으로 아주 유용한 일이죠. 거기에 비하면 비용은 아주 낮습니다. 지구를 움직이는 에너지가 대부분 목성에서 나와 혜성을 통

50억년 동안의 고독

해 전달되니까요. 우리는 혜성이 태양계 외곽 저 멀리서 궤도를 천천히 돌고 있을 때 혜성의 이동 경로를 아주 섬세하게 조절하기만 하면 됩니다. 무식하게 힘으로 밀어붙이기보다는 세심함이 필요한 일이에요. 그래도 로켓 과학인 건 틀림없죠. 중요한 건, 우리가 원한다면 당장 오늘이라도 그 일을 시작할 수 있다는 겁니다."

"난 지구의 가치가 무한하다는 말이 아직도 마음에 걸리는데요." 리케츠가 의심 어린 목소리로 말했다. "지구 상의 생물들을 생각해보세요. 생물 멸종을 막는 일이 돈으로 따지면 많은 가치를 지닌 일이라는 건 우리도 알고 있습니다. 그 가치가 얼마나 되는지 굳이 따져볼 필요도 없어요."

"하지만 무한에도 상하 구분이 있습니다." 내가 불쑥 끼어들었다. "더 중요한 무한과 그렇지 않은 무한이 있어요. 희소한 상품일수록 가치가 오르죠. 그렇지 않습니까? 우리는 지구와 비슷한 행성이 얼마나 있는지 아직 모릅니다. 지구 크기만 한 행성뿐만 아니라 물과 날씨와 생물이 있는 행성에 대해서도 몰라요. 어쩌면 그런 행성이 우주에 아주 흔해서 생명의 가치도 아주 낮을지 모릅니다. 하지만 우리가 은하계를 조사해봤더니 가장 가까운 항성 500개 또는 5,000개에……."

"지구가 없을 수도 있죠." 래플린이 고개를 끄덕이며 말을 끝맺었다. "앞으로 두고 보는 수밖에요."

우주에서 지구가 차지하는 위치와 지구의 우주적 가치에 대한 논의는 기억조차 할 수 없는 오랜 옛날, 선사시대까지 거슬러 올라간다. 선사시대 사람들이 하늘과 지구의 관계에 대해 추측했던 것들은 고대 신화와 전설에 흔적으로 남아 있다. 이에 비해 지구의 우주적 가치를 과학적으로 설명한 가장 오래된 문서는 훨씬 나중에 만들어졌다. 그래도 지금으로부터 25세기 전, 그리스 이오니아 시대에 에게 해의 해안을 따라 흩어져 있던 마을들과 도시들에까지 그 연원을 추적할 수 있다.

기원전 6세기, 지금의 터키 남서부에 해당하는 지역에 있던 도시 밀레투스에 이오니아학파의 철학자 탈레스가 살았다. 탈레스는 페니키아 귀족 집안의 후손으로 이집트에서 젊은 시절을 보내며 기하학을 배우고 고대 천문 기록들을 연구했다. 그는 기원전 585년 5월 28일에 중부 아나톨리아에서 일어난 개기일식을 예측해서 고대 세계 전역에 명성을 떨쳤으나, 그의 가장 위대한 업적은 요즘 말로 '과학적 방법'이라고 일컫는 것이었다. 탈레스는 초자연적인 설명을 거부하고, 그 대신 이성적인 생각과 실험이 세상을 이해하는 적절한 방법이라고 가르쳤다. 탈레스는 존재하는 모든 것이 한 가지 이상의 원시 물질로 구성되어 있으며, 상호작용을 하는 여러 힘들의 조종을 받는다고 믿었다. 오늘날 입자물리학자들의 생각과 기본적으로 일치하는 믿음이다.

이런 생각을 바탕으로 하늘에 대한 기계론적인 설명을 만들어낸 사람은 밀레투스에서 탈레스와 함께 연구하던 동료 아낙시만드로스였다. 그는 우주가 무한하고 영원하다고 믿었다. 그는 또한 우리의 영역 저 너머, 우리가 평생 한 번도 볼 수 없는 먼 곳에 있는 무한한 허공의 무한히 깊은 곳에서 다른 행성들이 생겨났다가 부서지기를 끊임없이 반복하고 있다고 말했다. 하지만 지구가 눈에 보이는 우주의 중심에 있다는 말도 했다. 아낙시만드로스의 지구는 하늘의 중앙에 고정된 원통 또는 원반이었으며, 지구를 에워싼 동심원들에 불타는 태양, 달,

50억년 동안의 고독

별들이 자리 잡고 있었다. 탈레스, 아낙시만드로스와 같은 시기에 활동한 젊은 이오니아 철학자 피타고라스는 지구가 공간에 떠 있는 구 모양이라고 생각했다. 그는 아낙시만드로스의 모델을 확장시켜 행성들이 있는 동심원을 추가했으며, 태양, 달, 행성들이 지구 주위에서 완벽하고 조화로운 원을 그리며 돈다고 주장했다. 탈레스와 그의 제자들이 세계 최초의 진정한 과학자들이라면, 피타고라스와 그의 추종자들은 세계 최초의 순수 수학자들이었다. 피타고라스는 정수와 이상수가 가장 심오한 현실을 구성하고, 현실을 조사하는 최고의 도구는 감각이 아니라 생각이라는 원칙을 고수했다. 신비주의와 형이상학을 선호하는 피타고라스학파는 탈레스의 경험론을 물리치고 약 2세기 뒤 플라톤과 아리스토텔레스의 철학에 깊은 영향을 미쳤다.

플라톤은 지상의 세계가 흙, 불, 공기, 물의 네 가지 원소로 이루어져 있으며, 제 5원소인 에테르는 하늘을 구성한다고 가르쳤다. 아리스토텔레스는 이런 생각들을 일부 가져다가 우주론에 융합시켰다. 흙과 물이 불과 공기보다 무겁기 때문에 아래로 가라앉아 중심에 자리 잡은 것이 지구가 되었다는 것이다. 하늘은 완전히 다른 물질로 만들어져 있고, 완벽하며, 영구불변이기 때문에 하늘에는 지구와 비슷한 곳이 결코 있을 수 없었다. 플라톤과 아리스토텔레스의 철학에서 지구는 특이하고 특권적인 위치를 차지했으며, 타락한 곳이고, 기본적으로 단 하나뿐인 곳이었다. 이 견해는 그 뒤 거의 2천 년 동안 서구 문명을 지배하며 과학적 탐구의 숨통을 막아버렸다.

모든 일이 아주 다른 양상으로 전개될 수도 있었다. 플라톤 시대에 탈레스의 물질주의 철학을 가장 완고하게 옹호한 사람은 데모크리토스라는 이오니아인이었다. 그는 우주가 신비로운 숫자와 기하학적인 도형으로 지어진 것이 아니라, 무한한 허공 속을 영원히 움직이는 작고 작은 물리 입자들로 구성되었다고 믿었다. 그는 이 입자들에 '원자 atom'라는 이름을 붙였는데, 'atom'은 그리스어로 '쪼갤 수 없다'는 뜻이다. 데모크리토스는 우주에 오로지 원자와 허공만이 존재하므로, 이 둘이 만물의 원천이라고 주장했다. 만물에는 생물들, 그들의 생각과 감각적인 인식도 포함된다. 그는 시간과 공간이 모두 무한한 우주에서 원자들이 끝없이 추는 춤이 필연적으로 헤아릴 수 없이 많은 행성들과 생명체들을 만들어낸다고 말했다. 그리고 이 행성들과 생명체들은 끝없이 이어지는 성장과 쇠퇴의 과정을 거친다. 모든 행성이 지구와 비슷하지는 않을 것이다. 생물이 살기에 너무 열악한 곳도 있을 것이고, 생물들이 지구보다 훨씬 더 번성하는 곳도 있을 것이다. 데모크리토스는 이렇게 즐거운 일이 많고 호의적인 세상에서 살게 된 행운에 우주적인 기쁨을 느껴야 한다고 믿었다. 인류의 희비극적인 삶에 대해 한없는 기쁨을 느끼는 그를 보며 동시대인들은 '웃는 철학자'라고 불렀다.

데모크리토스는 에게 해의 어두운 하늘을 쳐다보며 별들도 다른 것들과 마찬가지로 특별한 천상의 물질이 아니라 원자로 만들어졌을 것이라고 추측했다. 별들은 그저 우리 태양보다 훨씬 멀리 있는 태양에 불과했다. 그들 중 일부는 아주 멀리서 하나로 모여 희미하게 빛나는 은하수를 이뤘다. 데모크리토스가 죽고 거의 1세기가 흐른 뒤, 별들이 멀리 있는 태양이라는 생각이 그리스의 천문학자 아리스타르코스의 저작에 다시 나타났다. 그는 지구가 아니라 태양이 우리 행성계의 중

50억년 동안의 고독

심에 있다는 의견을 내놓았다. 월식 중에 달에 드리워진 지구 그림자의 크기를 재본 아리스타르코스는 태양이 우리 행성보다 훨씬 크다는 결론을 내렸다. 그리고 몸집이 작은 것이 큰 것 주위를 도는 것이 자연스러운 일이라고 생각했다. 아리스타르코스는 또한 자신의 이론에 따르면 '고정된' 별들이 사람들의 생각보다 훨씬 멀리 있다는 사실을 깨달았다. 시차視差 측정 결과를 바탕으로 한 결론이었다. 시차는 같은 물체를 두 곳에서 관측했을 때 나타나는 차이를 말한다. 손가락을 얼굴 앞에 두고, 처음에는 왼쪽 눈으로, 그다음에는 오른쪽 눈으로 손가락을 보면 시차를 아주 쉽게 경험할 수 있다. 시차를 이용하면 관찰 대상인 물체가 얼마나 멀리 있는지 알 수 있다. 예를 들어 손가락이 얼굴에 가까울수록 시차가 크게 나타난다. 또한 두 관찰 지점 사이의 거리가 멀어져도 시차가 커진다. 벽의 양쪽 끝에서 램프를 바라보았을 때 위치가 다르게 보이는 것을 생각해보라. 그런데 아리스타르코스가 지구 궤도의 양쪽 끝에서 밤하늘을 바라보았을 때 별들 사이에 시차가 나타나지 않았다는 것은, 그 별들이 정말로 아주 멀리 있음을 의미했다.

아리스타르코스는 지구를 하늘의 중심에서 끌어내렸다는 이유로 불경하다는 비난을 받았다. 플라톤은 데모크리토스의 주장을 경멸한 나머지 그 '웃는 철학자'의 책을 모두 태워버렸으면 좋겠다고 생각했다고 한다. 결국 플라톤도 억누르지 못한 주장을 억누른 것은 세월이었다. 데모크리토스의 원자론과 아리스타르코스의 별 이론은 수천 년 동안 거의 잊힌 상태였다. 지금까지 살아남은 아리스타르코스의 저작은 가벼운 책 한 권뿐이다. 데모크리토스의 글은 단 한 편도 우리에게 전해지지 않았다. 우리는 후대에 나타난 고대 그리스의 철학자 에피쿠로스처럼 그의 영향을 받은 사람들의 글을 통해서만 그를 접할 수 있다. 하지만 에피쿠로스의 저작도 대부분 소실되었다. 우리가 그의 철학에 대해 알고 있는 것은 대부분 로마의 학자 루크레티우스가 기원전 50년경에 라틴어 6보격 시로 쓴 책 한 권 분량의 시 〈만물의 본성에 대하여De Rerum Natura〉에 나와 있다. 이 시에서 루크레티우스는 에피쿠로스의 사상에 찬사를 보내면서 그의 주장을 요약했다. 그리고 여기에 원자, 무한한 우주, 생명체가 사는 다른 행성의 필연성 등에 관한 주장이 포함되어 있다. 루크레티우스는 "우리 세상과 하늘만 창조되었다는 것, 우리 세계 너머에 있는 수많은 물질 덩어리들이 아무 일도 하지 않는다는 것"은 도리에 맞지 않다고 썼다. 무한한 우주 공간 전체를 따져보면 헤아릴 수 없이 많은 원자들은 가끔 하나로 뭉쳐서 "위대한 것들, 세상, 바다, 하늘, 생물 종족의 시초가 된다. …… 다른 곳에 다른 세상이 있고, 다른 종족의 인간들과 다른 종의 야생동물들이 있음을 반드시 인정해야 한다. …… 만물을 통틀어, 유일무이하게 태어나고 유일무이하게 혼자 자라는, 하나뿐인 존재는 없다. 만물은 어떤 범주에 속하며, 같은 종류에 속하는 것이 아주 많다."

이탈리아의 어떤 서적 수집가가 1417년에 독일의 한 수도원 깊숙한 곳 먼지 속에서 좀이 슨 시집 한 권을 발견하지 않았다면, 루크레티우스의 시도 사라지고 말았을 것이다. 이 시집은 발견된 직후 현대어로 번역되어 구텐베르크 인쇄기로 인쇄되었다. 그리고 유럽 전역으로 퍼져나가, 새로이 발견된 고대의 다른 저작들과 함께 유럽 르네상스 시대의 과학 부흥에 기여했다. 하지만 무한히 많은 천체들 중 지구의 위치가 그리 특출하지 않다는 주장이 가장 커다란 반향을 일으킨 것은 그로부터 100년도 더 지난 뒤의 일이었다. 혁명의 시작은 1543년에 출간된 《천체의 회전에 관하여De Revolutionibus Orbium Coelestium》라는 책이었다. 폴란드의 성직자 니콜라우스 코페르니쿠스가 쓴 이 책은 태양계의 태양 중심 모델을 내놓았다. 인생의 마지막 30년을 이 책에 쏟은 코페르니쿠스는 임종을 앞둔 병상에서 첫 인쇄본을 받아 보았다. 그는 거의 2천 년 전의 아리스타르코스와 마찬가지로, 행성들이 지구가 아니라 태양의 주위를 돈다고 가정하면 하늘에서 보이는 행성들의 움직임을 더 멋지게 설명할 수 있음을 보여주었다.

1610년에 이탈리아의 천문학자 갈릴레오 갈릴레이는 새로 발명된 망원경으로 하늘을 관찰한 끝에 코페르니쿠스 모델이 옳다는 것을 확인했다. 그는 태양 흑점의 점진적인 움직임을 통해 태양이 지구와 마찬가지로 회전하고 있다고 추론했다. 또한 목성 주위에도 작은 위성들이 여러 개 돌고 있음이 밝혀지면서, 작은 천체들이 정말로 커다란 천체 주위의 궤도를 돈다는 점과 모든 것이 오로지 지구의 주위만 돌지는 않는다는 점이 확인되었다. 갈릴레이는 1년 동안 금성을 관찰한 결과, 금성이 달과 마찬가지로 삭망의 주기를 거친다는 사실을 확인했다. 이는 금성이 빛나는 태양의 앞과 뒤를 모두 통과한다는 증거였다. 또한 태양중심설을 뒷받침하는 중요한 증거이기도 했다. 지구중심설에 따르면, 태양에 가까우면서도 지구 주위를 도는 금성은 항상 뒤에서 태양 빛을 받아 지구에서 볼 때는 초승달 모양으로만 나타나야 하기 때문이다. 하지만 코페르니쿠스 모델은 아직 완벽하지 않았다. 하늘에서 보이는 행성들의 움직임을 정확히 재현해내지 못했기 때문이다. 코페르니쿠스는 이 모델을 만들 때 플라톤과 아리스토텔레스를 비롯한 여러 학자들이 확장시킨 과거 피타고라스 학설, 즉 행성들이 완벽한 원을 그리며 돈다는 주장에 은연중에 의지했다.

갈릴레오가 망원경으로 하늘을 관찰하기 시작한 무렵, 독일의 천문학자인 요하네스 케플러가 현대 천문학의 진정한 시작을 알린 새로운 연구 결과를 발표했다. 얄궂게도 점성술의 정확도를 높이기 위해 표를 작성하다가 도달한 결과였다. 케플러는 오래전부터 화성의 궤도와 씨름하며 그때까지 화성이 보인 움직임과 코페르니쿠스의 태양중심설을 통합시키려고 애썼다. 그는 원 궤도는 물론 나선형 궤도까지도 꼼꼼히 검토해보았지만, 그 결과는 관측 결과와 일치하지 않았다. 낙담한 그는 순간의 변덕으로 화성이 찌그러져서 길게 늘어난 궤도, 즉 타원궤도를 돈다고 가정해보기로 했다. 이것은 너무나 기초적인 아이디어라서 케플러는 이미 과거의 천문학자들이 조사해보았을 것이라고 생각했지만, 놀랍게도 그의 계산 결과가 관측 결과와 멋지게 들어맞았다. 이어서 그는 그때까지 알려진 다른 행성들의 궤도 또한 타원형임을 확인하고, 이 발견을 이용해서 세 가지 행성 운동 법칙을 만들어냈다.

첫 번째 법칙은 간단했다. 각각의 행성이 태양을 하나의 중심으로 삼아 타원궤도를 돈다는 것. 그리고 두 번째 법칙은 행성의 궤도가 같은 시간에 같은 면적을 움직인다는 것이었다. 즉 행성이 항성과 가장 가까운 지점에서 궤도를 돌 때는 반대편 궤도를 돌 때보다 빨리 움직인다는 뜻이다. 그래야 같은 시간에 같은 면적을 움직일 수 있기 때문이다. 세 번째 법칙은 행성 공전주기의 제곱이 궤도의 긴 반지름의 세제곱과 비례한다는 것이다. 이로써 행성의 1년과 항성으로부터의 거리 사이에 분명한 관계가 확립되었다. 이를 통해 태양에 가장 가까운 수

50억년 동안의 고독

성이 지구의 하늘을 질주하듯 가로지르는 이유와, 훨씬 멀리 있는 목성과 토성이 그토록 느릿느릿 움직이는 것으로 보이는 이유를 설명할 수 있었다. 케플러는 세 번째 법칙을 이용해서 행성들의 거리 비례를 추정했다. 예를 들어 화성은 태양으로부터 지구보다 1.5배 떨어져 있고, 목성은 5배나 떨어져 있다는 식이었다. 하지만 지구와 태양의 실제 거리는 아직 밝혀지지 않았다.

케플러의 연구 결과가 얼마나 중요한지는 아무리 강조해도 지나치지 않았다. 1600년대 말에 아이작 뉴턴은 케플러의 법칙들을 이용해서 만유인력의 법칙을 이끌어냈다. 오늘날에도 케플러의 법칙 덕분에 다른 행성으로 보낼 우주선의 항로를 정할 수 있으며, 행성 사냥꾼들이 태양계외행성의 공전주기만으로 그 행성이 생명체 가능구역에 존재하는지 여부를 파악할 수 있다. 어떤 의미에서 케플러는 하늘과 지구가 똑같은 물리법칙의 지배를 받는 같은 틀 안에 존재한다는 사실을 증명함으로써 하늘과 지구를 통합시켰다고 할 수 있다. 그는 또한 코페르니쿠스의 주장에서 핵심이자 난제였던 부분, 즉 모든 조건이 같을 때 지구와 태양계가 특이하거나 이례적이거나 어떤 의미로든 특권적인 지위가 아니며, 적어도 다른 증거가 발견되지 않는 한 오히려 흔하고 평범한 축에 속한다고 보아야 한다는 주장에 탄탄한 이론적인 무게를 실어주었다. 이 '코페르니쿠스 원칙' 또는 '평범성의 원칙'은 그 뒤로 줄곧 물리학, 우주론, 천문학, 행성학의 암묵적인 지침이 되었다. 하지만 이 지침이 항상 올바른 방향만 가리킨 것은 아니었다. 갈릴레오는 곳곳이 패이고 너덜너덜한 달 표면을 망원경으로 관찰한 끝에, 달이 지구처럼 육지와 바다로 이루어져 있다고 단언했다. 케플러는 심지어 달에 생물이 산다는 추측까지 내놓았으며, 그들 중 지능이 높은 생물들이 도시가 들어갈 자리를 마련하기 위해 달 표면에 둥근 구덩이를 파놓은 것인지도 모른다고 생각했다. 그 뒤로도 수백 년 동안 박식하고 명망 있는 많은 과학자들이 정글이 우거진 원시적인 금성의 꿈이든, 죽음을 앞둔 고도의 문명이 말라붙은 화성 표면에 운하를 건설했다는 환상이든, 대부분의 행성, 아니 어쩌면 모든 행성에 생명이 살 수 있고 실제로 살고 있다는 주장을 흔하게 내놓곤 했다.

1627년에 케플러는 자신의 법칙을 이용해서 금성의 움직임을 예측하는 계산을 하다가, 지구에서 봤을 때 금성이 가끔 태양 표면을 가로지르며 지나갈 것이라는 추측을 내놓았다. 그리고 금성의 다음 태양 표면 통과가 1631년 12월 6일에 여러 시간 동안 일어날 것이며, 1639년 말에는 금성이 태양 근처를 거의 스치듯 지나갈 것이고, 1761년에야 비로소 다시 태양 표면을 가로지를 것이라고 계산했다. 케플러는 1631년의 태양 표면 통과를 직접 목격하고 싶어했지만 1630년에 세상을 떠났다. 그리고 1631년에 금성이 태양 표면을 통과하는 현상은 아무도 보지 못했다. 1639년, 케플러의 계산대로라면 금성이 태양 근처를 스치듯 지나가기 겨우 한 달 전에 영국의 젊은 천문학자 제레미야 호록스가 케플러의 계산에서 실수를 찾아냈다. 그의 새로운 계산에 따르면, 금성의 태양 통과는 8년 간격으로 쌍을 이루어 일어났다. 그리고 한 쌍과 다음 쌍 사이의 간격은 121년에서 105년 사이였다. 호록스는 1639년 12월 4일 오후에 잉글랜드 북부에 있는 자신의 집에서 금성이 태양 표면을 통과하는 모습을 관찰할 수 있을 것이라고 예측했다. 그래서 친구인 윌리엄 크랩트리와 함께 서둘러 관측 계획을 세웠

50억년 동안의 고독

다. 운명의 그 날 두 남자는 일찍이 어느 인간도 보지 못한 사건을 지켜보았다. 눈에 보이는 태양 지름의 30분의 1인 금성의 그림자가 이글거리는 항성 표면을 유유히 지나갔다. 1639년에 그 광경을 목격한 사람은 지구상에서 호록스와 크랩트리, 단 두 명뿐이었다. 호록스가 케플러의 계산을 수정하면서, 앞으로 발생할 금성의 태양 통과 시기도 정해졌다. 1761년과 1769년에 한 쌍, 1874년과 1882년에 또 한 쌍, 그리고 한참 뒤인 2004년과 2012년에 다시 한 쌍, 이런 식으로 주기가 영원히 이어질 터였다.

영국의 천문학자 에드몬드 핼리는 1716년에 〈영국왕립학회보〉에 기고한 글에서 금성의 태양 표면 통과를 이용하면 지구에서 우주 전체를 측정할 수 있는 절대적인 기준점을 얻을 수 있다는 주장을 내놓았다. 지구의 여러 지점에서 금성의 태양 표면 통과를 관찰하면 그 경로와 지속 기간이 조금씩 다르게 나타나는데, 멀리 떨어진 두 지역 사이의 변화 폭을 알아내 지구와 태양의 거리를 삼각법으로 계산해낼 수 있다는 것이었다. 그러고 나면 간단한 계산만으로 태양의 실제 크기, 각 행성의 궤도 거리를 알아내서 태양계의 물리적 규모를 밝혀낼 수 있었다. 금성의 다음 통과 시기, 즉 1761년까지 수십 년 동안 유럽의 여러 나라들은 100개가 넘는 팀을 조직해서 멀고 먼 지역으로 보내 핼리의 측정법을 시도해보려고 했다. 국가가 후원하는 국제적인 과학 프로젝트가 최초로 꽃을 피운 시기였다. 하지만 이 시도는 화려한 실패로 끝났다. 천문학자들은 배, 썰매, 말 등에 섬세한 장비들을 싣고 금성의 태양 표면 통과를 볼 수 있는 미개척지로 들어갔지만, 목적지에 도착해보면 장비가 산산이 부서져 있거나 뒤틀려 있기 일쑤였다.

금성의 통과가 일어나기 이미 오래전에 전쟁, 질병, 열악한 날씨가 수많은 시도를 침몰시켰다. 그리고 혹시 탐험대가 멀고 먼 오지에서 찔끔찔끔 측정 결과를 보내온다 해도, 그 수치들이 너무 부정확하고 모순적이어서 쓸모가 없었다.

1761년의 금성 통과를 연구하려고 나섰던 수많은 천문학자들 중 프랑스의 기욤 르 장틸만큼 불운한 사람은 없었다. 르 장틸은 통과 1년 전에 파리의 집을 떠나 인도의 프랑스 식민지로 향했다. 그런데 그가 길을 떠난 뒤 프랑스와 영국 사이에 전쟁이 벌어졌고, 그가 탄 배는 폭풍에 휘말려 항로를 크게 벗어났다. 그래도 그는 우여곡절 끝에 금성의 통과 며칠 전 인도 해상에 도착했지만, 프랑스 식민지를 점령한 영국군이 그의 상륙을 금지했다. 결국 르 장틸은 1761년의 금성 통과를 바다 위에서 관찰하는 수밖에 없었다. 하지만 바다의 출렁거림 때문에 정확한 관측이 불가능했다. 그는 그대로 아시아에 남아 냉철한 자세로 다음 통과를 기다렸다. 1769년까지 8년간의 인고 끝에 르 장틸은 인도에 작은 천문대를 건설했다. 만반의 준비가 끝났고, 정해진 날짜인 1769년 6월 4일 전야에는 날씨도 아주 좋았다. 밤새 옅은 안개가 불길하게 깔리기는 했지만, 아침 햇빛에 날아가버렸다. 금성의 태양 표면 통과가 시작되기 조금 전, 짙은 구름이 몰려왔다. 구름이 물러난 것은 통과가 끝난 직후인 늦은 오후였다. 르 장틸은 잠시 움찔움찔 경련하며 알아들을 수 없는 말을 지껄이는 상태에 빠졌지만, 얼마 뒤 다시 정신을 차리고 고향을 향해 긴 여행을 시작했다. 하지만 설사병이 먼저 그의 귀향길을 괴롭히더니, 나중에는 그가 탄 배가 허리케인을 만나 거의 침몰할 뻔했다. 고향을 떠난 지 11년 반 만인 1771년에

50억년 동안의 고독

빈손으로 파리에 도착한 르 장틸은 자신의 인생이 넝마가 되어버렸음을 발견했다. 법적으로 사망한 것으로 간주되어 그의 재산이 모두 없어져버린 것이었다.

1769년에 르 장틸보다는 운이 좋았던 사람들도 있었다. 제임스 쿡 선장은 타히티의 산꼭대기에서 영국 해군과 왕립학회를 위해 금성의 태양 표면 통과를 성공적으로 기록한 뒤, 남태평양 전역을 돌아다니며 여러 섬들의 지도를 그리고 그 섬들을 왕의 소유로 삼았다. 데이비드 리튼하우스라는 천문학자는 필라델피아에 있는 자신의 농장에서 미국철학학회를 위해 금성의 태양 표면 통과를 기록함으로써, 이제 막 싹을 틔운 식민지의 학계를 처음으로 세계 무대에 올려놓았다. 하지만 천문학자로서 그렇지 않아도 섬세한 신경의 소유자이던 리튼하우스는 금성이 태양 표면을 통과하기 시작했을 때 감격에 겨운 나머지 기절해버리는 바람에 공식적인 통과 기록에 공백을 남겼다. 천문학자들은 이들의 기록과 전 세계로 탐사를 떠난 사람들의 측정 결과를 종합해서 지구와 태양의 거리, 즉 천문단위가 1억5천만 킬로미터임을 밝혀냈다. 태양계의 크기와 우주의 크기를 측정할 탄탄한 기반이 이제야 마련된 것이다. 코페르니쿠스 혁명은 그렇게 계속 이어졌다.

지구가 태양 주위의 궤도를 돌 때 대략 2억9천760만 킬로미터의 기준선을 그린다는 사실을 알게 된 천문학자들은 고대에 아리스타르코스가 남긴 시차 측정 기록을 다시 들춰보며 별들의 거리를 측정하기 시작했다. 몇 달 또는 몇 년에 걸쳐 근처의 별 몇 개가 더 먼 '고정된' 별들을 배경으로 움직이는 모습을 보여줌으로써 우리와 가깝다는 사실을 드러냈다. 낮게 나는 새가 하늘 위 훨씬 먼 곳을 장중하게 지나가는 여객기에 비해 빠르게 휙 지나가는 것처럼 보이는 것과 마찬가지이다. 19세기 중반에는 천문학자들이 별의 시차를 측정하는 일이 일상이 되었고, 그 덕분에 하늘에 보이는 대부분의 별들이 최소한 수십 광년씩 떨어져 있음이 확인되었다. 측정 기술이 한 단계 발전할 때마다 우주가 커졌기 때문에, 우리 태양계는 계속해서 지위가 내려가 점점 쪼그라드는 것 같았다.

20세기 전반에 미국의 천문학자들은 별의 시차를 이용해서 태양계를 또다시 강등시키고, 현대 우주론을 확립했다. 먼저 우리 은하성단들의 공간 분포를 통해 우리 태양계가 많은 사람들의 믿음과 달리 은하의 중심이 아니라 외곽에 있음이 드러났다. 그다음에는 미국의 천문학자 에드윈 허블이 우리 은하가 많은 은하들 중 하나에 불과하며, 하늘에 보이는 거의 모든 은하들이 믿을 수 없을 만큼 빠른 속도로 서로에게서 멀어지고 있음을 발견했다. 우주는 문자 그대로 팽창하고 있었다. 이 사실이 밝혀지고 오래지 않아 알베르트 아인슈타인의 상대성이론이 팽창의 경로를 명료하게 설명했다. 우주가 사람들이 감히 생각했던 것보다 훨씬 더 크고 기묘한 곳임이 다시 한 번 증명된 것이다. 그리고 우리의 존재는 우주의 중심 근처에도 가지 못했다.

한편 우주보다는 한참 스케일이 작은 별과 행성의 영역에서는 코페르니쿠스 혁명이 제자리걸음을 하고 있었다. 근처 별들의 지도를 작성하던 천문학자들은 우리 태양이 결코 흔한 유형이 아니라는 사실을 점차 깨달았다. 근처의 별들은 대부분 태양보다 작고 희미했으며 적색과 오렌지색을 띤 왜성이었다. 어쩌면 태양계 역시 이례적인 존재일 가능성도 있었다. 태양계외행성의 존재에 대한 확실한 증거가 아직 없었

50억년 동안의 고독

기 때문이다. 많은 천문학자들은 은하 전체에 행성계가 아주 드물지도 모른다는 생각을 하기 시작했지만, 20세기 중반까지 쌓인 간접적인 증거들은 항성들 주위에 행성이 흔히 있을 가능성이 높음을 암시했다.

그래도 금성과 화성을 비롯해서 생명의 기운이 전혀 느껴지지 않는 태양계의 다른 행성들에 관해 새로이 밝혀진 오싹한 사실들로 인해 지구는 과거 플라톤 시대에 누렸던 영광의 극히 일부를 다시 얻었다. 그 뒤에 태양계외행성 붐이 일었다. 현대의 많은 행성 사냥꾼들에게 태양계 바깥에서 또 다른 생태계를 찾아내는 것은 코페르니쿠스 혁명의 정점을 장식할 성과, 평범성의 원칙 꼭대기에 올려놓을 지붕을 찾는 일이 되었다. 우리의 마음을 편안하게 해줄 그것을 찾는다면, 우리 행성과 여기에 살고 있는 모든 생명이 마침내 마지막 계단에서 내려와 생명이 바글거리는 우주의 그저 평범한 행성이 될 것이다.

하지만 생명의 기원에 관해 아직도 해결되지 않고 애를 태우는 수수께끼들과 지구형 행성들이 얼마나 존재하는지 아직 알 수 없다는 점 외에도 우주론은 최근 우리가 평범한 존재라는 코페르니쿠스의 원칙에서 새로운 문제들을 발굴해냈다. 우리가 관찰할 수 있는 우주는 대부분 텅 빈 공간처럼 보이기 때문에, 사람을 우주 아무 곳에나 내려놓는다면 그곳이 은하계 안쪽일 확률은 기껏해야 1백만 분의 1에 불과하다. 우주가 계속 팽창하고 있음을 감안하면, 이 확률은 시간이 갈수록 더욱 줄어들 것이다. '암흑 물질' 구름, 섬유, 정체를 알 수 없는 빛무리 등은 중력을 제외한 우주의 모든 힘에 영향을 받지 않는 것처럼 보이지만 사실은 은하들과 은하성단을 유지해주는 역할을 한다. 은하의 내부는 대부분 텅 비어 있기 때문에, 1세제곱센티미터당 평균 1개의 양성자만 있을 뿐이다. 은하를 구성하는 별들의 크기가 모래알만 하다면, 별들 사이의 거리는 몇 킬로미터 수준이다. 은하 내부의 성간 물질 중 언제든 응축되어서 수소 원자 같은 것이라도 만들어낼 수 있는 것은 극히 일부에 불과하다. 그러니 분자, 가스, 바위, 별, 행성, 인간 등 무엇이든 평범한 물질이 만들어지는 것은 굉장한 일일 뿐만 아니라 통계적으로 확률이 극히 희박한 일이라고 할 수 있다.

이렇게 엄청난 허공 속에서 물질이 대단한 의미를 지닌 것 같지만, 우주가 계속 진화하고 있다는 사실 때문에 문제가 복잡해진다. 우주의 진화는 점점 더 황량한 쪽으로 방향을 잡고 있는 것 같기 때문이다. 우리가 관찰할 수 있는 우주의 가장자리에서 폭발한 초신성들을 조사한 결과, 은하들 사이의 공간은 단순히 팽창하기만 하는 것이 아니라 팽창 속도가 점점 빨라지기까지 하고 있음이 밝혀졌다. 여기에 동력을 제공해주는 것은 우주론 학자들이 그저 '암흑 에너지'라고만 알고 있는 미지의 힘이다. 우주가 어떻게든 가속 팽창을 멈추지 않는다면, 아주 먼 미래에는 지금보다 훨씬 더 외롭고 텅 빈 곳이 될 것이다. 그리고 우리 은하와 중력의 상호작용을 주고받는 소수의 은하들을 제외하면, 현재 하늘에서 볼 수 있는 다른 은하들은 모두 우리가 관찰할 수 있는 우주의 지평선 너머에 가 있을 것이다. 우리 근처의 은하들 역시 지금으로부터 약 100조 년 뒤에는 결국 어두워질 것이다. 그 은하들을 구성하는 별들이 하나씩 차례로 다 타서 빛을 잃어버리기 때문이다. 그리고 나면 헤아릴 수도 없을 만큼 오랜 세월 동안 원자구조의 초석인 양성자들이 모두 방사선을 분출하면서 붕괴할 것이다. 그와 함께 다 타버린 별들과 얼어붙은 행성들의 마지막 흔적 또한 망각 속으로 흩어질 것이다. 우주는 무한히 어둡고, 듬성듬성하고, 추운 곳이 될 것이며, 우리 은하와 근처 은하들이 있던 아주 작은 지역에 남아 있는 대규모 구조물이라고는 양자역학 효과에 의해 서서히 증발하고 있는, 엄청나게 질량이 큰 블랙홀 몇 개뿐일 것이다. 그러다 마침내 마지막 블랙홀들이 쪼그라져 양자 거품 속으로 사라져버리면, 남은 것이라고는 무한히 팽창하는 허공 속을 끝없이 흘러 다니는 광자, 전자, 중성미자의 희미한 흔적뿐일 것이다.

이렇게 황량하고 음울한 미래에서 생명의 희망을 보지 못하는 것은 어쩌면 우리 상상력이 부족한 탓인지도 모른다. 아니면 앞으로 예상되는 우리 우주의 변화가 코페르니쿠스가 말한 평범성과 대비되는 불길한 전조일 수도 있다. 수많은 은하들, 반짝이는 별들, 살아 있는 행성들이 존재하는 이 밝은 시대가 만물의 여명 뒤에 우주적인 기준으로 찰나에 불과한 특별한 시대라는 징조 말이다.

우주의 미래가 코페르니쿠스의 예측에 도전장을 던진다면, 우주의 과거도 마찬가지이다. 빅뱅을 뒷받침하는 기본적인 생각, 우주의 과거 역사에 대한 학계의 지배적인 설명은 우주가 도저히 상상할 수 없을 만큼 밀도가 높고 특이한 한 점에서 시작되었으며, 그 점이 약 138억 년 전에 폭발하듯 팽창했다는 것이다. 이것은 그리 코페르니쿠스적인 설명은 아니다. 더 심각한 문제는 우주의 구조 자체가 빅뱅 이론에 도전장을 던진다는 점이다. 원자, 행성, 항성, 은하, 은하성단 등의 구분을 넘어, 천문학자들이 우주를 측정할 수 있는 가장 큰 척도로 바라보면 우주는 부자연스러울 정도로 매끈하게 보인다. 커다란 척도를 적용했을 때 나타나는 이 매끈함은 코페르니쿠스의 예언과 일치하지만, 또한 짜증스럽기도 하다. 초기 우주의 여러 지역 사이에 팽창 속도가 조금만 달랐어도 현재 우주를 구성하는 덩어리, 주름 등이 근본적으로 뒤틀렸을 것이다. 하지만 현재 우리가 관찰할 수 있는 우주의 양 끝에 존재하는 구역들은 구조적으로 똑같아 보인다. 서로 그렇게 멀리 떨어져 있는데도 거의 흠 하나 없이 매끈해서 앞뒤가 맞지 않는다. 어쨌든 그들 사이로 빛은 계속 지나가야 한다. 그토록 멀리 떨어져 있는 지역들에 평형을 가져다줄 수 있는 정보, 에너지, 열기 등은 말할 것도 없다.

이 수수께끼에 대해 학계가 내놓은 설명은 빅뱅 이론에 추가 설명을 붙인 '인플레이션 이론'이다. 이 이론에 따르면, 우리 우주가 태어난 뒤 몇 분의 1초가 됐을 때 모든 것은 아직 뜨거운 고밀도 공간에 압축되어 있었다. 비유하자면 아마도 양성자 하나만 한 크기의 공간이었을 것이다. 그런데 그때 갑자기 원인을 알 수 없는 반중력 폭발이 강력히 일어나 서로를 밀어내면서 우주를 커다란 자몽 크기만 하게 '부풀렸다inflate'. 별것 아닌 얘기 같지만, 이 추가 설명은 척도로 치면 약 10조×1조 수준의 도약을 뜻한다. 만약 그 전에 아주 크고 불규칙한 구조물이 존재했다 해도, 폭발로 인해 가속화된 팽창으로 모두 사라졌을 것이다. 풍선을 불면 풍선 표면의 주름이 사라지는 것과 같다. 인플레이션 모델에 따르면, 우주에 남아 있던 작고 울퉁불퉁한 구조물들은 엄청나게 증폭된 양자 요동에서 생겨났으며, 초기 우주에서 은하들과 은하성단이 응축되는 밀도 주머니 역할을 했다.

인플레이션 이론의 문제는, 일단 인플레이션이 시작되고 나면 쉽게 멈추지 않는다는 점이다. 어떤 학자들은 심지어 암흑 에너지가 최초

인플레이션의 기괴한 메아리 또는 그림자이며, 수십억 년 동안 잠들어 있다가 되살아났을 것이라는 추측까지 내놓았다. 인플레이션은 팽창 속도를 크게 높여주기 때문에 최초의 인플레이션이 우주의 작은 지역(예를 들어 우리가 관측할 수 있는 우주)에서는 급속히 힘을 잃고 멈췄을 가능성이 있지만, 엄청나게 큰 우주 거품을 그 작은 지역 너머 멀리까지 밀어 보냈을 것이다. 사실 우리가 관측할 수 있는 우주의 지평을 훨씬 넘어 팽창한 우주는 최초 인플레이션의 일반적인 결과이다. 기하급수적으로 늘어나다 못해 어쩌면 부피가 무한대일 수도 있는 그 우주 깊숙한 곳에서는 비록 확률이 지극히 낮다 해도 인플레이션을 동반한 빅뱅이 몇 번이나 일어날 수 있다. 그리고 그때마다 또 끝없는 팽창이 곁가지로 시작될 것이다. 인플레이션은 일단 시작되면 영원히 계속되면서 거품 같은 평행 우주들을 무한히 프랙털 도형처럼 만들어내는 것 같다. 그리고 이 거품들은 서로 연관되어 있으면서도 인과적으로는 구분된다. 대부분의 우주는 서로 결코 만나지 못할 것이다. 우주에서 계속 진행되는 인플레이션으로 인해 그들의 경계선이 팽창하는 속도보다 그들이 서로에게서 멀어지는 속도가 더 빠르기 때문이다. 이는 하얀 거품을 일으키며 흐르는 강물 속에서 빠르게 지나가는 거품들과 같다. 각각의 거품 속에서는, 불길이 이글거리는 혼돈의 팽창을 겪으며 우리 우주와는 완전히 다른 물리법칙이 생겨났을 가능성도 있다.

물리법칙 중 일부는 우리와 같거나 구분하기 어려울 정도로 흡사할 것이다. 그리고 그런 물리법칙이 작동하는 지역에는 은하, 항성, 행성, 생물이 생겨날 가능성이 더 높다. 반면 그 밖의 지역에서는 자연의 법칙이 우리 것과 워낙 달라서 우리가 아는 형태의 생명체는 생겨날 수 없을 것이다. 따라서 인플레이션을 통한 '다중 우주' 이론은 현대 우주론에서 다른 방식으로는 정체를 알 수 없는 우리 우주의 기본적인 속성들, 즉 생명이 생겨나서 계속 존재할 수 있도록 섬세하게 조정된 것처럼 보이는 속성들을 설명하는 데 자주 이용되었다. 처음부터 생명의 탄생 가능성을 막아버리는 물리법칙을 지닌 일부 사산死産 우주에는 별들이 전혀 존재하지 않을 것이다. 원자가 전혀 존재하지 않는 우주도 있을 수 있다. 또 어떤 우주는 팽창과 수축 속도가 너무 빨라서 생겨나자마자 순식간에 휙 사라져버릴 것이다. 우주에 존재하는 물질과 반물질의 양이 정확히 똑같아서 순식간에 폭발하며 서로를 소멸시키는 바람에 진공과 이글거리는 방사능 지대만 남을 수도 있다. 우리가 상상할 수 있는 대다수의 우주에서는 주위를 관찰할 수 있는 생물이 존재할 것 같지 않다. 주위를 둘러보며 이 모든 것이 어떻게 시작되었는지 의문을 품는 생명체는 없을 것이다. 하지만 우리를 에워싼 우주는 당연히 생명이 살기에 적합하다. 그렇지 않았다면, 우리 역시 이곳에 존재하지 않았을 것이다.

이런 생각들을 확실하게 시험해볼 수 있는 방법은 아직 아무도 고안해내지 못했다. 타고난 속성 때문에 우리가 영원히 접근할 수 없는 다른 우주들을 어떻게 탐지할 것인가? 하지만 만약 인플레이션 다중 우주가 진실이라면, 코페르니쿠스의 주장들이 혼란에 빠진다. 우선 우리가 관찰할 수 있는 우주 전체가 138억 년 전 빅뱅으로 생겨난 훨씬 더 커다란 우주의 극히 작은 일부에 지나지 않게 된다. 그런데 여기서 말하는 엄청나게 큰 우주는 무한히 많은 우주들 중 하나에 불과하다. 무한이란 문자 그대로 무한을 의미하므로, 다중 우주에도 한없이 많

50억년 동안의 고독

은 행성들에 무한한 생명체들이 살고 있을 것이라고 보아야 옳다. 하지만 생명체를 지탱할 수 없는 거품 우주가 생명체를 지탱할 수 있는 우주보다 훨씬 더 무한할 것 같다. 인플레이션 다중 우주는 평범성의 원칙에 맞서서, 우리 우주가 인플레이션으로 생겨난 훨씬 더 커다란 우주에 박힌 이례적인 거품의 작은 일부라고 암시한다. 생명체를 품을 수 있는 우주들 중에서도 다소 한정적인 하위 그룹에 속한다는 것이다. 우리가 알고 있는 물리법칙들이 이 하위 그룹 안에서 '평균'인지는 아무도 알 수 없다. 행성, 항성, 은하는 그것들을 낳은 우주 자체만큼, 딱 그만큼만 특별하고 가치 있는 것인지도 모른다.

현대 우주론은 영원한 인플레이션을 생각해냄으로써, 사실상 약 2,500년 전 그리스 원자론자들이 처음 내놓았던 주장들로 돌아갔다. 데모크리토스가 지금 살아 있다면, 왜 그렇게 오래 걸렸느냐며 웃음을 터뜨렸을 것이다. 우리 우주가 늙어서 어둡고 차가워질 먼 미래에 생명체들은, 우주의 지평 저 너머 멀고 먼 어딘가에서 창조의 과정이 끊임없이 계속되며 새로운 생명, 새로운 행성, 새로운 우주를 탄생시키고 있을 것이라는 믿음에서 조금 위안을 찾을지 모른다. 희망이 영원을 낳는다.

5장

골드러시 이후

나는 우주의 원리가 아름답고 단순할 것이라고 굳게 믿는다.
_ 알버트 아인슈타인

래플린은 사무실에서 깊은 생각에 잠겨 있을 때, 책상 위에 놓아 둔 작은 장난감에 가끔 무심코 손을 뻗곤 했다. 그가 캘리포니아대학 교 버클리캠퍼스에 박사후 연구원으로 있던 1990년대에 구입한 이 장 난감은 교수대와 흡사한 모양이었다. 하지만 이 교수대에는 올가미 대 신에 얇은 강철 추가 작은 내장 자석의 힘으로 강철 사각형 위에 느슨 하게 매달려 있었다. 래플린은 다양한 모양과 강도의 자석들을 사각형 위에 이렇게 저렇게 배치한 뒤 추를 가볍게 밀곤 했다. 그러면 추는 한 참 동안 이리저리 움직이면서 자기장들 사이에서 펄쩍펄쩍 요동했다. 그 힘이 아주 강했기 때문에 공기 중에서 움직일 때 운동에너지를 깎아 먹는 마찰력을 극복할 정도였다. 추는 혼란스럽고 임의적인 경로를 따 라 움직였으며, 결코 같은 경로를 반복하는 법이 없었다. 래플린은 자 석들이 처음 놓여 있던 위치, 처음 추를 밀 때의 힘과 방향만으로 추의 복잡한 움직임이 생겨나는 것을 즐겁게 지켜보았다. 그러면서 블랙홀,

항성, 행성 사이의 혼란스러운 중력 상호작용에서 특징적인 결과를 예측하려고 애쓰는 자신의 모습, 아무 의미 없는 배경 잡음에서 희미한 신호를 어떻게든 잡아내려고 애쓰는 자신의 모습을 떠올렸다.

2006년 6월 말의 어느 날 밤, 늦게 퇴근해서 집으로 돌아온 래플린은 식탁에 앉아 있다가 자신이 일거리를 집에까지 가져왔음을 깨달았다. 그의 머릿속에서 갖가지 생각들이 들끓고 있었다는 얘기다. 그날 낮에 그는 쌍성계인 알파 켄타우루스의 태양과 흡사한 두 별 알파 켄타우루스 A와 알파 켄타우루스 B에 중력으로 간신히 붙들려 있는 희미한 적색 왜성 프록시마 켄타우루스의 불확실한 궤도에 대해 고민했다. 프록시마가 은하의 밤에 공간을 지나가는 고독한 별에 불과한 건지, 아니면 알파 켄타우루스 쌍성계의 멤버였으나 소외당한 별인지 확실히 알 수 없었다. 중요한 것은 그 세 별이 그때까지 알려진 항성들 중에서 우리 태양계와 가장 가깝다는 점이었다. 래플린이 이 별들의 움직임에 대해 생각하는 동안, 그 별들이 행성을 지니고 있는지에 대한 의문이 생각의 뒤편에서 간헐적으로 간질간질 존재를 드러냈다. 밤이 되자 간질거리는 느낌은 견딜 수 없는 가려움으로 변했다. 래플린은 쪽지에 휘갈긴 메모와 노트북 컴퓨터에 입력한 계산으로 가려운 곳을 긁었다.

학자들은 행성 탐색의 대상으로 쌍성계는 쓸모가 없다는 생각을 수십 년 동안 유지했다. 쌍성계를 구성하는 두 별 사이의 중력 상호작용으로 인해 아예 행성이 형성되지 못하거나, 아니면 형성된 행성이 쌍성계 밖으로 내동댕이쳐진다고 생각했기 때문이다. 하지만 태양계외행성 붐이 일면서 쌍성계에서 점점 많은 행성들이 발견되어 학자들의 믿

144

음이 틀렸음을 보여주었다. 알파 켄타우루스 A와 B는 지구와 가깝기 때문에 RV 행성 탐색에 쓸 수 있는 광자를 풍부하게 제공해주었다. 어스레한 오렌지색 별인 알파 켄타우루스 B는 우리 태양보다 조금 작으며, 아주 조용하고 안정적인 별이어서 생명이 살 수 있는 행성을 찾아보기에 훌륭한 조건을 갖추고 있었다. 초창기에 탐색에 나선 학자들은 각각의 항성에서 몇 천문단위 안에 거대 가스 행성이 존재할 가능성을 이미 배제해버렸지만, 그보다 작은 행성들은 얼마든지 존재할 수 있었다. 래플린은 그들이 벌써 손만 뻗으면 닿을 곳까지 와 있는지도 모르겠다고 생각했다.

래플린은 자신의 생각에 허점은 없는지 몇 번이나 살펴봤지만, 가설을 깊이 살펴볼수록 스스로 내세운 반론이 모두 사그라들고, 켄타우루스자리를 중심으로 RV 탐색을 해보자는 생각에는 조금도 흔들림이 없었다. 그가 머리를 굴려보면 볼수록, 상황이 뜻밖에도 이상적으로 보였다. 인간의 시간으로 볼 때 대부분의 별들은 하늘에서 꼼짝도 하지 않는 것처럼 보이지만, 태양이 우리 은하의 중심 주위를 2억5천만 년에 걸쳐 공전하고 있다는 사실은 몇십만 년마다 한 번씩 우리 태양계의 이웃이 싹 바뀐다는 것을 의미한다. "만약 누군가가 우리를 은하의 아무 지점에서 툭 떨어뜨린다면, 그 지점이 지구처럼 작은 바위 행성을 감지하기에 최적의 조건을 갖춘 항성 근처일 확률은 겨우 1퍼센트입니다." 래플린은 2008년 말의 인터뷰에서 내게 이렇게 말했다. "운명의 손은 지구의 역사 중 적어도 99.9퍼센트의 기간 동안 존재하지 않았던 아주 흥미로운 상황을 우리에게 내밀었습니다. 인류가 생겨나 이런저런 측정을 할 수 있는 능력을 기르고 있는 바로 이 시기에 알파 켄타우루스가 바로 옆집에 있게 된 것은 정말 굉장한 일입니다. 나는 이 우연에 홀딱 반해버렸어요."

'설사 빈손으로 끝나는 한이 있더라도 조사와 탐색은 가치 있는 일이다.' 래플린은 2006년의 그 여름밤에 식탁에 앉아 이렇게 속으로 되뇌었다. 알파 켄타우루스의 별들 주위에서 행성을 하나라도 발견한다면, 그것은 역사적인 사건이 될 터였다. 알파 켄타우루스의 별들은 우리와 가깝기 때문에 그 뒤로도 우리가 가장 먼저 살펴보는 대상이 될 것이고, 그들의 특징과는 상관없이 많은 연구 자금이 그들을 연구하는 데에 투자될 터였다.

그의 생각이 잠시 안개처럼 흐릿한 가능성의 영역으로 흘러 들어갔다. 생명이 살 수 있는 행성을 지구의 가장 가까운 이웃 별 근처에서 발견하는 것은 진정 혁명적인 일이었다. 어쩌면 이 일이 자극이 되어 우주에서 우리의 위치가 어떤 것인지를 알아보려는 연구에 많은 투자와 발전이 이루어질 가능성도 있었다. 항성 주위의 생명체 가능구역에서 지구형 행성을 직접 눈으로 보지 않는 한, 그 행성들이 금성, 화성, 지구 중 어느 것과 비슷한지, 아니면 아예 예상치도 못한 모습을 하고 있는지 확인할 수 없을 것이다. 은하의 관점에서 볼 때 바로 우리의 코앞이나 다름없는 곳에서 다른 살아 있는 행성을 확인할 가능성에 비하면, 그런 행성을 연구할 우주망원경을 제작하는 비용은 별것 아닌 것처럼 보일 것이다. 새로운 망원경으로 살펴본 이웃 행성들이 대단히 유망해 보이는 행복한 우연이 일어난다면, 많은 과학자들, 탐험가들, 몽상가들이 불나방처럼 모여들 것이다. 천문학이 지금보다 낭만적이었던 과거에 우리 태양계의 행성들이 그런 사람들을 유혹했던 것처

146

럼 말이다. 알파 켄타우루스가 이웃인 우리를 소리쳐 부르면, 틀림없이 누군가가 대답하려고 애쓸 것이다. 우리가 파견하는 첫 번째 사절은 물론 로봇일 것이다. 어쩌면 코카콜라 캔만 한 크기의 로봇이 광속의 10퍼센트 속도로 이웃을 향해 여행할 수 있을지도 모른다. 그렇게 해서 발사된 지 거의 반세기 만에 그 로봇이 온갖 어려움을 헤치고 지구로 고해상도 사진들을 보내준다면, 그리고 그곳에 바다, 구름, 대륙이 가득한 온화한 행성의 모습이 담겨 있다면…….

래플린은 눈을 깜박이며 멋대로 뻗어나가는 생각의 고삐를 잡았다. 그의 생각은 벌써 별들 너머까지 가 있었다. 지나친 가정은 위험했다. 그는 노트북컴퓨터를 닫고, 식탁에서 일어나 잠자리에 들었다.

그로부터 몇 달 동안 래플린은 대학원생인 하비에라 게지스와 함께 알파 켄타우루스 행성들에 대한 수학적 시뮬레이션을 여러 번 시행했다. 두 사람은 먼저 달과 비슷한 크기의 행성 '배아'로 작업을 시작해서, 그 배아들이 중력의 힘으로 서로 뭉쳐 각 항성의 생명체 가능구역 내 안정적인 궤도에서 작은 바위 행성으로 변해가는 모습을 지켜보았다. 래플린은 시뮬레이션을 마친 뒤 마시와 버틀러의 예전 동료인 데브라 피셔에게 접근해 연구를 제안했다. 피셔는 래플린, 버틀러, 그리고 자신의 제자 등 많은 동료들의 도움과 미국과학재단NSF의 자금 지원으로 2009년에 칠레의 케로 톨롤로 인터-아메리칸천문대에서 1.5미터짜리 작은 망원경으로 알파 켄타우루스를 집중적으로 관찰하기 시작했다. 거기에서 북쪽으로 60킬로미터 떨어진 케로 파라날에서는 스위스 팀이 2003년부터 알파 켄타우루스 B를 관찰하고 있었지만, 피셔의 연구가 시작된 직후 관측에 급격히 박차를 가했다. 그들은 피셔의 연구 팀처럼 별들에 집중적으로 초점을 맞출 수 없었다. HARPS가 워낙 귀한 기계라서 단 하나의 항성계에만 시간을 할애할 수 없었기 때문이다. 2011년에 또 다른 팀이 연구에 공식적으로 뛰어들었다. 그들은 뉴질랜드의 마운트존대학 천문대에서 1미터짜리 망원경을 이용한 집중적인 연구를 시작했다.

RV 데이터 분석은 예상보다 힘들었다. 두 별의 궤도를 정확히 분리하기가 어렵다는 것도 이유 중 하나였다. 알파 켄타우루스 A와 B는 약 80년의 공전주기로 서로의 주위를 돌고 있으며, 두 별 사이의 평균 거리는 우리 태양과 천왕성 사이의 거리보다 조금 더 멀다. 궤도는 확실히 '이심원'(둥근 원 모양이 아님)이었지만, 초당 센티미터 단위까지 자세한 모습이 알려지지 않았기 때문에 각 항성의 생명체 가능구역에 있는 작은 행성들의 RV 신호를 보기가 더욱더 힘들었다. 파리천문대의 필립 테보가 동료들과 함께 실시한 또 다른 수학적 시뮬레이션에 따르면, 이 이심원 궤도의 문제는 그것만이 아니었다. 시뮬레이션을 돌릴 때마다, 달과 비슷한 크기의 행성 배아들이 서로 뭉치기 훨씬 전에 궤도의 모양 때문에 생겨난 중력 섭동이 구조물의 형성 자체를 방해했던 것이다. 테보의 시뮬레이션에 따르면, 알파 켄타우루스 항성들의 주위에는 모래알이나 자갈보다 큰 물체가 생겨날 수 없었다.

래플린은 이 시뮬레이션에서 잠재적인 실수를 딱 하나밖에 찾아내지 못했다. 테보는 항성들이 처음 태어날 때부터 서로 지금과 같은 거리를 유지했으며, 오래전 우리 태양계의 행성들이 형성될 때 원시행성들이 모여 이루어진 원반과 대략 비슷한 크기의 원반을 거느리고 있었을 것이라고 가정했다. 하지만 래플린은 알파 켄타우루스의 별들이

50억년 동안의 고독

이 가정과는 아주 다른 모습으로 태어났을 것이라고 믿었다. 별들 사이의 거리가 지금보다 더 멀고, 원반도 더 작고 뭉툭했다는 것이다. 이 둘 중 하나만으로도 테보가 도출해낸 이심원의 행성 형성 방해를 무산시킬 수 있었다. 래플린은 적색 왜성 프록시마의 존재가 증거가 될 수 있을 것이라고 보았다. "알파 켄타우루스가 오늘날의 오리온성운처럼 아주 밀도 높은 성단에서 형성되었다면, 프록시마는 지나가는 항성 때문에 지금의 궤도에서 밀려났을 겁니다." 그가 내게 설명했다. "물론 한참 나중에 프록시마가 중력에 붙들렸을 가능성도 있지만, 나는 프록시마의 존재는 알파 켄타우루스가 별들 사이의 거리가 먼 환경에서 형성되었음을 의미한다는 쪽에 걸겠습니다……. (테보가 가정한) 조건들을 기반으로 삼는다면, 행성은 생겨나지 않습니다. 그러니 나는 알파 켄타우루스의 초기 모습이 그의 가정과 상당히 달랐을 것이라고 믿습니다."

2012년 10월에 마침내 뭔가가 발견되었다. 스위스 팀이 HARPS의 측정 결과 중 450개 이상을 통합해서 알파 켄타우루스 B 주위를 도는 지구 질량의 행성으로 보이는 것을 찾아낸 것이다. 이 행성은 환경이 열악한 3일짜리 궤도를 돌고 있었다. 항성에 너무 가깝기 때문에 이 행성의 표면은 섭씨 650도가 넘는 온도로 달궈져 있겠지만 모두들 앞으로 더 위대한 발견, 즉 생명체 친화적인 우주의 모습을 약속하는 쾌거라고 반가워했다. 어찌 된 영문인지 별로 좋지 않은 환경에서도 작은 바위 행성들이 어떻게든 만들어져서 계속 존재하고 있었다. 알파 켄타우루스 Bb라고 명명된 새 행성은 워낙 가볍기 때문에 항성에 초당 50센티미터 가량의 요동만을 일으킬 뿐이다. 기어 다니는 아기의

평균속도보다 조금 빠른 정도에 불과하다. 스위스 팀은 만약 HARPS
가 이렇게 희미한 신호까지 잡아낼 수 있다면, 알파 켄타우루스 B의
생명체 가능구역에서 아직 발견되지 않은 바위 행성을 더 찾아낼 수
있을 것이라고 말했다. 그곳에 더 많은 행성이 있음은 거의 확실했다.
케플러 프로젝트로 수집한 통계자료들은 항성과 가까운 작은 행성이
하나 발견되면, 그보다 먼 곳에 아직 발견되지 않은 행성이 여러 개 더
있을 것임을 시사했다. 천문학자들은 알파 켄타우루스의 세 별이 모
두 행성을 거느리고 있을 가능성이 높고, 조용하고 평온한 B가 추가
로 행성을 발견할 첫 번째 후보지가 될 것이라고 수군거리기 시작했
다. 새로운 행성이 발견되는 것은 이제 단지 시간문제일 뿐이었다.

　나는 알파 켄타우루스의 첫 번째 행성이 발견되기 몇 년 전에 래플
린에게 알파 켄타우루스의 환경에 대해 상상해본 적이 있느냐고 이메
일로 질문을 보냈다. "알파 켄타우루스 항성 주위에 생명이 살 수 있
는 행성이 있다면 어떤 모습일지 그려본 적이 있습니까?" 그는 레이 브
래드베리가 쓴 《화성 연대기》 중 한 문단을 답변으로 보내왔다.

　화성의 옛 이름들은 물, 공기, 산들의 이름이었다. 돌 운하를 따라 남쪽으
　로 빠져나가 텅 빈 바다를 채운 눈雪의 이름이었다. 봉인되고 파묻힌 마
　법사, 탑, 오벨리스크의 이름이었다. 로켓이 그 이름들을 망치처럼 후려
　쳐 대리석을 얇게 쪼개고, 옛 도시의 이름이 적힌 질그릇 이정표들을 부
　쉈다. 그 폐허 속에 새로운 이름들이 적힌 커다란 탑들이 꽂혔다. 철의 마
　을, 강철 마을, 알루미늄 시市, 전기 마을, 옥수수 마을, 곡식 빌라, 디트로
　이트II, 모두 지구에서 온 기계와 금속의 이름이었다.

래플린은 더 이상 자세한 설명을 하지 않았지만, 이 인용문을 보면 우리가 외계 행성의 신비들을 우리에게 익숙한 것들로 걸러서 거기서 발견된 모든 것을 우리의 이미지와 지구의 조건에 맞게 다시 다듬는 일을 피할 수 없다고 생각하는 듯했다.

몇 달 뒤 나는 호기심에 SETI에 대한 래플린의 의견을 물었다. "그 프로젝트가 성공할 수 있을까요?" 그는 서늘하게 웃더니 자신의 생각을 큰 소리로 말하기 시작했다. "헤, 아마도. 아…… 글쎄요. 결국은 그렇게 되지 않을까요? 비록 대부분의 사람들이 생각하는 것처럼 되진 않겠지만요. 전파 신호를 잡아낸다면 굉장한 일이죠. 바로 본격적인 일을 시작할 수 있으니까요. 멋진 꿈이에요. 우리 은하의 일부 지역에는 그 방법이 효과가 있겠죠. 커다란 우주망원경이 아주 가까운 항성의 생명체 가능구역에 있는 행성에서 생명의 흔적을 찾아볼 수는 있지만, 지능이 있는 생명체의 흔적을 구분해내는 건 힘들 겁니다. 만약 SETI가 뭔가를 감지하는 날이 온다면, 그 신호는 십중팔구 다른 은하에서 온 것일 거예요."

래플린은 저 멀리 우주 어딘가에, 어쩌면 우리가 현재 관찰할 수 있는 구역 너머, 또는 아예 다른 우주에 초기 환경이 훨씬 더 좋았다는 점을 빼면 우리 문명과 아주 비슷한 문명을 지닌 은하들이 있을 것이라고 말했다. 어쩌면 그 문명들도 우리처럼 아주 가까운 달이 하늘에 유혹적으로 떠 있는 지구 같은 행성에서 생겨났을지 모른다. 그들의 항성이 지구처럼 생명이 살 수 있는 행성을 하나가 아니라 두 개, 심지어 세 개까지 거느리고 있을지 모른다. 가장 가까운 이웃 별에도 생명이 살 수 있는 행성들이 있을지 모른다. 원래는 쌍성계나 삼성계가 출발점이었는지도 모른다. 그 별들은 생명이 살 수 있는 행성들을 여러 개 거느리는 축복을 받았을 것이다. 래플린은 우리와 비슷한 문명이 운이 좋아서 우리 태양계에서 번쩍 나타났다 사라진 '20세기 중반 스타일의 우주 시대 팽창론' 같은 것을 실행에 옮긴다면 은하 전체로 퍼져나가 전역을 손에 넣고 좌지우지할 가능성도 있다고 말했다. 이런 은하 제국의 증거들이 현재의 우주망원경들이 장기 노출로 찍어 보내오는 전형적인 '먼 우주' 사진들 속 이름 없는 은하 수천 개 중 어느 곳에 숨어 있을지도 모른다.

나는 그 증거가 어떤 모습일지 궁금했다. 래플린은 다시 웃음을 터뜨리며 그건 자신도 예측할 수 없다고 말했다.

1963년 7월 13일, 샌디에이고의 카브리요 고속도로 바로 옆에 있는 작은 콘크리트 지하실에 타임캡슐이 봉인되었다. 이 지하실 위에는 제너럴 다이내믹스 애스트로노틱스General Dynamics Astronautics가 미국 정부의 의뢰로 아틀라스 로켓을 제작한 공장의 서쪽 진입로가 있었다. 하지만 제너럴 다이내믹스가 1990년대에 매각되면서 아틀라스를 제작한 기반 시설이 대부분 해체되었다. 더 쉽게 돈을 벌 수 있는 산업 단지와 사무용 건물을 지을 용지 확보를 위해서였다. 봉인된 지 100년 후에 개봉될 예정이던 타임캡슐은 발보아 공원 내의 샌디에이고 항공우주박물관 창고로 옮겨졌다. 지금 그 캡슐을 열어 본다면, 〈2063 A.D.〉라는 제목이 붙은 얄팍하고 오래된 책 한 권을 볼 수 있을 것이다. 제너럴 다이내믹스 창사 5주년을 기념하기 위해 만들어진 이 책에는 장군, 정치가, 과학자, 우주비행사 등 전문가들이 100년 뒤 인류의 우주 정복 가능성에 대해 내놓은 희망찬 예언들이 들어 있다. 당시 제 너럴 다이내믹스의 누군가가 이 책을 몇백 부 더 찍자는 생각을 한 덕 분에 지금 우리도 그 책의 내용에 대해 알 수 있게 되었다.

머큐리 계획으로 지구궤도에 처음으로 올라간 미국인인 우주비행 사 존 글렌은 1세기 안에 우리가 원자력발전소들을 연결해서 '반중력 장치'를 만들어내 물리법칙을 근본적으로 고쳐 쓰고, 지상과 우주의 삶과 교통수단을 혁명적으로 바꿔놓을 것이라고 예언했다. 머큐리 계 획의 또 다른 우주비행사인 스콧 카펜터는 반중력 '계획'이 달, 화성의 위성인 포보스, 화성 등을 식민화하는 데 도움이 될 것이라는 희망을 피력했다. 저명한 천문학자 프레드 휘플은 지구 인구가 1천억 명에서 안정될 것이며, 화성 전체를 대상으로 한 공학 프로젝트로 붉은 행성 의 기후가 바뀌어 70만 명이 그곳에서 자급자족할 수 있을 것이라는 의견을 내놓았다. NASA의 유인우주비행국 국장인 다이어 브레이너드 홈스는 2063년에 승무원을 태운 우주선들이 '광속에 근접한 속도'에 도달할 것이며, 인류는 근처 항성에 인간을 보내는 문제를 놓고 논쟁 을 벌일 것이라고 예측했다.

스물아홉 명의 응답자 중 대다수는 자원 부족에서 자유로워지고 민주적인 세계정부로 통일된 조화롭고 평화로운 세계를 예언했다. 각 자의 예언은 저마다 그 나름의 낙관주의를 담고 있었다. 수소폭탄 개 발자 중 한 사람인 에드워드 텔러는 탄도미사일이 핵탄두를 쏘아 올 리는 데 사용되는 대신 승객들을 1시간 이내에 세계 어느 곳으로든 수 송하는 용도로 사용되기를 바랐다. 하지만 그는 그것이 "안락한 여행 방법"이 될 것 같지는 않다고 말했다. 린든 B. 존슨 부통령은 위성을 이용해서 지구의 기후를 조절할 수 있게 될지도 모른다는 의견을 내놓았다. 캘리포니아 주의 공화당 소속 하원 의원 제임스 B. 우트는 사람을 순간 이동시키는 기술이 완전히 개발될 것이라고 예언했지만 "조금이라도 즐거운 마음으로 기대하지는" 않는다고 말했다. 역시 캘리포니아 주의 하원 의원이며 민주당 소속인 조지 P. 밀러는 2063년쯤이면 우리가 "지구 이외의 다른 곳에서 살고 있는 인류를 발견했을 것"이라는 흥미로운 의견을 내놓았다.

이 타임캡슐 책 속에 수록된 의견들 중 가장 기묘한 것은 노벨 화학상 수상자인 해롤드 유리의 확실히 비관적인 말이었다. 대부분의 응답이 한 페이지를 넘지 않는 정도인데, 유리의 응답은 대략 책의 3분의 1을 차지했다. 그가 이 책에서 피력한 의견은 2년 전 프랭크 드레이크가 주도한 그린뱅크회의에서 영향을 받은 것 같다.

유리는 우주과학이나 우주 탐험을 거의 언급하지 않았다. 대신 글의 많은 부분을 자신이 평생 동안 목격한 변화들의 사회적 함의를 요약해서 설명하는 데 할애했다. 20세기가 시작될 무렵, 그는 어린 소년이었다. 그때는 증기기관, 철도, 전신, 전화가 기술의 최고봉이었다. 이제 노인이 된 그는 자동차, 비행기, 로켓, 디지털컴퓨터, 컬러텔레비전, 원자탄이 바글거리는 세상에서 살고 있었다. 그는 기술 발전으로 인해 자신의 자녀들은 자신이 어릴 때 경험했던 목가적인 즐거움, 예를 들어 "하늘에는 별이 총총하고 주위에는 하얀 눈이 쌓여 있는 맑은 날 밤에…… 버팔로 가죽으로 만든 로브로 따뜻하고 아늑하게 몸을 감싸고 짝을 맞춘 흑인들 뒤에서 썰매를" 타는 경험 같은 것을 할 수 없게 되었다고 탄식했다.

유리의 평생 동안 세상은 비교적 끊임없는 기술 발전과 경제 발전을 경험했다. 지속적인 성장, 아니 끝없는 성장에 대한 기대가 지구를 변화시키는 지속적인 연구와 발전에 자본을 투자하게 해주는 지지대였다. 하지만 그는 기하급수적인 성장이 웅대한 신개척지를 열어준다기보다, 전에는 알지 못했던 한계를 드러내 보여준다고 썼다. 유리는 멀지 않은 미래에 모든 것이 산산이 부서지고, 현대 세계의 중심지들이 더 이상 버티지 못하며, 성장이 정체되는 시기가 올 것이라고 예상했다. 하지만 그가 내세운 원인은 문명의 외견 속에 이미 존재하는 균열들뿐이었다. 그는 세계정부를 세우려는 계획이 바람직하지 못하다고 믿었다. 정부들은 인플레이션과 세입을 웃도는 "엄청난 국가 부채" 때문에 점점 쓸데없이 덩치만 커져서 귀찮은 존재가 되는 경향이 있기 때문이다. "정치가들의 기묘한 심리"와 "과학을 응용해서 개발된 전쟁 기계들"이 짝을 이루어 파멸을 야기하는 적자를 만들어낼 것이고, 많은 노인들에게 보건 서비스와 사회보장 서비스를 제공해야 한다는 사실이 상황을 더욱 악화시킬 것이다. 그렇다고 민간 대기업들의 변덕에 사회를 통째로 맡기는 것 역시 대안이 되지 못했다. 기업들은 공익과 공동선보다는 단기적인 이윤 추구를 도모할 수밖에 없기 때문이다. 성장을 계속 유지하려면 정부의 규제와 개인기업 사이에 불편하고 불확실한 균형이 어느 정도 이루어져야 한다. 그렇다 해도 성장을 영원히 유지할 수는 없다.

유리는 대부분의 평범한 사람들이 현재에 갇혀서 조부모 이전의 과거를 생각하지 못하고 손주들 이후의 미래를 계획하지 못한다는 사실을 한탄했다. 하지만 이보다 더 심각한 것은, 대중이 일상생활의 안락

함과 편리함에 직접적으로 기여하지 않는 과학 연구와 기술 개발에 점점 적대적으로 변해간다는 점이었다. 선진국들은 시급한 세계적인 문제보다 소비주의적인 욕구를 만족시킬 하찮은 기술 제품을 만드는 데 그 어느 때보다 많은 노력을 기울이고 있었다. 유리는 미국의 화석연료 소비량이 1900년부터 1955년 사이에 여덟 배나 늘었는데, 그 대부분이 전력 발전 때문이었음을 지적했다. 또한 1963년까지 "전력 사용량도 거의 무시할 만한 수준이던 1900년에 비해 1인당 약 500와트로 증가했다." 경제 발전의 바탕이 되는 에너지 사용량이 언제까지 계속 늘어날 수 있을까? 유리의 글에 실질적인 미래 예측은 몇 개 되지 않는데, 그중 하나에서 그는 전력을 마음껏 사용하며 사치를 부리는 생활을 영원히 지속할 수는 없다는 것을 부드럽게 암시했다. 2063년이 되기 훨씬 전에 "유용한 기계들을 연구하는 것 외에 다른 방식으로 인간의 에너지를 소비하는 법"을 찾아야 하는, 어쩌면 불유쾌할 수도 있는 상황과 맞닥뜨릴 가능성이 있다는 것이다.

에너지 부족으로 경제성장이 제한되는 경우는, 상황을 단순화해주는 몇 가지 가정만 주어진다면 놀라울 정도로 쉽게 계산할 수 있다. 미국을 예로 들어보자. 연방 정부의 에너지정보국이 보유한 데이터는 미국의 총 에너지 사용량 증가 폭이 17세기 중반부터 매년 3퍼센트에 조금 못 미치는 수준임을 보여준다. 캘리포니아대학교 샌디에이고캠퍼스의 물리학 교수인 톰 머피는 에너지 사용량이 이렇게 지속적으로 증가하는 경우 미래에 어떤 일들이 벌어지는지 알아보기 위해, 이 수치를 연간 2.3퍼센트로 낮춰서 전 세계에 적용시키면 어떤 결과가 나오는지를 계산했다. 그러자 1세기마다 에너지 사용량이 10배로 증가한다는 결과가 나왔다. 2012년경 에너지 사용량 12테라와트를 출발점으로 삼았을 때, 2112년의 사용량은 120테라와트, 2212년의 사용량은 1,200테라와트가 되는 것이다. 2287년이 되면 전 세계의 에너지 사용량은 7,000테라와트가 될 것이다. 이론적으로는 지구 상의 모든 육지에 태양광 발전기를 설치하고 20퍼센트 효율로 운영할 때 얻을 수 있는 양이다. 태양광 발전기의 효율을 기적적인 수준인 100퍼센트까지 끌어올리고 육지뿐만 아니라 바다까지 전부 태양광 발전기로 뒤덮는다면 그 뒤로 125년 동안 연간 2.3퍼센트의 에너지 사용량 증가 폭을 유지할 수 있을 것이다. 우리 문명이 서기 2412년까지 꾸준히 성장할 수 있다는 뜻이다. 하지만 그 뒤로는 우리의 에너지 사용량이 지구에 도달하는 태양광의 총량을 초월해버릴 것이다. 또 다른 에너지원인 핵융합 발전을 이용한다면 연간 2.3퍼센트의 증가 폭을 그 뒤로도 몇 세기쯤 더 유지할 수 있다. 적어도 엄청난 양의 전기가 만들어지면서 발생하는 열로 인해 바다가 증발해버리고 지표면이 녹아서 이글거리게 되기 전까지는 유지할 수 있다. 우리가 지구에 묶여 있는 한, 물의 끓는점과 바위 및 금속의 녹는점은 에너지 사용량 증가를 제한하는 극복할 수 없는 요인이다.

물리학자 프리먼 다이슨은 1960년에 학술지 〈사이언스〉에 기고한 글에서 만약 우리가 언젠가 우주에서 생활할 수 있게 된다면 태양 주위에 태양광 수집기를 구름처럼 설치해 태양광을 사실상 전부 사용할 수 있게 될 것이라고 가정했다. 다이슨은 그런 수집기를 건설하는 데 필요한 엄청난 양의 원자재를 어디서 구할 것인가와 같은 기술적인 세부 사항들은 비교적 사소한 문제로 보고 크게 고민하지 않았다. 그저 태양의 에너지가 모두 필요해지는 시대가 되면 우리가 행성 한두 개쯤은 간단히 해체하고도 남는 기술을 지니고 있을 것이라고 말했을 뿐이다. 몇 광년 떨어진 곳에서 누군가가 우리의 모습을 관찰한다면, 태양에서 방출되는 빛이 희미해지고, 대신 수집기에서 배출되는 열기가 적외선 영역에서 빛나는 것이 보일 것이다. 다이슨은 만약 지구에서 먼 어느 항성이 희미해져서 빛이 모두 적외선 영역으로 옮겨 가는 모습이 관찰된다면, 그것은 에너지에 굶주린 은하 문명이 존재한다는 증거일 가능성이 높다고 썼다. 그런 '다이슨 스피어'가 완벽한 효율을 발휘한다면, 약 4천억 페타와트petawatt의 동력을 확보할 수 있을 것이다. 이것이 태양에서 배출되는 총 에너지 양이다. 하지만 머피는 연간 에너지 사용량 증가 폭 2.3퍼센트가 계속 유지된다는 가정을 바탕으로, 그만한 에너지 양으로도 채 1천 년도 못 돼서 점점 늘어나는 인류의 에너지 수요를 충당할 수 없게 될 것이라는 계산 결과를 내놓았다. 물론 우리 은하에는 수천억 개의 별들이 있다. 인류가 우리 은하에 존재하는 태양형 항성들을 하나도 빠짐없이 100퍼센트 효율의 '다이슨 스피어'로 순식간에 감싸는 기술을 갖게 된다 해도, 2.3퍼센트라는 증가 폭이 계속 유지되는 한 우리는 또 1천 년이 지나기 전에 한계에 이르고 말 것이다.

머피는 이렇게 썼다. "따라서 지금으로부터 약 2,500년 뒤에 우리는 커다란 은하계 수준의 에너지를 사용하게 될 것이다. 2,500년 전에 인류가 무엇을 하고 있었는지 우리는 어느 정도 자세히 알고 있다. 그리고 앞으로 2,500년 뒤에 우리가 하지 '않을' 일이 무엇인지 확실하게 말할 수 있을 것 같다." 우리 것과 같은 기술 문명이 우주에 흔하게 존재한다면, 우리가 별빛을 흡수하는 다이슨 스피어 때문에 점점 흐릿해지는 별이나 은하를 아직 보지 못했다는 사실은 기하급수적인 성장이 이어지는 지금 우리의 시대가 과거뿐만 아니라 미래와 비교할 때도 이상 현상일 수 있음을 의미하는 듯하다.

제너럴 다이내믹스의 타임캡슐이 땅에 묻히기 한참 전, 정확히 말하자면 쥐라기가 시작될 무렵, 샌디에이고는 바다 밑바닥의 평범한 해양 석회암이었다. 오늘날의 캘리포니아 지역이 대체로 그런 상태였다. 지금으로부터 2억 년 전이 조금 못 되는 과거 어느 시점에 지각 판들이 충돌하면서 저 깊은 곳의 마그마(녹은 화강암으로 이루어진 도시만 한 크기의 끈적거리는 거품들)가 맨틀에서 지금의 캘리포니아인 고대 바다의 지각으로 솟아올랐다. 마그마에는 구리, 납, 은, 금 등 여러 금속이 풍부하게 들어 있었다. 마그마는 물에 잠긴 바위들을 아래에서 가열해 석회암을 대리석으로 구워냈다. 위에서 스며 들어온 물이 마그마와 섞이자, 일부 금속이 급속히 빠져나와 틈새로 들어가서 광맥이 되었다. 수백만 년 동안 지각 판들의 충돌이 이어지면서 과거에 해저였던 곳이 점차 위로 밀려 올라가 마른 땅이 되었다. 거대한 지각 덩어리들이 뒤집혀서 단층과는 반대의 순서로 불도저처럼 땅을 가로질렀다. 캘리포니아의 산꼭대기에 가면 지하 깊은 곳에서 올라온 화강암을 볼 수 있을지 모른다. 능선은 광맥이 스며든 대리석이나 석회암의 중간층으로 이루어졌을 수도 있다. 산기슭에는 나이가 좀 더 젊은 갖가지 바위들이 뒤집어진 고대 바다에서 올라와 덜 굳어진 이암과 뒤섞여 있을 것이다. 산에 비가 내려서 능선이 부식되자 광맥이 드러났고, 귀한 금속 조각들이 강으로 떠내려갔다.

1848년 1월 24일, 제임스 마샬이라는 목수가 샌프란시스코 해안의 작은 정착지로 부목浮木을 운반하기 위해 아메리칸 강가에 제재소를 짓던 중 강물에 떠내려온 금 몇 조각을 발견했다. 그것이 캘리포니아 골드러시의 시초였다. 곧 전 세계에서 약 30만 명의 사람들이 행운을 찾아 이 지역으로 몰려오는 바람에 지역 인구가 기하급수적으로 늘어나고, 무주공산이던 땅이 미국의 공식 영토가 되었다. 북부 캘리포니아에서는 신흥도시들이 거품처럼 생겨났다가 터져버리곤 했다. 샌프란시스코는 번잡한 도시가 되었다. 미국삼나무 숲은 베어져 화덕의 연료가 되고, 화덕이 석회암 덩어리를 석회로 만들면, 석회는 시멘트에 섞여 들어가 대리석으로 전면을 장식한 건물을 짓는 데 쓰였다. 대륙을 가로지르는 철도가 건설되고 있던 1863년경에는 이미 미국 서부의 대개척 시대가 시작된 뒤였다. 이 모든 것이 쥐라기에 바다 밑에 있던 마그마가 솟아오르면서 우연히 가져다준 금 때문이었다.

골드러시 이후에도 대륙 횡단철도 덕분에 새로운 정착지를 찾아 캘리포니아로 몰려오는 사람들의 물결은 줄어들지 않았다. 그들은 호황을 좇아 떼 지어 몰려왔으며, 매일 태평양으로 지는 해는 아메리칸 드림이 진정으로 실현된 것 같은 풍경을 비췄다. 거의 모든 사람이 캘리포니아의 탁 트인 땅에서 행운을 잡을 수 있을 것 같았다. 농부들은 기온이 온화하고 땅이 비옥한 센트럴 계곡으로 몰려왔다. 석유업자들은 캘리포니아 남부의 지층 속에 묻혀 있던 가볍고 달콤한 원유를 찾아냈다. 영화제작자들은 동부에서 토머스 에디슨이 내세운 특허법 변호사들을 피해 할리우드에서 피난처를 찾았다. 미국 군대는 태평양 연

50억년 동안의 고독

안에 기지, 비행장, 조선소를 세웠다. 기술자들은 실리콘밸리에서 새로운 첨단 기술 산업들을 탄생시켰다. 이런 일들이 이루어지는 동안 내내 부동산 투기꾼들이 땅을 사서 쪼개 파는 방식으로 부자가 되었다. 자본이 계속 쏟아져 들어오면서 주택 가격이 상승하고 기반 시설의 필요성이 증가했으며, 재산세도 덩달아 올랐다. 기반을 탄탄하게 잡은 캘리포니아의 부자들이 1970년대에 반발하고 나서기 전까지는 그랬다. 부자들은 재산세를 인위적으로 낮게 유지하기 위해 투표권을 행사했으며, 캘리포니아의 정치 문화는 기능 장애를 일으켜 매번 주 정부의 수입원은 없애면서 특정 부문에 대한 지출을 요구하는 유권자들의 요구에 휘둘렸다. 새로운 천 년이 시작된 뒤 캘리포니아 주는 거의 항상 예산 위기에 시달렸다. 2007년에 부동산 거품이 터지면서 2008년의 대불황이 시작되자 캘리포니아 주 정부의 금고는 재앙에 가까울 정도로 비어버렸다. 빈민과 장애인, 주립대학과 법원, 시 정부의 응급 서비스 등에 대한 공공 지원이 삭감되었다. 2009년에는 한때 주 정부가 채무를 갚지 못하고 약식 차용증서만 발행하기도 했다.

나는 래플린을 만나러 찾아간 캘리포니아대학교 산타크루스캠퍼스에서 캘리포니아의 옛 상처와 새로운 상처를 한꺼번에 보았다. 캠퍼스는 19세기에 석회암 채석장으로 쓰이다 버려진 땅과 가축을 키우던 목초지에 세워졌으며, 주위에는 한때 커다란 숲을 이루고 있던 미국삼나무들이 듬성듬성 남아 그림자를 드리우고 있었다. 래플린의 연구실이 있는 학제 간 연구동의 햇볕 잘 드는 긴 복도에서 나는 학교의 예산 삭감에 항의하는 학생들의 쪽지가 가득한 게시판과 마주쳤다. 게시판 옆에는 원래 액체 헬륨을 넣어두기 위해 만들어진 크고 육중한 듀어병〔단열을 위해 이중벽 사이를 진공으로 만든 병. 액화가스 등을 넣는 데 쓴다-옮긴이〕두 개가 서 있었다.

래플린은 이미 캘리포니아대학교의 조직적인 허리 졸라매기에 항의할 수 있는 처지가 아니었다. 그는 종신 교수였으며, 바로 얼마 전 천문학과의 보직을 받았다. 그의 연구실은 작았고, 장식품이 별로 없었다. 방정식과 손으로 그린 그래프가 가득한 화이트보드가 한쪽 벽을 대부분 차지했다. 파일 캐비닛 위에는 지형을 살린 화성의儀가 있고, 그 주위에는 래플린이 근처 개울에서 건져 온, 반짝이는 황철광이 가득한 화강암 조각들이 있었다. 화성의의 고지와 산은 진홍색으로 칠해진 반면, 분지와 저지대는 파란색이었다. 수십억 년 전 십중팔구 그 자리에 있었을 바다 색. "이틀이 똑같이 흘러가지는 않지만, 매일은 정확히 똑같습니다." 래플린이 자신의 연구실을 내게 보여주며 말했다. "거의 변화가 없어요. 내가 연구실에 들어와서 책상에 앉아 일하는 것이 전부죠. 하지만 매일매일이 독특합니다. 연구 프로젝트가 계속 진행되게 하기 위해 차례로 닥쳐오는 응급 상황들을 해결하려고 미친 듯이 움직이죠. 나는 학과를 위해 더 많은 자금을 확보하려고 애쓰고 있습니다. 자금 지원이 필요한 대학원생만 네 명이에요. 또 내 연구를 위한 자금도 확보해야 합니다. 지금은 자금 지원이 마치 그 옛날 화성에 있던 바다 같아요. 가장자리가 말라가고 있다는 점에서요."

래플린은 학과의 젊은 친구들 중 일부가 곧 이 분야를 떠나 그동안 쌓은 분석 능력과 수학 실력을 실리콘밸리나 월스트리트의 돈 잘 버는 후원자에게 제공하게 될지도 모른다고 생각하고 있었다. 한편 값비싼 망원경 사용료 때문에 압박에 시달리는 그의 제자들과 동료들

50억년 동안의 고독

중 일부는 케플러망원경의 무료 공개 데이터를 값싼 데스크톱 컴퓨터로 분석하는 데 만족하며 케플러 팀이 첫 분석에서 놓쳤을지도 모르는 귀중한 정보를 찾는 수밖에 없었다.

래플린 자신도 미국과 스위스 팀들이 RV 조사를 통해 언뜻 보았고 케플러망원경이 완전히 드러내 보여준 수수께끼, 즉 공전주기가 100일 이하인 뜨겁고 단조로운 원형 궤도에 해왕성 질량의 행성들이 풍부히 존재하는 현상을 붙들고 씨름 중이었다. 이 현상은 항성에서 가까운 행성들의 기본 구조인 것 같았다. 전통적인 이론에 따르면, 젊은 별들 주위에 원반 형태로 모여 씽씽 도는 물질들로부터 행성이 생겨나기 때문에 거의 모든 행성이 항성의 적도와 일직선을 이루는 단조로운 원형 궤도에 있어야 한다. 작은 바위 행성들은 항성과 가까운 곳에서 형성될 터인데, 온도가 높아서 가스가 대부분 증발해버릴 것이다. 커다란 가스 행성은 그보다 먼 '스노 라인snow line' 너머에서 형성된다. 가스와 얼음이 추위 속에 그대로 남아 있는 곳이다. 1995년에 뜨거운 목성형 행성이 처음 발견된 이후로 학자들은 새로운 이론을 만들어낼 수밖에 없었다. 목성형 행성들은 심하게 길게 늘어난 궤도에서 발견되었다. 궤도의 모양 때문에 이 행성들은 궤도의 한쪽 끝에서는 항성과 아주 먼 곳을 움직이다가 반대편 끝에서는 항성과 거의 스칠 정도로 성큼 다가온다. 이론가들은 이런 행성이 행성 이동planetary migration의 산물이라고 설명할 수밖에 없었다. 항성에서 먼 거대 행성들이 행성의 원료가 되는 물질 원반과 상호작용을 하면서 운동량을 잃어버리고 항성에 가까워지는 일이 일어날 수 있다는 것이다. 문제는 육중한 행성이 형성되던 중간에 이동을 시작하면, 원반 속을 통과하며 많은 물질을 축적해서 목성과 비슷한 크기가 된다는 점이었다. 해왕성처럼 비교적 작은 행성이 되는 것이 아니다. 또한 이동 중인 거대 행성의 중력이 다른 행성들을 뒤흔들어 단조로운 원형이던 그들의 궤도를 황도면에서 기울어진 타원형으로 변화시킬 것으로 예상되었다. 새로 제안된 대부분의 이론에 따르면, 해왕성 질량의 중간형 행성은 결코 항성과 가까운 곳에 존재하지 않으며, 단조로운 원 궤도를 따라 돌지도 않는다. 학자들은 그런 행성이 항성에서 멀리 떨어진 곳에서만 형성될 수 있고, 안쪽으로 이동하면서 몸집을 키우는 중에 최초의 행성 형성 과정의 잔재인 원형 궤도의 모양을 바꿔놓는다고 의견 일치를 보았다.

어떤 이론가들은 확신이 넘쳐서 케플러망원경이 항성과 가까운 해왕성 크기의 행성이 없는 '행성 사막'을 발견할 것이라고 예측하기도 했다. 하지만 쏟아져 들어오기 시작한 케플러 데이터에는 여러 행성을 거느린 항성계 수백 개에 관한 정보가 가득했다. 뜨거운 해왕성형 행성들로 이루어진 이 항성계들 중 일부는 LP나 CD보다 더 매끈한 원형 궤도를 지니고 있었다. 학자들이 예언했던 행성 사막은 불가해한 세계의 강우림이 되었다. 이론가들은 행성을 그토록 조용히 현재 위치로 옮겨놓을 수 있는 이동 메커니즘을 찾아내지 못했다. 하지만 행성들은 아무도 손대지 않은 채 바닥부터 천장까지 쌓여 있는 도자기 더미들 사이에서 흙바닥을 앞발로 차대는 성난 황소처럼 분명히 존재했다. 그런 행성을 하나만 발견했다면 요행일 수 있지만, 수백 개나 된다면 항성계의 형성과 발전에 대한 기존의 이론에 뭔가 근본적인 것이 빠져 있다는 뜻이었다.

케플러망원경이 밝혀낸 이런 사실 앞에서 래플린은 태양계외행성

50억년 동안의 고독

게임에 뛰어든 거의 모든 사람들과 마찬가지로 당황했다. 그는 나와 함께 연구실을 나와 캠퍼스 여기저기에 흩어져 있는 삼나무들과 옛 석회암 채석장 사이를 걸으며 그런 얘기를 했다. 그는 케플러망원경의 데이터가 완성되면 이론가들이 앞으로 20년 동안 바삐 매달려야 할 것이라고 말했다.

"그 행성들이 어떻게 형성되었는지 나는 아직도 모르겠어요." 그가 개울이 흐르던 축축한 땅을 한가로이 걸으며 말했다. "다른 사람들도 모릅니다. 뭔가가 잘못됐음이 분명합니다. 행성 형성 과정에 관한 우리의 패러다임은 서로 분명히 구분되는 두 가지 것을 하나로 짜넣기 위해 만들어졌어요. 여기서 두 가지 것이란 우리 태양계와 아주 쉽게 연구할 수 있는 뜨거운 목성형 행성을 말합니다. 뜨거운 목성형 행성을 거느린 항성은 아마 전체의 1퍼센트 내외에 불과하다는 사실이 이젠 알려져 있습니다. 우리 태양계와 비슷한 구조의 행성들을 지닌 항성은 전체의 10퍼센트 내외인 것 같아요. 따라서 우리는 그동안 행성 형성 과정의 변방에 속하며 서로 연결되어 있지도 않은 이 두 가지 결과를 가지고 통일된 이론을 만들려고 했던 것 같습니다. 그것이 옳은 방법이 아닐 가능성이 높다는 사실은 과학자가 아니라도 알 수 있을 겁니다."

우리는 축축한 땅을 벗어나 미국삼나무들이 서 있는 완만한 비탈을 오르기 시작했다. 래플린은 행성을 둘러싼 새로운 혼란을 보데의 법칙에 비유했다. 독일 철학자 요한 보데의 이름을 딴 이 법칙은 1772년에 보데 자신에 의해 널리 알려졌다. 이 법칙에 따르면, 행성 궤도들 사이의 간격이 특정한 패턴을 따른다고 한다. 수성, 금성, 지구, 화성,

목성, 토성의 궤도에 대한 관찰 결과는 이 법칙을 깔끔하게 설명해주었다. 1781년에 발견된 천왕성도 이 패턴을 따랐다. 하지만 세월이 흐르면서 보데의 법칙은 사이비 과학이라는 불명예를 뒤집어쓰게 되었다. 새로 발견된 해왕성, 명왕성, 소행성대※ 등이 패턴과 일치하지 않았기 때문이다. 보데의 법칙이 처음에 거둔 성공은, 행성들의 궤도가 훨씬 더 일반적인 위계적 공간 배치를 따른다는 사실에서 말미암은 우연에 불과했다.

"가스 행성들이 항성에서 먼 곳에서만 형성된다는 '스노 라인' 가설이 등장한 것은 그것이 우리 태양계에서 나타나는 현상이기 때문입니다." 래플린이 말을 이었다. "하지만 지금은 다른 항성들 주위에서 그 반대의 경우를 워낙 자주 볼 수 있기 때문에, 이제는 스노 라인이 타당한 개념인지 잘 모르겠습니다. 그것 역시 현대판 보데의 법칙인지도 모르죠. 하지만 사람들이 스노 라인에 대한 이야기를 딱 멈추는 일은 일어나지 않을 겁니다……. 여러 행성을 거느린 새로운 항성계들, 행성 궤도들 사이의 간격, 항성과 대비되는 행성의 질량 등을 살펴보면, 목성의 대형 위성들과 정확히 똑같은 패턴을 따릅니다. 그런데 그 위성들은 십중팔구 지금 있는 바로 그 자리에서 형성되었을 겁니다. 그러니 새로 발견된 행성들 역시 지금 그 자리에서 형성되었음이 밝혀진다 해도 나는 놀라지 않을 겁니다. 우리가 우리 태양계에 초점을 맞추는 바람에 행성 형성 과정에 대한 연구가 아직 많이 부족합니다."

비탈을 올라갈수록 나무가 드물어졌다. 그래서 벌레에 감염되어 듬성듬성해진 폰데로사 소나무들을 뚫고 한낮의 햇빛이 땅에 닿는 면적이 점점 커졌다. 땀이 나기 시작했다. 개울이 있던 축축한 땅에서는 회

166　　　　　50억년 동안의 고독

갈색이던 흙 색깔이 소나무 밑에서는 불그스름한 오렌지색을 띠었다. 흙 속에서 반짝이는 것이 래플린의 시선을 끌었다. 그는 허리를 굽혀 금방 부스러질 것 같은 붉은색 돌멩이를 집어 들고는 "메뚜기처럼 주의가 산만해서" 미안하다고 사과하더니 지질학 쪽으로 휙 건너뛰었다.

"이 일대, 바로 이 돌멩이는 과도기를 겪고 있습니다. 옛날 같으면 이 돌멩이에서 금을 기대했겠지만, 이 돌멩이가 반짝인 것은 황철광 결정 때문입니다. 이 일대에는 마그마 때문에 심하게 변형된 석회암 내리막길도 있습니다. 오르막길에는 석회암을 그렇게 변형시킨 화강암이 있죠. 숲도 여기서 변하는 것 같습니다. 미국삼나무가 석회암 토양을 더 좋아하거든요. 이상한 일입니다. 단순히 바라보면, 화강암이 지금 있는 그 자리에서 형성되었으며, 나이도 좀 어린 것처럼 보일 겁니다. 오르막길을 올라가면서 점점 나이가 어린 지층이 나온다고 생각하겠죠. 지질학자들이 오랫동안 바로 그런 생각을 했습니다. 하지만 사실은 정반대예요. 판구조론은 많은 퍼즐 조각들을 맞춰준 커다란 도약이었습니다. 이 일대의 지각 전체가 기울어지고 부식되었기 때문에, 위로 올라갈수록 지층의 나이도 많아집니다. 오래된 바위가 젊은 바위 위에 있어요. 이 길고 완만한 비탈길을 15킬로미터쯤 더 걷더라도 위로 올라갈수록 점점 깊은 곳에서 형성된 화강암이 나올 겁니다."

나는 그에게 어떻게 이 모든 것을 알아냈느냐고 물었다. 그가 말했다. "지구형 행성을 정말로 이해하고 싶다면 지구에 대한 전문가가 되어야 한다는 것이 내 생각입니다."

래플린은 사무실로 돌아온 뒤 산타크루스의 지질학적 특징에 대한 자신의 지식이 상당 부분 금융시장에 대한 오랜 매혹에서 나왔다고 설명했다. 그러고는 방정식이 가득한 화이트보드를 가리켰다. 그의 고백에 따르면, 그날 화이트보드에 적혀 있던 미분방정식은 천문학과는 직접적으로 관련이 없고 오히려 귀금속의 가격 변동과 관련되어 있었다. 래플린은 몇 달 또는 몇 년 단위로 귀금속의 가격 변동을 예측하고 싶어했다. 이를 위해서는 수요와 공급(새로운 광산 건설 비용, 금속을 추출하고 사용하는 방법)에 대해 알아야 했으므로 광석의 형성과 관련된 지질학을 독학했다. 즉 아주 오래전 캘리포니아의 산들에 금을 가져다준 지질학적 변화를 공부한 것이다.

래플린은 상업적으로 곧바로 응용할 수 있는 기술 분야에서 자신의 재주를 한껏 발휘했다. 그는 천문학이 기술적인 분야이지만, 인류가 하나의 항성과 하나의 행성에만 묶여 있는 한은 반도체 물리학, 석유 매장지 후보, 양적 금융 등과는 상관없는 분야로 남아 있을 것임을 인정했다. 그의 새로운 연구는 기묘한 열매를 맺었다. 예측의 본질과 금전적 가치의 형성에 관한 시장의 모호한 추세에 정신을 빼앗겨 다양한 거래가 세계 금융 시스템을 통해 퍼져나가는 과정을 면밀히 조사하기 시작한 것이다. 일부러 조사하지 않았다면 "대체로 숨은 세상"이 되었을 거래의 패턴들을 '조감도'처럼 살펴보면서 래플린은 또다시 친숙한 흥분을 느꼈다. 가상공간에 전선이 그어지고, 그것이 때로 유동성, 네트워크 반응속도 경쟁, 고주파 정보 전쟁 등 터지기 쉬운 거품을 통해 현실 세계로 쏟아져 나오는 것이 보였다. 그의 눈앞에 새로이 펼쳐진 광경은 근본적인 변화의 문턱에 서 있는 행성의 모습이었다. 그리고 고속 원거리 통신과 컴퓨터 기술뿐만 아니라 생물학과 지질학도 그 세계를 몰아치고 있었다.

현대 금융이 초고속 컴퓨터, 해저 광통신 케이블, 마이크로파 중계 네트워크, 통신위성 등 고도의 기술에 많이 의존하고 있기 때문에, 현대 금융의 신개척지는 새로운 우주 시대를 연상시킨다. 하지만 반세기 전만 해도 우주비행사나 로켓 공학자들조차 이 모습을 알아보지 못했을 것이다. 지구 상에서 가장 똑똑한 과학자들은 이제 강력한 기술을 이용해서 지구 너머 먼 곳까지 인류의 영향력을 퍼뜨리는 데에만 애쓰지 않고, 작고 고립된 우리 지구를 실체가 없는 극미세 상태로 압축해서 네트워크 세계로 승화시키려고 애쓰고 있다. 래플린은 전 세계에서 광속에 가까운 속도로 발생하는 센트 단위 이하의 가격 요동에서 수십억 달러의 이윤을 거둬들이는 검은 기술에 대해 설명하면서 감탄스럽다는 듯이 조용히 고개를 절레절레 저었다. 그는 그런 재주를 부리는 것이 "지구형 태양계외행성을 찾아내기보다 훨씬 더 어렵습니다." 라고 말했다.

1848년 1월 초, 쉰두 살의 뛰어난 목수 제임스 릭이 샌프란시스코라는 작은 마을에 도착했다. 펜실베이니아 태생인 그는 남아메리카에서 고급 피아노를 만들어 파는 사업으로 부자가 되었다. 그리고 이제는 캘리포니아의 새로운 개척지에서 싼 땅을 사서 재산을 더욱 늘리려고 생각하고 있었다. 캘리포니아가 곧 미국에 병합될 것이라고 생각했기 때문이다. 릭은 작업에 필요한 도구들과 더불어 금으로 3만 달러가 든 철갑 상자를 가져왔다. 그러고는 곧 주위의 빈 땅들을 사들이기 시작했다. 릭이 나타난 지 17일 뒤, 제임스 마셜이 서터스밀Sutter's Mill에서 금을 발견하면서 캘리포니아 골드러시가 시작됐고, 릭은 자기도 모르는 사이에 샌프란시스코 사방에 널려 있는 부동산의 매입자들 중 가장 큰손이 되어 있었다. 주민들이 내륙의 산악 지대로 금을 찾아 떠나기 위해 해안가의 집들을 앞다퉈 내놓으면서 그에게 부동산을 팔겠다는 제의가 물밀 듯 밀려들었다. 릭은 싼 가격으로 최대한 땅을 사들인 뒤, 금을 찾아 떼 지어 몰려드는 사람들 때문에 샌프란시스코 인구가 기하급수적으로 늘어날 때 엄청난 이윤을 거둬들였다. 10년도 되지 않아 그는 미국의 새로운 주로 편입된 캘리포니아 최고의 땅부자가 되었으며, 샌프란시스코, 산타클라라, 산호세에 엄청난 땅을 갖게 되었다.

릭은 1874년의 어느 날 저녁 늦게 산타클라라에 있는 자택 부엌에서 뇌중풍 발작을 일으켰다. 당시 그는 캘리포니아 최고의 부자였다. 그는 그 뒤로 줄곧 병석에 누워 몸을 추스르면서 자신이 죽은 뒤 재산을 어떻게 할 것인지 고민했다. 릭이 가장 먼저 생각한 방안은 자신과 부모님의 거대한 조각상을 만들자는 것이었다. 그는 저 멀리 바다에서도 보일 만큼 커다란 조각상을 만들 생각이었다. 하지만 만약 미래에 해군이 해안 지방을 포격하는 일이 벌어질 경우 그 조각상들이 눈에 잘 띈다는 이유로 가장 먼저 과녁이 될 것임을 깨닫고 그 계획을 포기했다. 그러고 나서 한동안은 샌프란시스코에 있는 자신의 광활한 땅에 이집트 피라미드보다도 큰 피라미드를 지을 생각을 했다. 하지만 이번에도 친구인 조지 데이빗슨의 설득 덕분에 생각을 바꿨다. 캘리포니아 과학아카데미 의장이자 천문학자인 데이빗슨은 피라미드 대신 세계에서 가장 강력한 망원경을 만드는 것이 어떻겠느냐고 릭을 설득했다. 릭은 결국 자신을 엄청난 부자로 만들어준 캘리포니아주 전역의 다양한 공공사업에 3백만 달러를 유증하는 신탁증서를 작

50억년 동안의 고독

성했다. 그중 70만 달러가 캘리포니아대학교에서 "지금까지 만들어진 그 어느 망원경보다도 우수하고 강력한 망원경"을 수용할 천문대를 짓는 데 쓰였다.

릭은 1876년에 세상을 떠나기 몇 달 전, 천문대를 지을 장소로 해밀턴 산을 승인하고 나중에 죽으면 자신의 훌륭한 망원경 밑에 묻히고 싶다고 말했다. 천문대 건설은 1880년에 시작되었고, 길이 17미터, 지름 91.44센티미터인 '릭 굴절망원경'이 처음으로 빛을 받아들인 것은 1888년이었다. 이 망원경은 "미시시피 서쪽에서 처음으로 뜨거운 돈을 쏟아부은 프로젝트"라는 아름다운 신고전 양식의 초록색 금속 돔 안에 들어 있었다. 릭의 굴절망원경은 거의 10년 동안 세계에서 가장 강력한 망원경의 자리를 지켰으며, 오늘날에도 지상에서 두 번째로 큰 굴절망원경이다. 이 망원경이 완성된 뒤 릭의 소망에 따라 그의 유해를 무덤에서 꺼내 망원경 관측실 바닥 밑에 묻었다. 고급 피아노의 나무 망치를 닮은 그곳의 곡선 들보들 밑에서 조명등 빛 하나가 어둠을 뚫고 갓 피어난 꽃들과 동판을 비춘다. 동판에는 '제임스 릭의 유해, 이곳에 잠들다.'라고 적혀 있다.

릭 굴절망원경이 완성되기 전에 릭의 위임을 받은 이사들이 돔으로 보호되는 30센티미터짜리 작은 망원경을 먼저 만들어 천문대의 문을 열었다. 1882년 12월 6일에 이 망원경은 금성의 태양 표면 통과를 관찰하는 데 사용되었다. 이때를 위해 특별히 제작된 망원경 한 대도 함께였다. 천문학자 데이비드 펙 토드는 순전히 릭의 장비를 이용해서 금성의 태양 통과를 관찰하기 위해 매사추세츠에서 릭천문대까지 오기도 했다. 그가 도착한 날은 다행히 하늘도 맑았다. 그는 4시간 동안 태양 표면을 지나가는 금성의 모습을 화학적으로 처리한 유리 감광판 147장에 담았다. 21세기 이전까지 이 사진들은 행성의 항성 표면 통과를 사진으로 가장 완벽하게 담은 기록이었다. 금성이 해밀턴 산 위에 다시 그림자를 드리우는 것을 보려면 그때로부터 122년을 기다려야 했다.

내가 약속된 날, 그러니까 2012년 6월 5일에 래플린과 함께 릭천문대에 도착한 날 하늘은 불길한 회색이었다. 해밀턴 산에는 그동안 대형 망원경 10여 개가 더 설치되었는데, 하얀 돔 안에 들어 있는 이 망원경들이 산꼭대기 여기저기에 흩어져 있었다. 마시와 버틀러의 자동행성 발견자Automated Planet Finder, APF도 근처 바위산 꼭대기에서 곧 하늘을 향해 풀려날 예정이었다. 그 뒤에는 3미터짜리 셰인 반사망원경이 들어 있는 거대한 돔이 보였다. 이 산 위에서 가장 큰 이 망원경은 마시와 버틀러가 태양계외행성 붐 초기에 처음 100개에 가까운 행성을 찾아낼 때 사용한 것이었다. 두 사람이 첫 RV 조사를 위해 사용했던 해밀턴 분광계는 여전히 셰인의 지하실에 보관되어 있었지만, 곧 임무에서 해제되어 스미소니언연구소로 옮겨져서 국보로 안전하게 전시될 예정이었다. 대도시 근처의 천문대들이 모두 그렇듯이, 릭천문대의 장비들도 최근 수십 년 동안 전깃불 때문에 문제를 겪었다. 천문학자들은 태평양의 안개가 밀려와 저 아래 실리콘밸리를 덮는 밤만을 기다렸다. 그래야 해안의 불빛들이 사라져, 수억 년 전처럼 어두워진 하늘에서 별들이 다이아몬드같이 빛나기 때문이다. 벌써 오랜 역사를 자랑하는 릭천문대는 안개 위로 솟은 산꼭대기에서 아직도 살아 움직이고 있다. 수명이 어쩌면 몇 년밖에 남지 않았을 수도 있고, 영원히 죽지 않을 수도 있다. 금성이 다시 태양 표면을 지나가는 것은 2117년 12월 11일이다.

래플린과 나는 예전에 릭천문대의 첫 번째 망원경, 즉 30센티미터짜리 망원경이 들어 있던 작은 돔 안으로 들어갔다. 이제 이 돔 안에는 1972년에 제작된 땅딸막한 니켈망원경이 있었다. 녹이 슨 것 같은 색깔을 띤 이 망원경의 1미터짜리 반사경은 과거 릭 굴절망원경의 렌즈보다 더 크고 강력하지만, 2012년의 최고 망원경들에 비하면 한참 뒤떨어지기 때문에 최신 기술이 필요한 관측에는 거의 사용되지 않았다. 하지만 그날 오후에는 이 망원경이 금성의 태양 통과를 문자 그대로 새로운 빛으로 포착하기 위해 준비를 갖추고 있었다. 운동선수 같은 체격의 말쑥한 서른 살 청년으로 캘리포니아대학교 버클리캠퍼스의 박사후 연구원인 슬론 웍토로위츠가 자신의 목적에 맞게 제작한 도구인 POLISH를 니켈에 장착해두었던 것이다. 그는 그 옆의 작은 통제실에서 의자에 구겨지듯 앉아 커다란 평면 모니터 세 개로 자신의 장비를 감시하고 있었다. 이 일에 사용된 장비가 모두 첨단은 아니었다. POLISH는 주변의 빛을 차단하기 위해 초코 칩 상자를 해체해서 얻은 마분지와 공업용 테이프로 고정시킨 검은 나일론 천에 감싸여 있었다. 또한 니켈망원경의 반사경에 태양 빛을 집중시키면 반사경이 녹아버릴 터이므로, 나무토막으로 햇빛을 가린 뒤 나무토막에 작은 구멍을 뚫고 은색 필터를 부착해 햇빛이 안전하게 조금씩 들어오게 했다. 망원경 몸체에는 검은 연통 일부를 톱으로 잘라 역시 공업용 테이프로 단단히 붙여두었다. 총신처럼 거울 위로 뻗어나간 연통 덕분에 돔 안의 불빛이 POLISH의 섬세한 센서에 도달하는 양을 더욱 줄일 수 있을 터였다.

POLISH는 편광 현상, 즉 빛의 파동이 빛의 진행 방향과 직각으로 진동하는 현상을 측정했다. 빛은 대개 편광 현상을 일으키지 않는다. 광자 각각이 임의적인 방향으로 진동한다는 뜻이다. 하지만 빛이 어떤 표면이나 대기에 부딪혀 반사되거나 산란되면 편광 현상이 나타날 수 있다. 자기장 안에서 쇳가루가 일정한 방향으로 늘어서듯이, 광자 각각의 진동이 같은 방향을 향한다는 뜻이다. 이 원리는 하늘의 구름이나 호수 표면에서 반사되는 편광을 걸러내 눈부심 현상을 줄여주는 편광 선글라스에 이용되고 있다. 윅토로위츠는 태양계외행성의 대기에서 튕겨져 나오거나 대기를 통과하고 지나가는 편광의 신호를 증폭시키는 데 같은 원리를 이용할 수 있다고 내게 말했다. 편광 현상을 아주 세밀하게 측정하면 행성의 구름, 안개, 대기 구성 등에 대한 데이터를 얻을 수 있다는 것이다. 심지어 아주 멀리 떨어진 행성에도 이 방법을 사용할 수 있었다. 윅토로위츠는 40년 전 금성의 편광 측정 결과를 통해 금성 대기에 있는 작은 방울들의 성분이 물이 아니라 황산이라는 첫 번째 증거를 얻었다고 말했다. 나와 래플린이 해밀턴 산을 찾은 그날 윅토로위츠가 할 일은 금성이 통과를 시작할 때, 즉 태양 표면으로 진입하면서 가장자리 일부를 가려서 가장 강한 편광 신호를 드러낼 때 금성을 관찰하는 것이었다. 6시간에 걸친 금성의 태양 통과에서 윅토로위츠가 필요한 측정을 할 수 있는 시간은 처음의 15분뿐이었다.

"우리가 태양계외행성의 항성 통과에서 기대할 수 있는 결과를 조정해보자는 것이 목적입니다." 윅토로위츠가 설명했다. "우리는 겨우 3분의 1천문단위 정도밖에 안 되는 거리에서 금성을 지켜볼 수 있습니다. 태양계외행성을 볼 때처럼 우리가 태양계 밖에서 금성을 보는 경우에 비해 각도 크기가 약 세 배라는 뜻입니다. 즉 지구에서 금성의 태양 통과를 보는 것은, 케플러망원경 데이터에 나오는 뜨거운 해왕성형 행성이 태양 표면을 지나가는 것을 관찰하는 것과 같습니다. 항성의 빛 중에서 가려지는 양과 대기권에 나타나는 고리의 크기 면에서 그렇다는 얘깁니다. 나 말고 다른 사람이 금성의 태양 통과를 편광으로 관찰할 예정인지는 모르겠습니다. 이것은 평생 한 번뿐인 기회입니다."

통과가 시작되기 20분 전, 릭천문대 상공의 구름을 뚫고 파란 창공이 나타났지만, 아직은 날씨를 완전히 믿을 수 없었다. 게다가 윅토로위츠에게는 더 커다란 문제가 있었다. 1미터 망원경을 유도할 컴퓨터가 갑자기 미쳐 날뛰면서 망원경, POLISH, 공업용 테이프를 동원한 임시 차단 장치 등이 제멋대로 뒤틀려 콘크리트 바닥, 금속 돔 등과 부딪히기 직전까지 간 것이다. 자칫하면 사람이 거기에 부딪힐 수도 있었다. 윅토로위츠는 편광측정은 고사하고, 망원경의 방향조차 잡을 수 없었다. 군복 같은 카키색 옷을 입은 추레한 기술자 파블 자카리가 숨이 턱에 차서 작은 통제실로 뛰어 들어왔다. 허리띠에 매달린 무전기가 시끄럽게 꽥꽥거리고 있었다. "셀러리와 치즈 퍼프를 들고 금성의 통과를 보려고 자리를 잡고 있는데……." 그가 숨을 몰아쉬며 말했다. "무전으로 슬론이 과학을 하려고 애쓰고 있다는 내용이 들어왔습니다. 신경이 굵은 것도 정도가 있지! 슬론, 장비는 고정했어요?"

"망원경은 고정돼 있을걸요." 윅토로위츠가 니켈망원경을 바라보며 대답했다. 망원경은 지구의 핵이나 반대편의 마다가스카르를 관찰하려는지 바닥을 향해 돌아가고 있었다. 금성의 태양 통과까지는 이제 10분이 남아 있었다.

자카리가 망원경을 통제하는 컴퓨터를 붙들고 여러 요소들을 다시 설정하며 가끔 돔 안으로 기어 올라가 조정 결과를 살폈다.

"운이 나쁘긴 해도, 이만한 게 다행이야." 래플린이 축 늘어진 웍토로위츠를 격려하려고 농담처럼 말했다. "적어도 르 장틸보다는 낫잖아! 설사병에 걸리지도 않았고, 소지품을 잃어버리지도 않았어. 법적으로 사망 판정을 받지도 않았고."

"그러네요." 웍토로위츠가 신랄하게 비웃듯이 쿡쿡 웃으며 말했다. "설사병에 걸리지도 않았고, 아직 죽지 않았죠. 하지만 2117년 전에는 죽지 않을까요?"

"소프트웨어의 한도를 넘어섰어요. 좀 무섭네요." 자카리가 마침내 말했다. "이런 비슷한 일은 한 번도 본 적이 없어요. 우리 로봇 망원경이 아예 태양을 찾지도 못하다니. 어쩌면 사건 보고서를 훑어봐야 할지도 몰라요. 이럴 때면 내가 핵발전소에서 일하지 않는 게 얼마나 다행인지 몰라요." 그가 머리를 긁적였다. "슬론, 정말로 나쁜 소식을 들을 준비가 됐어요?"

"물론이죠."

"천문대 부副대장이 금성을 보려고 산에 와 있어요."

"아, 안 돼." 웍토로위츠가 나를 흘깃 보더니 이렇게 설명해주었다. "부대장이 오면 일이 잘못되는 경우가 많아요. 정말 좋은 사람이지만, 천문대와 관련해서 악업을 많이 쌓은 모양이에요."

"무서운 업이죠." 자카리가 돔 안에서 맞장구를 쳤다. 윙윙 돌아가

50억년 동안의 고독

는 니켈망원경의 수압 장치 때문에 목소리가 잘 들리지 않았다.

윅토로위츠는 니켈망원경의 동작 경보에 맞춰 손가락으로 책상을 불안하게 두드렸다. 그리고 가까이에 열어둔 넷북으로 하와이 마우나케아에 있는 켁망원경의 모습을 불러냈다. NASA가 제공하는 영상이었다. 추운 산속에 몰려 서 있는 전문가 세 명을 비추던 화면이 망원경으로 잡은 태양 전경으로 바뀌었다. 필터를 사용해서 빨갛게 만든 영상이었다. 작은 검은색 호가 나타나더니 벌레가 사과를 먹듯이 태양 가장자리에서 점점 커졌다. 금성의 진입이 시작된 것이다. 몇 분이 지나갔다. 윅토로위츠의 턱 근육이 꿈틀거리고, 서늘한 통제실에 앉아 있는데도 땀방울이 관자놀이를 타고 미끄러졌다. 정처 없이 떠도는 망원경 위로 살짝 열린 돔을 통해 파란 하늘이 보였다. 구름은 모두 사라지고 없었다. 윅토로위츠는 한숨을 내쉬고 투덜거리다가 가방에서 칠면조 샌드위치를 꺼내 자포자기한 표정으로 먹기 시작했다.

"정말 너무합니다. 아무리 부대장이 와 있어도 그렇지." 그가 먹는 도중에 말했다. "망원경이 정신이 나가버린 것 같아요. 어쩌면 설사병에 걸렸던 그 프랑스인의 유령이 우리한테 들러붙은 건지도 모르죠."

"망원경이 좀 거칠어진 것 같으니까, 마음 내키는 대로 저렇게 돌다 보면 정신을 차릴 거예요." 자카리가 말했다. "기운 내요, 슬론. 저놈이 제정신을 차리게 우리가 도와주자고요."

래플린과 나는 양해를 구하고, 갑자기 맑아진 하늘 밑 주차장에서 금성의 태양 통과를 관찰하러 나갔다. 밖으로 나서면서 나는 마우나케아에서 보내오는 영상을 다시 흘깃 보았다. 윅토로위츠는 칠면조 샌드위치를 하나 더 꺼내서 천천히 씹어 먹으며 풀죽은 표정으로 넷북 화면을 빤히 바라보고 있었다. 벌레 먹은 것 같은 호선이 이제 태양 안으로 들어와 완벽한 원형의 총알구멍으로 변해 있었다. 금성이 진입을 끝내고 태양 안으로 완전히 들어온 것이다.

우리는 밝은 햇빛 속으로 나갔다. 금성이 드리운 그림자는 전혀 영향을 미치지 못한 것 같았다. 나는 눈이 부신 것을 무릅쓰고 재빨리 이글거리는 태양을 올려다보았지만, 태양은 평소와 똑같은 모습이었다. 뭉게구름이 아직 하늘에 점점이 떠 있다가 가끔 태양을 가리듯이 떠오면 모여든 사람들 사이에서 작은 탄식이 일었다. 그러다 구름이 사라지고 시야가 다시 깨끗해지면, 이번에는 환호가 터져 나왔다. 지구의 자전 덕분에 태양과 금성이 지평선 너머로 사라지려면 몇 시간이 더 있어야 할 터였다. 윅토로위츠는 결국 패배를 인정하고, 좁은 돔에서 나와 우리와 합류했다. 우리는 가까이에 있는 작은 망원경으로 알아차리기 힘들 만큼 천천히 움직이는 검은 원 모양의 금성과 근처의 태양흑점들을 번갈아 바라보았다. 말은 거의 오가지 않았다. 한 번씩 망원경을 들여다볼 때마다 금성의 태양 통과가 끝나간다는 사실을 점점 인정할수록 침묵은 더 깊어졌다. 앞으로 평생 다시는 보지 못할 광경이었다. 태양이 낮게 가라앉고 지평선에서 서늘한 바람이 일자 래플린이 작별 인사를 했다. 우리는 차를 몰고 산타크루스로 출발했다.

래플린은 길고 구불구불한 길을 내려가면서 금성의 태양 통과를 보고 놀랐다고 말했다. 몇 년 전에 본 개기일식과 비슷할 것이라고 짐작했었기 때문이다.

"그때 나는 멕시코의 바하에서 배에 타고 있었습니다. 7월이었지만, 일식이 시작되기 10분쯤 전부터 바람이 시시각각 확연히 차가워졌습

50억년 동안의 고독

니다. 달이 햇빛을 점점 더 많이 가렸으니까요. 태양은 초승달 모양으로 변했고, 개기일식의 시각적 효과는 정말 압도적이었습니다. 모든 것이 빙빙 도는 것 같았어요. 그림자들은 전부 작은 초승달 모양으로 뒤틀리고, 빛은 아주 날카롭고 모나게 변했죠. 고개를 들어보니 그림자 띠가 머리 위를 흘러가고 있었습니다. 대기권 상층부에서 빛이 대류환을 통과하고 있었으니까요. 아래를 내려다보니 일식의 그림자가 바다를 휩쓸며 숨이 막힐 것 같은 속도로 나를 향해 달려오고 있었습니다. 그러다 달이 자리를 찾아 들어가자, 달의 산과 계곡을 통과해온 햇빛이 하늘에 다이아몬드 반지 모양을 그렸습니다. 태양의 코로나가 불쑥 나타나 하얗게 타오르며 이글거렸죠. 황도를 따라 행성들이 전부 늘어선 것이 보였습니다. 수성, 금성, 화성, 목성. 태양계 전체가 내 눈 앞에 나타난 겁니다. 오리온자리는 바로 머리 위에 있었고요. 모두들 갖가지 소리를 질러댔습니다. 순수하고 원초적인 기쁨이었습니다. 미식축구 경기에서 커다란 터치다운을 성공시킨 뒤에 느끼는 기쁨처럼요. 일식 자체는 대략 7분 동안 지속되었지만, 눈 깜짝할 사이에 끝나버렸습니다. 명상이든 뭐든 깊은 생각에 잠길 틈이 없었어요. 마치 롤러코스터를 타는 것 같았죠."

"그런데 금성의 태양 통과는 이렇게 다르다니." 그가 말을 이었다. "처음 시작될 때는 다들 좋은 자리를 찾아 이리 뛰고 저리 뛰면서 휘청거리기도 하다가 정말 멋지다며 탄성을 질러댔죠. 하지만 몇 시간 동안이나 지속되다 보니 사람들이 점점 조용해졌습니다. 모두들 이 웅대하고 웅장한 세상에서 우리가 차지하는 작은 부분에 대해 되돌아보고 의미를 느낄 시간이 충분했어요."

나는 래플린에게 산 위에서 오랫동안 침묵을 지키며 무엇을 곰곰이 생각했느냐고 물었다.

　"태양 통과죠." 그가 입을 열었다. "지구형 행성이 항성 앞에 자리한 시간. 그걸 보니 태양 같은 항성 주위에 물이 표면에 있는 행성이 존재하는 것은 우주 전체의 역사 중 스치듯 지나가는 한순간에 불과하다는 생각이 다시 들었습니다. 그런데 우리가 지금 이곳에서 그런 현상이 한창 진행되는 것을 보고 있다니요. 그것도 지구의 역사에서 중요한 지질시대가 끝나고 우리가 스스로 만들어낸 또 다른 시대가 시작되는 이 중대한 시기에 말이에요. 이 과도기에 정확히 무슨 일이 벌어질지 예측할 길은 없지만, 우리가 그냥 스러지지는 않을 것 같습니다. 무엇이 됐든, 우리는 앞으로 최대한 영향을 미칠 거예요."

6장

큰 그림

우주의 중심을 발견하는 날,
많은 사람들이 자신이 그 중심이 아님을 깨닫고 실망하게 될 것이다.
_ 버나드 베일리

6시 15분 전 자명종 소리에 깨어난 마이크 아서는 졸린 눈을

비비며 2층짜리 하얀 농가의 부엌으로 터벅터벅 들어가 커피를 끓였다. 커피가 우러나는 동안 아서는 창가로 가서 주위의 계곡을 내다보며 26에이커의 목초지와 숲을 살펴보았다. 그가 아내 재니스, 대학에 다닐 나이인 두 딸과 함께 돌보고 있는 땅이었다. 낙엽송이 늘어선 산꼭대기 위로 태양이 모습을 드러낼 때까지는 아직 1시간도 더 남아 있었기 때문에 계곡은 어두웠다. 숨을 죽인 숲의 침묵을 깨는 것은 근처에서 졸졸 흐르는 개울물 소리뿐이었다. 자동차나 비행기, 텔레비전이나 라디오 소리에 오염되지 않은 이른 새벽 계곡의 고요함 때문에 지금이 2011년 10월 말이 아니라 아주 오래전, 시계나 달력도 없고 사람도 없던 그 옛날 같다는 생각이 순간 들었다.

커피 메이커가 '삐-' 하고 울면서 작업 완료를 알렸다. 아서는 창가에서 몸을 돌려 커피를 한 잔 따른 뒤 식으라고 조리대에 놓아두었다.

그러고는 위아래가 붙은 작업복을 입고, 그 위에 재킷을 걸쳤다. 젊은 시절 캘리포니아에서 서핑을 즐기고, 나이를 먹은 뒤에는 펜실베이니아 중부에서 농사일을 한 덕분에 가슴과 어깨가 건장했다. 밖으로 나선 아서는 가을 공기가 너무 따뜻해서 입김이 보이지 않는다는 사실에 깜짝 놀랐다.

그는 양치기 개들을 이끌고 헛간으로 가서 양들에게 물을 주고 건초를 갈아주었다. 그다음에는 놓아기르는 닭들에게 모이를 주고 달걀을 꺼낸 뒤 작은 온실로 들어가 유기농법으로 기르는 케일과 근대, 계절 채소의 모종들을 살폈다. 바깥의 서늘한 공기가 더 많이 들어오게 환기구를 조절하기도 했다. 오후가 되면 계절에 맞지 않게 온화한 날씨가 될 것 같아서, 식물들이 열기에 익어버릴 것 같았다.

다시 집으로 들어간 아서는 샤워를 한 뒤 욕실 거울 앞에서 뺨과 턱에 면도 크림을 발랐다. 하얀 염소수염이 턱 끝에서 점점 가늘어져 한 점으로 모이고, 코 밑에는 멋진 콧수염이 자라고 있었다. 오랫동안 햇볕에 노출된 탓에 그의 얼굴은 거칠고 불그스름했으며, 주름이 져 있었다. 널찍한 이마 위에 반백으로 센 머리는 길게 길러 하나로 묶었다. 여기에 덧붙여 약간 올챙이배가 나온 건장한 몸집 때문에 그는 산타모니카 판 산타클로스 같은 분위기를 조금 풍겼다. 아서는 면도를 하면서 재니스와 함께 농사를 짓기 시작한 20년 전을 돌아보았다. 그 뒤로 작물의 성장 시기가 달라질 만큼 기온이 변했던가? 그건 의심의 여지가 없는 사실이었다. 봄가을이 순식간에 지나가는 것처럼 짧아지고, 그 대신 더 길고 뜨거운 여름과 더 온화하고 짧은 겨울이 자리를 잡았다. 내년이면 조금 불안하더라도 추위를 잘 견디는 채소들 중 일부를 온실에서 꺼내놓아야 할지도 모른다는 생각이 들었다. 대신 온실의 빈 공간에 계절 변화에 민감한 작물을 기르면 근처 농산물 시장에서 프리미엄 가격으로 팔 수 있었다. 그는 세수를 한 뒤 옷을 입고 커피를 꿀꺽 마시고 나서, 재니스에게 입을 맞춰 인사하고 자동차에 뛰어올라 32킬로미터 떨어진 직장으로 향했다. 그는 펜실베이니아주립대학에서 지질학을 가르치는 교수였다.

마이크 아서의 전문 분야는 퇴적이었다. 석회암, 사암, 셰일, 석탄이 번갈아 쌓인 바위 벽들을 보는 것이 그에게는 돌에 새겨진 역사책을 읽는 것과 같았다. 그의 전문 분야에는 지구화학도 있었다. 그는 망치, 표본 봉투, 실험실의 마법 약간을 동원해서 바위층에서 오래전에 사라져버린 먼 옛날의 환경을 보여주는 희미한 화학 신호를 읽어낼 수 있었다. 그 신호들은 그 당시의 식물과 동물, 날씨와 지형, 그 시대의 세계가 생겨나서 번성하다가 사라져간 역사를 알려주었다. 그것은 이렇게 돌에 새겨진 기억으로만 남아 있는 세계였다.

그가 흑색 셰일의 형성 과정을 중점적으로 연구한 것을 보면 알 수 있듯이, 먼 옛날의 기후와 기후변화가 특히 그의 전공이었다. 흑색 셰일은 깊은 물속에 쌓인 실트와 찰흙, 진흙이 압축된 것으로, 유기 탄소가 많이 함유된 탓에 새까만 색을 띤다. 유기 탄소(식물과 동물의 구성 성분)는 금방 다른 생물에게 먹혀 재순환되는 것이 보통이지만, 유기 퇴적물이 정체된 깊은 물속으로 떠갔을 때는 얘기가 달라진다. 햇빛과 산소가 부족한 곳이라서, 평소 같으면 생물의 유해를 뒤적이며 먹어치웠을 생물들이 접근하지 못하기 때문이다. 탄소가 가득 든 실트와 진흙은 이렇게 방해를 받지 않은 채 쌓여서 압축된 뒤 지표면 아래 더욱

더 깊은 곳으로 가라앉고, 거기서 지열이 이것을 서서히 익혀 흑색 셰일로 만든다. 열기, 압력, 시간이 충분히 주어진다면, 유기물이 풍부한 흑색 셰일 안의 탄소 중 일부가 석유로 변하고, 시간이 더 흐르면 석유가 분해되어 보통 천연가스라고 불리는 유기화합물과 메탄으로 변한다. 아서에게 전 세계에 분포된 흑색 셰일은 과거 지구온난화의 진행 과정을 보여주는 이정표와 같았다. 기온이 올라가고 해수면이 높아지면, 미지근해진 바닷물은 산소가 풍부한 상층부와 하층부의 물을 뒤섞는 능력을 대부분 잃어버린다. 그러면 무산소 상태가 형성되어 심해의 풍요로운 생태계가 해체되고 박테리아가 가득한 황산성의 검은 진흙만 남는다.

아서는 처음 흑색 셰일을 연구하면서 미국 전역과 전 세계를 돌아다녔지만, 1990년대 초가 되기 전에 이미 펜실베이니아에 정착하기로 마음을 굳혔다. 그곳에서는 흑색 셰일(과 지난 5억 년 동안의 지구의 기후변동)을 연구하는 데 필요한 중요한 증거를 사실상 자기 집 뒷마당이나 다름없는 앨러게이니 고원에서 구할 수 있다는 사실을 깨달았기 때문이다. 앨러게이니 고원에는 세계 최대의 흑색 셰일 매장지가 몇 군데 있다. 이 셰일과 그 주위의 바위들을 자세히 살펴보면, 멀고 먼 옛날 펜실베이니아에 나타났다가 사라진 산맥, 빙하, 광대한 내해 등에 대해 알 수 있었다.

펜실베이니아의 바위들은 또한 우리 행성의 현재와 미래의 기후와도 밀접하게 연결되어 있다. 어떻게 손을 쓸 수 없이 상승하는 기온(이 때문에 극지방의 얼음과 빙하가 줄어들고, 태풍이 더 강해지며, 동물들의 이동 패턴이 달라지고, 아서는 온실에서 키우는 식물들에 대해 다시 생각하게 되었다)은 어

50억년 동안의 고독

떻게 보면 바로 그가 밟고 있는 땅 밑에서 시작된 것이었다. 거기에 대기 중의 이산화탄소가 늘어나면서 기온이 더욱 상승하는 데 커다란 영향을 미쳤다. 이산화탄소가 대거 생산된 것은 화석연료의 연소 때문이다. 이산화탄소는 가시광선을 투과시키지만, 적외선은 상당 부분 흡수한다. 여기서 적외선이란 우리가 빛에서 따뜻하다고 느끼는 부분이다. 햇빛은 이산화탄소를 쉽게 통과해 지표면에 도달하지만, 따뜻하게 달궈진 지표면이 빛을 적외선으로 바꿔 반사하면 그 빛이 이산화탄소에 흡수되어 밖으로 빠져나가지 못하게 된다. 이것이 누구나 잘 알고 있는 '온실효과'의 기본이다. 특히 이산화탄소의 온실효과는 5억 년 전부터 지금까지 지구의 기후를 결정한 가장 중요한 요인으로 여겨지고 있다. 인류는 수천 년 전부터 주로 농업을 통해 이산화탄소를 비롯한 여러 온실가스의 대기 중 함량을 조금씩 증가시켰다. 하지만 지난 세기에 산업화가 본격적으로 시작되면서 증가 속도가 엄청나게 빨라졌다. 이렇게 갑자기 늘어난 온실가스 중 많은 양이 펜실베이니아를 통과해 인근의 여러 주들로 이어진 앨러게이니 고원의 바위들에 뿌리를 두고 있었다.

18세기 후반에 펜실베이니아 주 북동부에서 당시까지 알려진 것 중 최대 규모의 무연탄 매장지가 발견되었다. 어떤 사냥꾼이 모닥불을 피우던 중 근처에 노출돼 있던 검은 바위 결정에 우연히 불이 붙는 바람에 알려졌다고 한다. 펜실베이니아의 무연탄은 1800년대 중반까지 나무를 밀어내고 미국인들이 선호하는 주택 난방 연료로 자리를 잡았으므로, 석탄 광산은 앨러게이니 전역에서 중요한 산업이었다. 비슷한 시기에 펜실베이니아에서는 석유산업 또한 탄생했다. 인부들이 염정鹽井을 파던 중에 진하고 끈적거리는 검은 '바위 기름'이 솟아오른 것이 계기가 되었다. 1853년에 피츠버그에 최초의 정유 공장이 지어졌고, 1859년에는 펜실베이니아 주 티터스빌 근처에서 미국 최초의 유정이 굴착되었다. 석유의 결정적인 사용처를 제공한 것은 헨리 포드의 모델 T 자동차였다. 최초의 모델 T가 미시건 주의 조립라인에서 생산되어 나온 것은 1908년의 일이다. 미국 천연가스 산업도 펜실베이니아 주 북쪽 경계선 바로 위에서 태어난 것이나 다름없었다. 뉴욕 주 프리도니아에서 굴착이 시작되었기 때문이다. 하지만 천연가스의 원천인 흑색 셰일이 대량으로 매장된 곳은 펜실베이니아 주의 영역 안이었다.

펜실베이니아 주의 경제는 원시시대에 축적된 탄소에 편승해서 호황을 누렸다. 유정과 광산이 곧 앨러게이니의 바위들을 뒤덮었고, 정유 공장, 송유관, 철도가 전역에서 잡초처럼 솟아났다. 대부분의 호황이 그렇듯이, 펜실베이니아의 호황도 수명이 짧았다. 20세기가 밝아올 무렵에 이미 유전의 생산량이 줄어들더니, 텍사스, 베네수엘라, 사우디아라비아, 멕시코 만 등 여러 곳에서 새로 발견된 광대한 유전 앞에서 점점 빛을 잃었다. 1950년대까지도 펜실베이니아의 앨러게이니에는 석탄과 가스가 풍부하게 매장되어 있었지만, 세계가 점점 석유에 중독되고 있었으므로 시장의 힘에 따라 이윤이 적은 석탄과 가스는 그대로 방치되었다.

펜실베이니아의 운이 다시 급반등한 것은 2000년대 초였다. 접근이

50억년 동안의 고독

쉬운 전통적인 유전의 석유 생산량이 정점을 찍은 뒤, 에너지 기업들은 접근이 힘든 '비전통적인' 원천인 바위에서 석유와 가스를 짜내는 새로운 방법들을 고안해냈다. 그중에서 가장 성공을 거둔 방법은 수압 분쇄, 즉 프래킹fracking으로 땅속에 깊이 묻혀 있는 셰일에서 전에는 접근할 수 없었던 천연가스를 짜내는 방법이었다. 앨러게이니 전역에는 가스가 함유된 셰일이 지하 몇 킬로미터나 되는 바위 아래에 묻혀 있다. 이런 경우에는 압력이 커서 가스가 바위의 조직 안에 갇히기도 한다. 하지만 화학약품을 잔뜩 섞은 물 수백만 갤런을 고속으로 시추공에 뿜어 넣으면 셰일이 쪼개지고, 이때 물에 모래알이나 세라믹 알갱이를 추가하면 그 알갱이들이 쪼개진 틈을 더욱 벌려준다. 그 틈을 통해 바위에 갇혀 있다가 해방된 가스가 쏟아져 나오면 시추공에서 그 가스를 받아 압축해서 판매하는 것이다.

층층이 쌓인 바위에 수직으로뿐만 아니라 수평으로도 구멍을 뚫을 수 있는 기술과 프래킹을 결합시키자 앨러게이니 지역 최대의 흑색 셰일 매장지인 마셀러스를 이용할 수 있는 길이 열렸다. 마셀러스는 원래 뉴욕 주 북부에 있는 작은 마을 이름인데, 그곳의 깎아지른 탄소 절벽에 셰일이 돌출되어 있었다. 흑색 셰일은 뉴욕 주의 핑거 레이크스에서부터 서쪽으로는 오하이오 주 동쪽 절반까지, 남쪽으로는 메릴랜드와 웨스트버지니아까지 뻗어 있었다. 하지만 탄소가 압축된 마셀러스의 심장이 있는 곳은 펜실베이니아의 지하 1.5킬로미터 지점이었다. 게다가 에너지에 굶주린 미국 북동부 전역의 대도시들과도 아주 가까이 인접해 있었다. 펜실베이니아주립대학에서 마이크 아서와 함께 학생들을 가르치는 동료 중 지질학자 테리 인젤더는 프래킹을 이용한 마셀러스의 생산량과 셰일 매장지의 넓이, 두께, 깊이, 그리고 셰일의 공극률을 비교한 결과 이곳에서 추출할 수 있는 가스의 양이 거의 14조 입방미터에 달할 것이라고 추정했다. 이 정도면 세계에서 두 번째로 큰 가스전이라고 해도 될 만한 양으로, 미국의 총 에너지 수요를 20년 동안 충분히 감당할 수 있을 정도였다.

인젤더의 추정치에 대한 소문이 퍼지자 크고 작은 에너지 관련 기업들이 달려들어 시골 마을의 땅을 임대하기 시작했다. 새로운 호황이 시작된 것이다. 가스가 풍부한 지역에 넓은 땅을 가진 농부들은 하루 아침에 백만장자가 되기도 했다. 펜실베이니아로 몰려드는 새로운 인부들의 수요를 맞추기 위해 식당, 모텔 등 여러 업체들이 우후죽순으로 생겨났다. 하지만 이런 호황에는 어두운 면도 있었다. 숲 속에 난 도로들이 거칠고 무거운 트럭 때문에 휘청거리고, 우거진 숲 속의 공터는 주차장만 한 넓이의 굴착 시설과 몇 킬로미터나 뱀처럼 구불구불 뻗어 있는 파이프라인으로 뒤덮여 사라져버렸다. 프래킹 시설 인근의 천연가스가 근처의 우물물에도 스며들자, 프래킹에 쓰이는 여러 화학물질들이 근처의 호수, 강, 지하수를 오염시킬지도 모른다는 걱정이 점점 커졌다. 특히 이곳에서 식수를 공급받는 대도시들에서 반대 여론이 높아졌다. 펜실베이니아주립대학은 석유 및 가스 산업과 오랫동안 공조하면서 많은 수익을 거둔 역사를 잘 알고 있었으므로, 반대파와 지지층 사이에서 균형을 유지하려고 애썼다. 그리고 2010년에 마셀러스연구센터를 세워 셰일의 추가 개발과 관련해 이해관계가 얽힌 사람들에게 장단점을 알려주었다. 대학 측은 이 센터의 공동 소장으로 마이크 아서를 선택했다.

50억년 동안의 고독

2011년 10월의 그 이상하게 따뜻하던 날, 아서가 학교에 도착한 지 몇 시간 뒤에 나는 5층에 있는 그의 사무실에서 그와 마셀러스에 관해 이야기를 나눴다. 그가 시간의 경과를 애니메이션으로 보여주는 지도를 컴퓨터 화면에 불러내 펜실베이니아에서 마셀러스 셰일 시추 작업이 매년 어떻게 진행되었는지 내게 보여주었다. 매장된 셰일의 넓이를 표시하는 노란색이 펜실베이니아 주를 대부분 차지한 가운데, 새로 굴착된 시추공들이 점으로 표시되었다. 인젤더가 처음 추정치를 내놓았던 2007년에는 노란색 바탕에 60개의 점이 흩어져 있었지만, 2008년에는 새로운 시추공이 무려 229개로 훌쩍 늘어났다. 2009년에는 685개의 시추공이 새로 굴착되었고, 2010년에는 1,395개였다. 2011년에는 920개가 또 활동을 시작했다. 아서의 컴퓨터 화면에서 노란색 펜실베이니아는 수많은 점들 때문에 곰보처럼 변해서 마치 스위스 치즈 같았다.

나는 아서에게 이 모든 에너지, 이 모든 탄소가 펜실베이니아의 지하 2.5킬로미터에 묻히게 된 과정을 간단히 설명해달라고 부탁했다. 그는 지도에서 펜실베이니아의 남쪽 중앙부를 가리켰다. 회색의 주름진 땅이 노란색 바탕 위로 호선을 그리며 솟아 있는 곳이었다. 그 회색 주름에는 시추공을 의미하는 점이 하나도 없었다. 셰일이 거의 매장되어 있지 않기 때문이었다. 그곳은 광대한 애팔래치아산맥의 북쪽 가지인 앨러게이니산맥이었다. 지질학자들은 앨러게이니산맥이 약 2억9천만 년 전에 앨러게이니 조산造山운동을 통해 솟아올랐다고 본다. 유럽, 아시아, 아프리카를 지금의 북아메리카를 향해 조금씩 밀어대서 판게아라는 초대륙을 만들어낸 지각 판들의 이동 중에서 이 조산운동은 아주 작은 사건에 불과했다. 앨러게이니산맥은 과거에 적어도 로키산맥이나 알프스산맥만큼 높이 솟았을 가능성이 높다. 어쩌면 히말라야와 맞먹는 높이까지 도달했을 수도 있다. 하지만 그 뒤로 수억 년 동안 비바람에 시달리며 완만하고 구불구불한 산악 지대로 변했다. 아서는 앨러게이니의 주름진 지표면 밑에 그보다 더 오래전에 침식된 산맥의 잔재가 층층이 쌓여 있다고 말했다. 각각의 층은 서로 다른 조산운동 및 지각 판 충돌과 연결되어 있다. 그중에서 우리가 데본기라고 알고 있는 지질시대가 한창이던 약 4억 년 전 아카디아 조산운동이 지금의 마셀러스가 존재할 수 있는 무대를 만들어주었다.

데본기 중기에는 대개 지구의 기온이 따뜻했다. 너무 따뜻해서 극지방에 얼음이 생기지 않을 정도였다. 그래서 원래 얼음 속에 갇혀 있어야 하는 물 중 일부가 북아메리카 내륙에 얇게 퍼져 얕은 내해를 이루었다. 지금의 펜실베이니아 주는 당시 대부분 물에 덮인 평지였다. 대륙의 이동으로 지금처럼 북쪽으로 옮겨 가기 전이었으므로, 당시 펜실베이니아 주는 열대에 속했다. 식물 플랑크톤, 어류, 오징어와 비슷한 나우틸로이드nautiloids가 따뜻하고 맑은 바닷물 속의 산호초와 해면들 사이에서 번성했다. 그들이 죽으면 석회질을 많이 함유한 사체, 골격, 껍질 등이 몇 미터 아래의 바닥에 있는 두꺼운 흰색 석회질 진흙층에 쌓였다. 그것들이 점차 단단히 굳어져서 탄화칼슘으로 구성된 바위, 즉 석회암층이 되었다. 동쪽에는 바다가 있었지만, 그것은 대서양이 아니라 팔레오테티스였다. 그리고 그 바다는 지질학적인 충돌 코스에 있는 땅덩이들 사이에서 점점 좁아져 사라지는 중이었다. 동쪽 수평선에 호를 그리며 나타난 섬들은 아카디아 조산운동의 전조였다. 지각 판들의 진군에서 선봉에 선 보병 격이었다. 이 섬들은 수천만 년 동안 대륙으로 접근해 충돌하면서 육지의 산들을 서서히 밀어 올렸다. 미끄러운 타일 바닥 위로 융단을 밀면 주름이 솟아오르는 것과 같은 이치였다. 지금의 뉴욕, 뉴저지, 매사추세츠, 델라웨어, 뉴햄프셔, 메릴랜드, 그리고 펜실베이니아의 남쪽 중앙부에 해당하는 땅에 산맥들이 뿌리를 내렸다. 주위를 에워싼 산들의 무게에 짓눌린 지각(석회질 진흙으로 이루어진 바다 밑 평지)은 1천 년마다 몇 센티미터씩 아마도 200미터쯤 가라앉으면서 해저 생태계를 파멸로 몰고 갔다. 생명을 유지해주는 햇빛이 뚫고 들어올 수 있는 지점보다 훨씬 더 깊이 가라앉았기 때문이다. 햇빛을 향해 열려 있는 해수면 근처에는 해조류, 식물성 플랑크톤, 희귀 어류만 남았다. 이렇게 어둡고 깊은 곳으로 가라앉은 내해에서 마셀러스의 셰일이 태어났다.

"높이가 적어도 1.5킬로미터나 되는 산들에 에워싸여 다른 대양과 거의 차단된 바다를 상상해보세요." 아서가 말했다. "산은 스스로 기상을 만들어내고, 서서히 풍화되어갑니다. 이른바 산악 효과라는 것이죠. 산이 공기를 들어 올리면, 폭풍이 형성되어 산에 비가 내립니다. 그러면 산이 침식되면서 엄청난 양의 퇴적물과 영양 성분이 물속으로 흘러가죠. 철, 구리, 아연, 인, 몰리브덴 같은 영양물의 유입으로 해조류와 식물성 플랑크톤이 더 많이 생겨나서 번성하다가 죽어 해저에서 썩어갔습니다. 부패 과정에는 많은 양의 산소가 소비되었습니다. 심해 바닷물의 순환으로 복구할 수 있는 양보다 더 많았죠. 이것이 이미 해저에서 살고 있던 혐기성 황산 환원균들에게는 아주 반가운 일이었습니다. 그들에게 산소는 독이니까요. 그 균들은 지구에서 가장 오래된 유기체들 중 하나로, 대기 중에 산소가 풍부해지기 전에 생겨난 생물들입니다. 어쨌든, 녀석들이 배출하는 황화수소는 대부분의 다른 생물들에게 독입니다. 그러니까 이 균들이 그나마 남아 있던 해저 생태계를 완전히 박살을 내버린 거죠. 그 뒤로 무엇이든 해저에 쌓인 유기물에는 부패해서 탄소를 재활용시킬 수 있는 물질이 거의 없었습니다. 환경의 영향으로 생겨난 균들이 이제는 거꾸로 환경을 만들어낸 겁니다. 이런 공진화가 마셀러스를 만들었습니다."

약 2백만 년 동안 고운 입자의 비(헤아릴 수 없이 많은 작은 사체들)가 무산소 상태인 해저로 계속 떨어져서 원시시대에 쌓인 유기 탄소층 위에 층층이 쌓였다. 그리고 그 밑에 깔린 지각이 마침내 산들의 무게를 수용해서 평형을 이룩하자 더 이상 가라앉지 않게 되었다. 그 뒤로도 산이 침식되면서 흘러내린 퇴적물들은 계속 바다로 흘러 들어와 두꺼운 검은색 진흙층 위에 쌓여 바다 하나를 통째로 채울 수도 있는 양의 탄소를 묻어버렸다. 나중에는 퇴적물이 워낙 높게 쌓인 나머지 해저 밑바닥이 다시 햇빛 속으로 모습을 드러내자 산소가 풍부한 맑은 물에 사는 생물들이 되살아났다. 하지만 그 기간은 아주 짧았다. 퇴적물이 가득하고 다른 대양과 완전히 차단된 이 거대한 바다의 마지막 흔적이 서서히 증발해버린 것이다. 몇백만 년이 더 지난 뒤 산들은 침식되어 뭉툭해졌고, 나중에 마셀러스가 된 암석은 여기저기 흩어진 지층들 밑에 더욱 깊숙이 파묻혔다.

고대의 이런 역사를 떼어놓고 보면, 마셀러스의 형성 과정은 내게 으스스할 정도로 친숙해 보였다. 새로운 에너지원과 영양물이 고립된 지역으로 흘러 들어간다. 그곳의 생물들은 맹목적으로 늘어나 번성하며 가끔 환경이 감당할 수 있는 수준을 벗어나 무너지기도 한다. 고대에 이처럼 번성과 파멸을 번갈아 겪으며 죽어간 생물들의 사체에서 탄소를 뽑아내기 위해 바위를 부수는 현대의 굴착 장비들은 최대 규모로 역사가 반복될 것이라는 메아리 또는 징조 같았다.

하지만 마셀러스를 만들어낸 변화들(대륙의 충돌, 산의 생성과 소멸, 땅속에 파묻힌 바다)의 웅대한 규모도 거의 같은 시기에 더 커다란 규모로 시작된 세계적인 변화 앞에서는 무색해진다고 아서가 설명했다. 그의 말에 따르면, 마셀러스는 육상식물의 잔해가 별로 포함되지 않은 대규모 흑색 셰일로는 최후의 것이다. 이름 없는 그 바다 주위로 솟아오른 산들은 십중팔구 민둥산이었을 것이고, 그 가파른 비탈을 씻어 내린 강물은 포효를 내지르며 여기저기 흩어진 이끼류와 균류 외에는 식물이 전혀 없는 땅을 흘렀다. 약 3억9천만 년 전인 이 시기는 현대와 아주 먼 것 같지만, 당시 지구의 나이는 이미 40억 년을 훌쩍 넘긴 뒤였다. 그리고 그 오랜 세월 동안 지구 상에는 초록색 이파리 같은 건 단 한 조각도 나타난 적이 없었다.

"이때는 변화의 시기였습니다. 관다발식물들이 처음으로 땅을 차지하기 시작했으니까요." 아서가 내게 말했다. "마셀러스 바로 위에 있는 흑색 셰일에서 그 식물들이 고개를 내밀기 시작했습니다. 나이가 어린 셰일층으로 갈수록 육상식물의 증거가 더 많이 나타납니다. 그러다 데본기 말기의 바위에 이르면, 강변과 해안 주위를 처음으로 차지한 육상식물들의 화석을 볼 수 있습니다. 하지만 이 식물들이 아직은 물에서 멀리 떨어진 지역까지 완전히 진출하지는 못했죠. 생각해보면 좀 멋진 일입니다."

진화 과정에서 일어난 두 가지 혁신이 식물의 육지 점령에 박차를 가했다. 이 두 가지 혁신은 각각 수확과 물의 운반에 관한 것이었다. 육상식물들은 땅에서 물과 영양성분을 빨아올리는 뿌리를 만들어서 '관다발'식물이 되었다. 또한 물의 무게를 견딜 수 있을 만큼 튼튼하며 탄소가 풍부하고 잘 부서지지 않는 거대분자인 리그닌으로 몸을 만드는 작업도 시작했다. 그 결과 리그닌이 풍부하고 관다발이 있는 식물들이 여러 대륙으로 퍼져나갔다. 그들 덕분에 지구의 광합성 생산량이 두 배로 늘었으며, 탄소순환도 급격히 바뀌었다. 생명체와 환경이 또다시 서로를 변화시키며 세상을 바꾸는 강력한 피드백 고리를 이루고 있었다.

식물이 죽은 뒤 이파리, 줄기, 뿌리에 들어 있던 리그닌은 쉽사리 썩지 않았다. 이 식물성 탄소는 홍수와 퇴적물에 잠겨 수억 년 동안 갇히게 되었다. 세월이 흐르면서 땅에 묻힌 기간과 깊이가 증가할수록 이 식물 잔해는 토탄으로, 그다음에는 갈탄으로, 마지막에는 석탄으로 변했다. 이 과정이 절정에 이른 것은 데본기 다음에 찾아온, 6천만 년 동안의 지질시대였다. 이때 리그닌을 함유한 탄소가 워낙 많이 땅에 묻혀 석탄으로 변했기 때문에 세계 곳곳에 대규모 석탄 매장지가 생겨났다. 펜실베이니아를 비롯해서 인근의 애팔래치아산맥에 접한 주들에 고급 무연탄층과 석탄층이 생긴 것도 이때였다. 지질학자들은 이 지질시대에 '석탄기'라는 딱 맞는 이름을 붙였다.

다시 데본기 말기로 돌아가서, 다른 일이 없었다면 벌판에서 썩어가는 탄소와 결합했을 산소가 대기 중에 쌓였다. 십중팔구 오늘날의 거의 두 배에 달했을 것이다. 이처럼 대기 중의 산소량이 늘어나고 있을 때, 곤충과 양서류가 처음으로 물에서 나와 지상을 기거나 걷거나 공중을 날기 시작했다. 펜실베이니아를 비롯한 여러 지역에서 이 동물들의 화석이 데본기 말기의 '적색층'에서 자주 발견된다. 적색층은 철이 풍부한 퇴적암층으로, 대기 중의 산소와 결합해서 녹이 스는 바람에 붉은색이 되었다. 산소량이 늘어나고 육상식물들이 풍부한 연료를 제공해주자 저절로 발생하는 화재의 빈도와 심각성이 모두 증가했다. 어쩌면 이 때문에 연약한 포자에서 단단한 씨앗으로 진화상의 변화가 일어난 것인지 모른다. 씨앗은 화재 중과 이후의 고온건조한 환경을 잘 견뎌낼 수 있었다. 씨앗의 등장으로 식물들은 습기가 많은 해안과 저지대에서 비교적 건조한 고지대로 뻗어나갈 수 있었다. 지구 역사상 처음으로 산과 내륙이 초록색으로 뒤덮이게 된 것이다.

관다발 육상식물의 번성으로 데본기 말기와 석탄기 초기에 워낙 많은 탄소가 격리되었으므로, 대기 중의 이산화탄소 양이 곤두박질쳤다. 그 덕분에 온실효과가 감소하면서 떨어진 지구 기온은 겨우 몇 도밖에 되지 않았지만, 언뜻 사소해 보이는 이 변화가 사실은 전 세계를 오랜 빙하기로 몰아넣는 힘을 지니고 있었다. 여름에도 기온이 서늘해서 겨울에 쌓인 눈이 미처 녹지 못하자 극지방이 점점 더 많은 얼음에 뒤덮였다. 이처럼 하얀 빙하가 계속 커지면서 어두운 땅이나 바다보다 더 많은 햇빛을 반사해 우주로 보내버리는 통에 기온은 더욱더 내려갔다. 평균적으로 대략 수만 년마다 빙하가 극지방에서 저위도 지역으로 내려와 물을 얼음 안에 가둬버리자 전 세계의 해수면이 내려가고 기후가 건조해졌다. 그리고 그때마다 극지방과 온대 지방의 생물들은 높이가 4킬로미터나 되는 얼음 장벽이 내려오기 전에 먼저 열대로 내려가야 했다. 해수면이 내려갈 때마다 생명체가 우글거리는 대륙붕이 밖으로 노출되었고, 그로 인해 바다의 생태계가 망가졌다. 하지만 계속 진군하던 빙하도 때가 되면 힘을 잃게 마련이므로, 얼음 장벽이 극지방으로 물러나면 바다와 육지의 생물들은 간빙기 세상에서 다시 번성했다.

1억 년 동안, 그러니까 석탄기와 그 뒤를 이은 페름기 중 대부분의 기간 동안 지구의 만년빙은 사라지지 않고 계속 버티면서 가끔 저위도 지역으로 빙하를 보냈다. 이 만년빙이 마침내 녹아 사라진 것은 약 2억6천만 년 전이었다. 화산활동의 증가와 바다의 탄소 흡수량 감소로 대기 중의 이산화탄소가 데본기 중기 수준으로 급격히 돌아간 덕분이었다. 극지방에 다시 얼음이 풍부해진 것은 약 3천5백만 년 전이었다. 극지방을 뒤덮은 얼음은 약 250만 년 전에 더욱 확대되었다. 해저화산의 폭발로 파나마지협이 생기고 남북 아메리카가 이어져 바다와 대기의 대류 패턴이 새로 만들어지면서 지구 기온이 더욱 내려간 탓이었다. 이 일이 일어난 것은 지질시대 중 제4기였다. 제4기 말기에 이르면 해부학적으로 현대인과 다름없는 인류가 등장한다. 제4기가 시작된 이래 지금까지도 남극대륙과 그린란드가 여전히 얼음 속에 갇혀 있기 때문에 지구는 엄밀히 말해 빙하기를 겪고 있다. 그런데 이것이 꽤 놀라운 사실이라는 점은 최근에야 겨우 제대로 인정받았다. 극지방의 만년빙은 인류가 처음 등장했을 때부터 내내 존재했지만, 지구의 역사로 따지면 발생 빈도가 놀라울 정도로 낮다. 지질학자들이 아는 한, 지구가 태어난 이후 지금까지 45억 년 동안 극지방이 만년빙으로 장식된 기간은 모두 합해 약 6억 년밖에 되지 않는다. 지구의 전체 역사 중 약 8분의 1에 해당하는 기간이다.

지금 우리가 겪고 있는 이 빙하기에 얼음벽들은 북극에서 현재의 토론토, 뉴욕, 시카고에 해당하는 지역까지 몇 번이나 오갔다. 펜실베이니아 북부도 대부분 같은 일을 겪었다. 허드슨 만과 오대호는 빙하가 땅을 깎아내는 바람에 생긴 것이다. 빙하는 또한 빙퇴석을 뱉어놓았는데, 이 깨어진 땅 조각들이 오늘날 롱아일랜드나 케이프 코드 같은 곳이 되었다. 빙하가 마지막으로 물러간 것은 1만2천 년 전, 우리가 충적세라고 부르는 간빙기가 시작될 무렵이었다. 농업, 도시, 상업, 산업, 과학, 기술 등 우리가 인류의 문명이라고 알고 있는 것들과 역사는 모두 비정상적으로 온화하고 안정적인 충적세 간빙기에 발생했다. 이 충적세 간빙기는 말하자면, 1만2천 년 동안 지속되는 여름이라고 할 수 있다.

빙하가 몰려왔다가 물러난 흔적은 바닷물에 대한 동위원소 분석과 퇴적암에서 찾아낼 수 있지만, 기후변동에 관한 가장 고급 증거 중 일부는 빙하 안에 거품의 형태로 갇혀 있는 원시 공기에서 얻을 수 있다. 녹고 있는 오늘날의 빙하에서 추출한 빙핵ice core 속의 공기 방울은 먼 과거의 어느 날 방금 내린 눈에 아주 작은 공기 방울 하나가 갇혔을 때의 그 대기 상태를 스냅사진처럼 담고 있다. 가장 오래된 공기 방울의 연대는 놀라울 정도다. 자세한 분석 결과 약 80만 년 전의 것으로 밝혀졌으니 말이다. 공기 방울 속에 들어 있는 기체를 종합적으로 살펴보면, 지난 1백만 년 중 대부분의 기간 동안, 그러니까 현대 인류가 지구상에 나타나 걸어 다니기 훨씬 전부터 지구 대기의 구성이 어떻게 변해왔는지 추적할 수 있다. 이 공기 방울들은 온실가스 양과 빙하 형성이 분명히 연결되어 있음을 보여준다. 빙하가 영역을 넓히고 있을 때 얼음 속에 갇힌 공기 방울 안에는 분자 1백만 개 중 약 200개의 이산화탄소 분자가 들어 있다. 빙하가 물러나고 있을 때에는 얼음 속에 갇힌 공기 중의 이산화탄소 양이 분자 1백만 개 중 300개(*ppm*)로 늘어났다.

충적세 초기, 즉 기원전 1만 년경에 마지막 빙하가 물러간 뒤, 대기 중의 평균 이산화탄소 양은 275*ppm* 내외를 꾸준히 유지했다. 빙하에서 뽑아낸 빙핵은 19세기가 시작될 무렵, 세계 인구가 10억에 달하던 시점에 이 수치가 올라가기 시작했음을 보여준다. 이 시기가 마침 인류가 산업혁명에 휘말리던 때와 일치하는 것은 우연이 아니다. 산업혁명으로 인류는 원시시대에 쌓인 석탄을 태워 신발명품인 증기엔진들에 연료를 공급하기 시작했다. 그 뒤로 줄곧 인구가 폭발적으로 늘어나고 기술이 널리 퍼져나가면서 이산화탄소 양은 급격히 늘었다. 1950년에 세계 인구는 25억이었고, 대기 중의 이산화탄소 양은 300*ppm*을 넘었다. 지금은 이 수치가 빙하기의 도래를 막아주는 대략적인 경계선에 해당한다고 여겨지고 있다. 1980년에 세계 인구는 45억이었고, 이산화탄소 양은 340*ppm*이었다.

세계 인구가 60억을 넘어선 2000년에 이산화탄소 양은 370*ppm*에서 매년 2*ppm*씩 늘어나고 있었다. 노벨상 수상자인 대기화학 전문가 폴 크루첸은 아직 충적세가 계속되고 있다고 더 이상 믿을 수 없었다. 그는 특이한 기체, 즉 인간이 냉매로 만든 프레온가스가 조금씩 배출되면서 20세기 후반에 지구를 보호해주는 오존층에 구멍이 생겼음을 분명히 보여준 연구로 1995년에 노벨상을 받았다. 크루첸은 이 오존층의 구멍이 훨씬 더 광범위한 변화의 작은 일부에 불과하다고 믿었다. 인류는 엔진과 터빈, 화석연료와 화학비료를 이용해서 지구의 에너지와 영양 성분을 대량으로 강탈해 새로운 용도로 쓰면서 지구의 화학 구성을 바꿔놓고 있었다. 그 결과 우리는 기하급수적인 성장을 달성했지만, 우리가 지구에 발이 묶여 있는 한 그것은 일시적이고 덧없는 일에 불과했다. 지구의 역사에서 가장 어두운 시대들의 이미지가 크루첸의 마음을 울리기 시작했다.

지구가 바뀌고 있는 증거는 사방에 널려 있었다. 크루첸은 점점 희박해지는 성층권의 오존, 줄어드는 극지방의 얼음, 점점 녹고 있는 툰드라의 영구 동토층에서 그 증거를 보았다. 철새들의 이동 패턴 변화와 식물들의 개화 시기 변화에서는 인간의 손이 움직인 흔적을 보았다. '1세기에 한 번 올까 말까' 하다는 폭풍, 가뭄, 혹서가 이제는 몇 년 만에 한 번씩 찾아오는 것, 지나치게 따뜻해진 얕은 바다 속에서 산호들이 허옇게 죽어가는 것, 깨끗하게 잘려나간 숲, 댐으로 막힌 강, 물이 막힌 개울도 마찬가지였다. 크루첸은 사명감을 느끼고 수중 생태학자인 유진 스토머와 함께 저술한 논문에서 우리가 지구에서 찾아낸 동력원들로 인해 완전히 새로운 지질시대가 시작되었다고 주장했다. "인간이 지배하는 이 시대", '인류세Anthropocene'라고 할 수 있는 이 시기에 인류가 하늘과 바다를 변화시키고, 심지어 억겁의 세월을 견디며 말 없는 증인 역할을 해주었던 암석들까지도 바꿔놓고 있다는 것이었다.

크루첸은 앞으로 수백만 년 동안 충적세에서 인류세로 지질시대가 바뀌는 것을 어디든 적당한 바위가 지면에 노출된 곳이라면 육안으로도 분명히 볼 수 있을 것이라고 말했다. 하얀 탄산염 퇴적물이 쌓여서 석회암과 백악을 형성했던 바다 속 분지에는 이산화탄소가 가득 함유된 바닷물의 산성이 강해지면서 탄산염이 없어 어두운 색을 띤 진흙과 찰흙이 쌓일 것이다. 만약 대기 중의 이산화탄소 증가 추세가 누그러지지 않는다면, 기온과 해수면 상승으로 심해의 무산소 지역이 확대되어 탄소가 풍부한 흑색 셰일이 지질학 기록에 극적으로 다시 모습을 드러낼 수 있다. 하지만 인류세에 새로 만들어진 셰일을 나중에 어떤 생물이 발견하든, 그들이 우리처럼 거기서 석유와 가스를 뽑아내 전 세계에 기술 문명을 건설할지 어떨지는 알 수 없다. 충적세-인류세 변환기에 인접한 화석들에는 지구 역사상 여섯 번째가 될 대량 멸종 사태가 기록되어 있을 것이다. 수천만 년 동안 발전해온 풍부한 생태계가 갑자기 완전히 사라지고, 순전히 농업에 사용되는 소수의 생물들만 남는 것이다. 충적세 후기의 화석층은 미래의 고생물학자들에게 석화된 산호초, 탄화된 양서류 같은 선물을 줄 것이다. 인류세 전기의 화석층은 옥수수 속, 소뼈, 석화된 기름야자나무 등을 제공해줄 가능성이 높다. 어쩌면 그들을 필요에 따라 교배하고 부렸던 인간 주인들의 잔해도 일부 나올지 모른다. 그리고 아주 드물지만, 녹슨 금속이 가득한 기이하고 뒤틀린 층이 발견될 수도 있다. 오래전에 가라앉아 그 옛날 커다란 강에서 떠내려온 퇴적물 밑에 묻혀버린 바닷가 대도시의 잔해이다. 멀고 먼 미래에 쪼개진 절벽 면에서 여러분의 몸이 화석으로 발견되기를 바란다면, 서서히 가라앉고 있는 뉴올리언스의 미시시피 삼각주에 묻히는 것도 나쁘지 않다.

내가 마이크 아서를 연구실로 찾아간 2011년 10월 말에 대기 중 이산화탄소는 390ppm에서 계속 증가하는 중이었다. 유엔UN의 추정치에 따르면, 십중팔구 동남아시아 어딘가에서 지구의 인구를 70억으로 늘려줄 아기가 탄생할 날이 멀지 않았다. 다른 추정치들도 비슷한 숫자를 내놓으며, 21세기 말에 인구가 100억을 돌파할 것이라고 전망했다.

만약 기술과 상업이 계속 전 세계로 퍼져나간다면, 미래 인구 중 많은 사람들이 현재의 미국인들과 흡사한 삶을 즐기고 싶어할 것이다. 스위치만 올리면 전기를 쓸 수 있게 해주는 화력발전소, 어디에나 뻗어 있는 고속도로와 항공 여행, 승용차, 평면 텔레비전, 값이 싸고 금방금방 교체할 수 있는 스마트폰과 컴퓨터, 고기, 지구 반대편에서 비행기로 운송된 신선한 채소 등을 원할 것이라는 뜻이다. 하지만 인류가 상상조차 할 수 없을 만큼 빠른 속도로 화석연료가 아닌 다른 곳에서 에너지를 구하지 않은 채 그런 생활 방식을 유지한다면 이산화탄소 양이 $500ppm$을 넘어 $1,000ppm$ 또는 그 이상까지 늘어날 것이고, 결국 재앙이 일어날 수밖에 없다. 지구의 평균기온이 섭씨 5~10도 상승하고, 극지방의 얼음이 모두 사라지며, 해수면 상승으로 바닷가에서 수백 킬로미터 안쪽까지 바닷물이 밀어닥칠 것이다. 가장 가능성이 높은 결과만 꼽아봐도 이 정도다. 그때가 되면 지구는 문명의 요람이 되어준 서늘하고 조용한 행성이 아니라 삼엽충이나 공룡이 지배하던 시절과 같은 열탕으로 변할 것이다. 이 뜨거운 미래에는 개인이든 사회이든 단순히 살아남기 위해 끊임없이 몸부림쳐야 할 것이다.

이런 일들이 실제로 일어날지 여부는 마셀러스처럼 가스를 함유한 셰일 매장지들이 언제 어떻게 개발되는가에 따라 크게 좌우된다.

"과학자로서 나는 데이터와 균형을 염두에 두고 객관적인 결론을 내리려고 애씁니다." 아서가 말했다. "데이터는 우리가 화석연료를 태울 때 나오는 온실가스가 지구에 커다란 영향을 미치고 있다고 말합니다. 그건 반박할 수 없는 사실입니다. 또한 석유를 태울 때보다는 천연가스를 태울 때 에너지 단위당 이산화탄소 발생률이 30퍼센트 감소하고, 석탄을 태울 때에 비해서는 40퍼센트 감소한다는 것도 반박할 수 없는 사실입니다. 석탄을 사용하는 화력발전소가 현재 미국 전력 생산량의 절반 이상을 차지하고 있습니다. 사람들은 '깨끗한 석탄'으로 완전히 전환하자고 말하지만, 세상에 깨끗한 석탄 같은 것은 없습니다. 석탄을 캐는 작업은 기본적으로 환경에 해로운 일이니까요. 옥수수나 사탕수수에서 에탄올을 뽑아 쓰자는 사람들도 있지만, 그건 말짱 헛소리입니다. 잘 알지도 못하면서 덮어놓고 하는 말이에요. 하지만 천연가스는 진짜입니다. 싸고, 화석연료 중에서 가장 깨끗해요. 만약 우리가 석탄을 천연가스로 바꿔나간다면, 단순히 이산화탄소 양만 줄어드는 것이 아니라 수은, 아산화질소, 이산화황, 미세먼지 등의 배출량도 줄어듭니다. 천연가스로 움직이는 자동차도 만들 수 있어요. 어려운 일이 아닙니다. 그러면 오염 물질 배출량이 더욱 줄어들지요. 그러니까 어쩌면 천연가스는 차악次惡인지도 모릅니다. 그런데 이런 생각을 하다가도 우리가 사용할 수 있는 천연가스 양을 보면 걱정이 돼요."

마셀러스는 그 크기만이 남다를 뿐이다. 비슷한 흑색 셰일이 전 세계, 모든 대륙에서 발견되기 때문이다. 그들은 모두 지금보다 고온다습하던 과거의 메아리이자 미래의 전조이다. 마셀러스보다 더 오래되고 더 깊이 묻혀 있는 유티카는 미국 북동부의 마셀러스 바로 밑에 자리하고 있다. 캐나다, 멕시코, 아르헨티나에도 가스를 풍부하게 함유한 셰일이 있다. 오스트레일리아, 중국, 인도에도 마찬가지이다. 가스 셰일은 독일, 폴란드, 체코 등 유럽 전역에서 발견된다. 남북 아프리카에도 있다. 사실 가스 셰일이 워낙 풍부해서 많은 개도국들의 처지를

50억년 동안의 고독

단박에 바꿔주고 경제를 번영시켜, 에너지 소비와 온실가스 배출량을 치솟게 만들 것 같다. 이미 오랜 옛날부터 쌓인 탄소에 중독된 선진국들에게 셰일은 생명줄이 되어줄 수 있다. 셰일이 없으면, 인류세의 화석연료 붐은 종말에 이를 테니까 말이다.

아서는 불안하게 쌓여 있는 논문들, 지층 단면도, 단층 지도 등 바위 속에 붙들린 지구의 선물을 풀어내려고 애쓰는 과학자의 물건들이 잡다하게 흩어진 자신의 책상을 내려다보았다. 그는 잠시 눈을 감고 손가락을 들어 이마를 문질렀다. 마치 화물열차처럼 달려드는 두통을 물리치려는 것 같았다.

"나는 우리가 조만간 셰일 가스를 전부 꺼내서 써버릴 것 같습니다." 아서가 결론지었다. "어떤 사람들은 그 덕분에 다른 대안 에너지로 좀 더 쉽게 넘어갈 수 있을 것이라고 말하지만, 나는 오히려 대안 에너지의 숨통이 막힐까 봐 걱정입니다. 지금 이 나라의 보수적인 정치인들은 대부분, 가스가 이렇게 많은데 굳이 태양열이니 풍력이니 하는 재생가능 에너지에 투자할 필요가 뭐 있나 하고 생각합니다. 그냥 땅만 파면 된다는 거죠. 글쎄요……. 가장 낙관적인 가스 추정치가 옳다고 가정해봅시다. 그리고 미국이 모종의 이유로 마셀러스를 유일한 에너지원으로 사용한다고 가정해보지요. 지금과 같은 추세라면 20년 만에 마셀러스의 가스를 다 쓰게 될 겁니다. 아니, 어쩌면 그보다 열 배쯤 긴 200년 동안 쓸 수 있을지도 모르죠. 그보다 더 오래갈 수도 있고요. 지금 우리 입장에서 생각하면 꽤 긴 세월인 것 같지만, 마셀러스가 형성되는 데 약 2백만 년이 걸렸다는 사실을 잊으면 안 됩니다. 지질학적인 기준으로는 대단히 짧은 세월이지만, 대부분의 사람들은 이해할 수도 없을 만큼 긴 세월이에요. 지금 인류는 이런 지질학적 규모로 지구에 영향을 미치면서도, 그 사실을 인식하고 계획을 세우는 솜씨는 별로인 것 같습니다. 과거의 교훈과 미래의 전망을 무시하고 위험을 자초하고 있습니다."

펜실베이니아의 바위에는 약 5억4천2백만 년 전 캄브리아기가 시작되기 직전까지 거슬러 올라가는 기록이 들어 있다. 지금까지 5억 년 동안 이어진 현생대Phanerozoic Eon가 시작되는 시점이다. 이 시기의 지층에서는 복잡한 생명체들의 화석이 발견된다. 'Phanerozoic'은 그리스어로, 대강 번역하자면 '눈에 보이는 생명'이라는 뜻이다. 이 시기는 생명체들이 처음으로 화석이 되기 쉬운 내외골격을 형성하기 시작한 때이다. 생물들의 신체에 딱딱한 부분이 생겨난 것은 흔히 '캄브리아기 대폭발'이라고 불리는, 생물 다양성의 급격한 증가 현상 중 일부에 불과하다. 겨우 5백만~1천만 년 사이에 크기가 몇 센티미터를 넘는 생물들이 흔해졌으며, 척수, 턱, 아가미, 내장 등 생리적인 혁신이 처음으로 모습을 드러냈다. 오늘날 지구상에 존재하는 거의 모든 동물의 신체 구조는 이렇게 새로운 형태들이 정신없이 나타났던 이 시기와 맞닿아 있다. 그보다 몇천만 년 전으로 더 거슬러 올라가보면, 벌레와 해파리 같은 생물들의 증거, 그리고 신경, 근육, 눈, 방사형이나 좌우대칭형 신체 구조 같은 특징들이 처음으로 나타난다. 그 이전에 지구는 오랜 세월 동안 원핵생물, 즉 핵이 없는 단세포 미생물들의 세계였다.

과학자들은 우리에게 낯선 이 '선先캄브리아기' 세계가 어떤 모습이었으며, 그 세계가 왜 그토록 갑작스러운 변화를 맞이했는지 알아내려

50억년 동안의 고독

고 수십 년 전부터 애쓰고 있다. 선캄브리아기 바위들에서 발견되는 단서들은 대부분 생명체와 환경 사이의 강력한 상호작용이 또 한 번 작용해서 세상을 돌이킬 수 없게 바꿔놓았음을 시사한다. 이 고대 미스터리를 푸는 열쇠는 바로 우리가 호흡하는 공기이다. 지구 대기 중의 산소가 바로 원시 지구에서 일어난 급격한 변화의 핵심에 놓여 있다.

선캄브리아기 연구의 필연적인 장애물은 바로 이 시기가 시간적으로 우리와 너무 멀다는 점이다. 오래된 바위일수록 과거의 어느 시점에 열기에 녹거나 구워져서 과거의 사건들과 환경에 관한 정보를 거의 모두 잃어버렸을 가능성이 높다. 선캄브리아기에는 세 개의 지질시대가 통째로 포함되어 있다. 가스와 먼지로 이루어진 원시 구름에서 우리 태양계가 형성된 시기인 시초대Chaotian Eon까지 포함시킨다면 네 개이다. 시초대가 끝난 뒤 약 45억3천만 년 전 거대한 충돌로 달이 형성되면서 태고대가 시작되어 거의 7억 년 뒤에 끝났다. 우리가 태고대에 대해 아는 것은 사실상 전혀 없다. 당시 지구는 처음 형성됐을 때의 열기가 식는 중이라 상당히 뜨거웠을 것이다. 하지만 아주 드물게 발견되는 태고대의 바위들에는 액체 형태의 물이 존재했던 미세한 증거가 남아 있어, 당시에도 지구 표면 여기저기에 바다가 있었음을 시사한다. 태고대와 그다음 시대인 시생대의 구분은 명확하지 않다. 41억 년 전부터 38억 년 전 사이에 발생한 후기 운석 대충돌기를 경계선으로 잡고 있기 때문이다. 이 시기에는 우리 태양계의 거대 행성들이 엄청난 양의 소행성들과 혜성들을 태양계 안쪽으로 던져댔던 것 같다. 태고대를 끝내고 시생대의 시작을 알린 이 운석 충돌기는 또한 지구에서 퇴적암들에 기록이 새겨지기 시작한 시기이기도 하다. 태고대의 퇴적암들과 그 안에 포함되었을 생명체들은 운석 충돌로 지각이 가루가 되고 물이 화르르 끓어오르는 환경에서 살아남지 못했다. 생명체가 존재한 최초의 증거, 그리고 지구가 지금과 같은 형태로 변신하기 시작한 증거가 발견되는 곳은 시생대의 바위들이다.

시생대 초기의 바위들에는 바다, 본격적인 지각 판의 이동, 점진적으로 커지는 대륙을 암시하는 증거들은 물론, 광합성을 하는 미생물들이 생산했음이 분명한 소량의 유기 탄소도 포함되어 있다. 하지만 대기 중 산소의 증거는 없다. 시생대의 지구는 무산소 상태에서 구축된 스모그 같은 유기물 안개가 구름처럼 떠 있는 하늘 밑에 황량한 지각이 펼쳐진 우울한 곳이었다. 기온도 아주 따뜻했을 가능성이 높다. 당시 지구를 지배한 생명체는 원핵생물 중에서도 메탄 생성 미생물, 즉 수소와 이산화탄소를 반응시켜 메탄을 생산해서 에너지원으로 사용하는 생물들이었다. 메탄은 열기를 붙잡아두는 능력이 이산화탄소보다도 훨씬 강력한 온실가스이다. 메탄 생성 미생물을 비롯한 여러 혐기성 미생물들이 지구를 지배하던 우울한 시기는 대략 10억 년 동안 계속되었던 것 같다. 만약 새로운 생명체, 즉 광합성을 할 수 있는 시아노박테리아가 갑자기 등장하지 않았다면 이 시기가 훨씬 더 오래 지속되었을지도 모른다.

시생대 후반기의 바위들에 처음으로 등장하는 시아노박테리아는 바닷물 같은 청록색 원핵생물로, 데본기의 식물이나 충적세의 인류와 마찬가지로 지구를 근본적으로 바꿔놓았다. 특히 시아노박테리아는 이후 모든 생물의 진화에 결정적인 영향을 미쳤으며, 선캄브리아기의 마지막 시대인 원생대의 경계를 정해주었다. 원생대는 현생대 이전 '초

50억 년 동안의 고독

기 생명체'가 살았던 20억 년 동안의 기간을 말한다. 그 이전 10억 년 동안 광합성을 하는 생물들이 수소, 황, 철, 그리고 다양한 유기 분자에서 화학에너지를 얻는 데 햇빛을 이용한 반면, 시아노박테리아는 햇빛을 이용해서 물을 분해하는 신진대사 과정을 발전시켰다. 물은 지구상에 훨씬 더 풍부하게 존재했으며, 더 많은 화학에너지를 품고 있었다. 새로운 신진대사 과정은 진화 과정의 행운이었던 것 같다. 과학자들이 아는 한, 이 행운은 길고 긴 지구의 역사를 통틀어 딱 한 번밖에 등장하지 않았다. 특히 가장 분명히 눈에 띄는 혁신은 엽록소였다. 뚜렷한 초록색을 띠며 빛을 흡수하는 이 분자들은 대개 분홍색이나 보라색을 띠던 과거의 광합성 색소보다 더 효과적으로 햇빛을 흡수했다. 시아노박테리아는 햇빛을 물속으로 끌어들이는 데 엽록소를 사용하게 된 뒤, 물에서 추출한 수소와 이산화탄소를 결합시켜 당을 합성하고 따로 떨어져나온 산소를 밖으로 배출했다. 시아노박테리아는 또한 공기 중에서 화학적으로 비활성인 질소를 추출해 디엔에이DNA와 단백질이라는 생화학적 기본 요소를 합성해내는 드문 능력까지 갖추고 있었다. 시아노박테리아는 스스로 비료를 생산하는 능력을 갖췄으므로 물, 이산화탄소, 햇빛이 있는 곳이라면 어디서든 독보적인 위치를 차지하고 번성했으며, 문자 그대로 지구를 정복하기라도 할 태세였다. 시생대 말과 원생대 초기의 바위들은 광활한 대양뿐만 아니라 얕은 바다와 해안까지 뒤덮고 번성하던 시아노박테리아가 정확히 무슨 일을 했는지 잘 보여준다.

지구의 새로운 지배자가 된 시아노박테리아가 산소를 워낙 풍부하게 생산했기 때문에 24억 년 전 무렵에는 지구에서 돌이킬 수 없는 변화가 진행되고 있었다. 바닷물 속에 녹아 있던 철이 산화되고 응고되어 바다 밑바닥으로 가라앉았다. 그렇게 생겨난 두꺼운 철 슬러지층은 먼 미래에 엔진, 고층 건물의 기둥, 전함의 선체 등이 될 운명이었다. 시아노박테리아가 생산한 산소는 초기에 대부분 유기 탄소, 화산에서 나온 휘발성 기체, 녹스는 바다와 반응해서 사라졌다. 이렇게 산화된 물질들이 바다 밑바닥으로 가라앉으면서, 전 세계의 바다 밑바닥은 층층이 쌓여 정체된 상태를 이루게 되었다. 훨씬 나중에 마셀러스 같은 흑색 셰일이 형성됐을 때와 비슷한 조건이었다. 전문가들은 나중에 잉여 산소가 이런 식으로 격리되지 않게 된 결정적인 계기가 무엇인지를 놓고 한없는 논쟁을 벌이고 있다. 하지만 그 이후의 결과에 대해서는 이론의 여지가 없다. 대부분의 바다가 수억 년 동안 산소 포화 상태가 되었기 때문에, 그 뒤로는 산소가 대기 중으로 올라갔다. 대기권 상층부에 이른 산소 분자들은 서로 뭉쳐서 생명체에게 해로운 태양 자외선을 대부분 흡수해주는 오존층을 이룸으로써, 저 아래 지표면에 살고 있는 생명체들을 보호해주었다.

산소의 증가는 내연기관이나 프레온가스를 내뿜는 냉장고 같은 것이 발명되기 훨씬 전에 지구가 처음으로 겪은 중대한 환경 위기였다. 새로 생겨난 오존층이 이로운 역할을 하기는 했지만, 산소의 증가는 시생대 동안 생겨나서 번성하던 혐기성 생물들에게는 더할 나위 없는 재앙이었다. 극단적으로 반응성이 좋은 산소가 그들에게는 끔찍한 독이었기 때문이다. 헤아릴 수도 없을 만큼 많은 미생물들이 깡그리 사라지고, 살아남은 혐기성 생물들은 대부분 햇빛을 피해 처음에는 깊은 바다와 호수의 어두운 밑바닥에 있는 무산소 진흙층으로 물러났

50억년 동안의 고독

다. 훨씬 나중에는 사람처럼 복잡한 구조를 지닌 동물들의 몸속에서 산소의 양이 적은 소화관으로도 들어갔다. 그들은 지금도 이 두 곳에서 살고 있다. 산소는 또한 산소를 생산하는 시아노박테리아에게도 하마터면 종말을 고할 뻔했다. 혐기성 생물인 메탄 생성 미생물과 대기 중에서 열기를 붙잡아두는 메탄의 감소로 지구 기온이 곤두박질치면서 원생대에 적어도 세 번의 빙하기가 발생했기 때문이다. 첫 번째 빙하기는 24억 년 전, 두 번째 빙하기는 7억5천만 년 전, 세 번째 빙하기는 약 6억 년 전이었다. 이 빙하기들이 모두 길고 지독해서 빙하가 적도까지 이르러 바다를 얼음 밑에 가둬버리는 바람에 광합성을 하는 생물들이 거의 멸종되다시피 했다. 캘리포니아 공과대학의 지질학 교수이며 원생대에 이처럼 극단적인 빙하기가 있었다는 증거를 발견하는 데 일조한 조지프 커슈빙크는 이 빙하기들을 '스노볼 지구' 사건이라고 불렀다. 당시 우주에서 지구를 보았다면, 스노볼처럼 보였을 것이라는 데서 착안한 이름이다. 적도 근처나 화산 근처의 뜨거운 지점에서는 얼음의 두께가 겨우 몇 미터밖에 되지 않아서 석양빛처럼 어스름한 빛이 바다로 스며들 수 있었을 것이다. 빛에 굶주린 바다에서는 생명체들이 아슬아슬하게 삶을 이어가고 있었다. 그래도 매번 빙하가 녹았음은 분명하다. 그러지 않았다면 지금 우리가 여기에 존재하지 않았을 것이다.

이런 재앙에서 새로운 기회가 생겨났다. 원생대의 빙하기는 매번 생물들에게 엄청난 진화의 압박을 가했을 뿐만 아니라, 대기 중 산소 양을 서서히 증가시켰다. 소수의 운 좋은 혐기성 생물들은 변이와 자연선택 덕분에 산소가 많아진 대기와 바다에 적응했다. 이 새로운 원핵생물들 중 일부는 시아노박테리아를 노예처럼 자신의 세포 안으로 거둬들여 스스로 광합성을 하게 됨으로써 복수를 하기도 했다. 내부 공생endosymbiosis이라고 불리는 이 과정 덕분에 최초의 진핵생물, 즉 중심에 핵이 있고 전문화된 세포 구조가 있는 세포를 지닌 생물들이 생겨났다. 현대 식물들이 초록색을 띠는 것은 세포에 엽록소가 가득한 엽록체가 있기 때문이다. 엽록체는 사실 시아노박테리아와 거의 구분되지 않는다. 현대 동식물의 세포에는 또한 미토콘드리아라는 구조가 포함되어 있는데, 모든 진핵생물들이 산소에서 신진대사에 필요한 에너지를 얻을 수 있는 것, 즉 호흡을 할 수 있는 것은 이 미토콘드리아 덕분이다. 엽록체와 미토콘드리아는 각각 숙주와는 다른 디엔에이DNA를 독자적으로 갖고 있다. 그들이 원생대 후반기 중 어느 시점에서 진핵세포에 통합된 원핵생물의 후손임을 확인해주는 사실이다.

약 6억 년 전에 발생한 원생대의 마지막 대빙하기가 끝날 무렵, 대기 중의 산소 양은 오늘날의 수준에 육박했으며, 이제 갓 태어난 새로운 진핵생물들이 산소의 엄청난 힘을 이용해서 화학에너지를 얻을 준비를 하고 있었다. 사상 처음으로 다세포생물들이 크고 활동적인 몸을 지탱할 수 있을 만큼 충분한 에너지를 공기에서 뽑아낼 수 있었다. 생명의 다양성이 폭발적으로 증가하고 생명체들이 발전하면서 복잡한 구조를 지닌 식물과 동물이 등장해 땅을 지배할 무대, 궁극적으로는 인류가 등장할 무대가 마련된 것이다. 이제 우리는 이 간략한 역사 이야기를 처음 시작했던 지점, 즉 펜실베이니아에서 가장 오래된 바위들이 형성된 캄브리아기의 뿌리로 되돌아왔다. 단순한 생물들만이 나타났던 이전 시대들에 비해, 5억 년 동안 복잡한 생물들이 싹을 틔우게

50억년 동안의 고독

된 커다란 전환기였다.

이렇게 인과관계를 파악할 수 있는 역사를 알고 있다 해도, 옛날에는 지구의 모습이 왜 지금과 달랐는지, 외계 행성처럼 생명체에게 적대적이던 지구가 어떻게 변하게 됐는지 이해하기가 쉽지 않다. 우선 길고 긴 행성의 시간을 인정하는 것이 기본이다. 1천 년 동안에 걸친 기후 변화는 사막이 있던 자리를 숲으로 바꿔놓을 수 있다. 지각 판이 1백만 년 동안 이동하면, 탁 트인 벌판에 산이 솟아오를 수 있다. 시행착오를 통한 진화가 1억 년 동안 지속되면, 원핵생물이 진핵생물로, 쥐가 인간으로 바뀔 수 있다. 10억 년이라면 행성 하나를 완전히 바꿔놓기에 충분한 시간이다. 대부분의 사람들에게 현생대와 원생대는 같은 말처럼 들릴 것이고, 1백만 년과 10억 년의 차이는 시간의 차이가 아니라 단순한 숫자의 차이로 보일 것이다. 하지만 간단한 사고실험으로 진실을 알 수 있다.

5억4천2백만 년에 이르는 현생대 전체가 지구 역사의 약 8분의 1에 불과하다는 점을 생각해보라. 저술가 빌 브라이슨이 그랬던 것처럼, 타임머신에 올라타서 초속 1년의 속도로 현생대 여명기를 향해 거슬러 올라간다고 상상해보자. 그러면 90분 뒤에 청동기시대가 나올 것이다. 스톤헨지가 건설되고, 말이 가축화되며, 아브라함이 나오는 종교들이 만들어지던 시기이다. 하루가 지나면 석기시대 중반에 도착한다. 인간들이 작은 무리를 지어 식량을 찾아다니다가 아프리카에서 벗어나기 시작한 시점이다. 캄브리아기 초기, 현생대의 뿌리까지 가는 데는 약 17년이 걸릴 것이다. 그런데 선캄브리아기는 시간적으로 현생대의 거의 10배에 이른다. 따라서 멀고 먼 캄브리아기에서 출발해 초속 1년의 속도로 다시 125년을 여행해야 지구가 처음 생겨난 순간에 도착할 수 있다.

이번에는 지구의 역사 45억 년을 1년으로 보고 달력을 만들어보자. 선캄브리아기는 원시성운에서 지구가 생겨난 새해 첫날에 시작되어 11월 중순 캄브리아기 대폭발 때까지 계속 이어진다. 생명이 나타나는 것은 2월 말 어느 시점이지만, 시아노박테리아가 산소를 만들어내 대기권으로 올려 보내기 시작하는 것은 6월 중순이다. 마셀러스 셰일은 추수감사절 며칠 뒤에 형성되고, 펜실베이니아의 석탄층은 모두 12월 첫째 주에 형성된다. 그다음 주에 공룡들이 나타나지만, 크리스마스 무렵 멸종된다. 해부학적인 구조가 현대인과 같은 인류는 아주 늦게, 그러니까 12월 31일 밤 11시 45분이 조금 지났을 때 나타난다. 자정 1분 전, 마지막 빙하가 극지방으로 물러나고 충적세 간빙기가 시작된다. 자정까지 대략 1초가 남았을 때, 지구는 인류세에 들어선다.

저술가 존 맥피는 이보다 더 적나라한 시각적 설명을 고안해냈다. 양팔을 넓게 벌린 길이를 지구의 역사로 가정한다. 지구가 형성된 시기는 왼손 가운뎃손가락 끝이다. 캄브리아기는 오른쪽 손목에서 시작되고, 복잡한 구조를 지닌 생물들이 나타나기 시작한 곳은 오른손 손바닥이다. 원한다면, "손톱을 다듬는 줄을 한 번만 휘둘러도" 인류 역사를 몽땅 갈아버릴 수 있다.

이렇게 길고 광대한 시간에는 지질학자들과 일반 학자들도, 그리고 지구와 행성을 연구하는 과학자들도 결코 완전히 익숙해지지 못한다. 화석화된 삼엽충, 이파리, 공룡 발자국 등을 보면서 학자들도 뼛속 깊이 전율을 느낀다. 가슴 속에 호흡으로는 채울 수 없는 구멍이 생겨 가늘게 떨리기도 한다. 천체들의 움직임을 측정하거나, 지구의 돌에 남은 기록을 정리할 수는 있다. 불가해한 지식을 친숙한 것으로 바꿔서 정리할 수도 있다. 하지만 먼지에서 태어나 겨우 1세기 만에 먼지로 돌아가는 생물이 그 억겁의 세월을 진정으로 이해할 수 있을 것이라고 감히 말할 수는 없다. 대신 그들은 시간을 벗어나서 일시적으로나마 영원한 존재가 되는 법을 배워야 한다. 그래서 그들의 세계에는 두 개의 차원이 겹쳐져 있다. 하나는 눈에 뻔히 보이는 덧없는 세상이고, 다른 하나는 사람들의 시야에서 가려져 있는 영원한 세상이다. 행성은 대륙의 충돌과 화산 폭발을 통해 우리로서는 뭔지 알 수 없는 목적을 추구하는 거대한 기계 또는 생물이 된다. 바위에서 일어나 하늘을 호흡하는 바다에서 사람은 단백질을 뒤집어쓴 물결이 된다. 또한 별들의 모루에서 벼려진 원자로 이루어져 태양을 먹는 존재이다. 긴 진화 과정에서 지상에 나타났다 사라져간 제국들을 살펴보라. 그 꼭대기를 가늘게 덮고 있는 인간의 존재는 아주 쉽게 깎여나갈 것 같다. 인류가 얼마나 빠른 속도로 질주하며 세상을 습격했는지 느껴진다. 인류의 부상은 갑작스러운 폭발과도 같다. 자기 성찰이라는 영리한 불꽃으로 불이 붙은 그 폭발은 사바나와 동굴에서 폭발적으로 힘을 얻어 생물권 전체를 밝게 태우고, 기술의 유탄을 지구 전체로, 태양계로, 그 너머 미지의 영역으로 보냈다. 빙하의 해빙과 더불어 의식의 커다란 도약이 이루어진 뒤, 인류가 달에 발자국을 새기는 데에는 작게 한 발을 떼는 것으로 충분했다. 찬란하지만 덧없는 현대는 영원한 지구의 어두운 심연 같은 억겁의 세월 위에서 번개처럼 퍼뜩 지나간다. 자신의 덧없음을 알아차리지 못하는 문화에 흠뻑 젖은 지질시대 연구자들은 이 모든 것을 보면서 어떻게든 인류도 언젠가는 영원해질 수 있을까 의문을 품는다.

현대 생활과 길고 긴 시간이라는 두 가지 현실을 곰곰이 생각하다 보면 서로 섞일 수 없는 감정들이 생겨난다. 냉담함과 불안이 묘하게 뒤섞여 쉽게 사라지지 않는 것이다. 지구의 역사라는 화려한 무대를 배경으로 하면 순간에 불과한 인간의 삶은 거의 무용해 보일 만큼 쪼그라든다. 사람들의 습관과 행동, 집단적인 선택이 지구의 복잡한 생태계를 망각 속으로 억지로 미끄러뜨리고 있는 지금도 마찬가지다. 하지만 인류세의 변화들이 고통스러울지라도, 그 변화들 역시 지구를 지배하는 인류의 위세와 마찬가지로 영원하지는 않을 듯하다. 일단 멸종한 생물을 쉽게 되살릴 수 없는 것은 확실한 사실이지만, 세월이 흘러도 지구의 생물 다양성이 회복되지 못할 것이라고 믿을 근거는 별로 없다. 과거에도 생물 다양성이 회복된 사례가 있기 때문이다. 현대 문명이 커다란 힘을 지니고도 생명의 계통수系統樹에서 가장 기초적인 뿌리를 이루는 왕성한 미생물계를 아주 조금 건드리는 것조차 쉽게 해내지 못한다는 사실을 축복으로 볼 수도 있을 것이다. 그렇지 않았다면, 우리가 생태계를 파괴하는 데 지금보다 훨씬 더 결정적인 영향을 미쳤을지 모른다. 대륙괴가 점점 커지면서 바다의 지각이 줄어들고 화산이 폭발하면 생물과 관련되지 않은 변화들, 즉 지구의 화학적 구성, 대기와 바다의 대류 패턴 등의 변화가 대부분 거꾸로 뒤집히고 지워질 것이다. 지구의 부활이 수백만 년에 걸쳐 일어날 것이라는 사실이 오늘과 내일을 살아갈 인간들에게는 위안이 되지 않을지 모른다. 우리 문명의 발길에 짓밟힌 수많은 생물들에게도 도움이 되지 않

50억년 동안의 고독

을 수 있다. 하지만 그렇다고 해서 지구가 회복할 것이라는 말이 터무니없어지는 것은 아니다. 풀은 자라고, 태양은 빛나고, 지상의 생명체들은 도구를 사용할 줄 아는 영악한 영장류 무리가 있든 없든 삶을 이어갈 것이다. 그러니까 적어도 억겁의 세월 동안 자신의 죽음을 향해 핵융합반응을 하며 밝게 빛나는 태양이 지상의 모든 것에게 궁극적인 종말을 가져다줄 때까지는 그렇다는 얘기다.

우리가 이런 이야기를 들으면서 문명의 몰락 가능성과 풍부한 생물 자원이 파괴되는 현실에 대해 흥분할 것인지 여부는 각자의 인식에 달렸다. 이른바 '큰 그림'이라고 할 수 있는 전체적인 구조, 즉 지구 생태계에서 시작해 우리 은하에 이르기까지 만물의 구조 안에서 인류의 위치가 어디라고 생각하는지에 달렸다는 얘기다. 사실 자연이라는 커다란 그림 안에서 인류는 작고 작은 한 조각에 불과하다. 우주라는 척도에서는 심지어 은하계도 수천억 개의 성운 조각들 중 한 개에 불과하고, 규모를 확 줄여서 양자 세계로 내려가면 지구에서 태어난 생명의 불꽃, 지능, 기술의 의미를 식별하기가 힘들어진다. 하지만 우주와 양자 세계 사이에 위치한 우리 세계, 불확실하지만 햇빛으로 가득 찬 이 공간에서는 더 훌륭해질 미래의 약속을 알아보고, 우리의 불꽃이 수십 억 년 동안 단 하나의 행성에서만 고독하게 타오르던 처지를 벗어나 행성과 항성의 시간을 초월해서 영원한 은하의 뿌리를 비출 것이라고 그려보는 일이 얼마든지 가능하다.

7장

평형을 벗어나서

난 불가해한 우주가 고통을 축으로 돌고 있다고는 믿을 수 없다.
분명 어딘가엔 순수한 기쁨 위에 세워진 기이하고 아름다운 세상이 있을 거라고 생각한다.
_ 루이스 보건

세세한 부분을 무시하고 큰 그림을 보려는 지구과학자들의 성향을 알기 때문에 나는 어느 날 오전에 마셀러스센터와 펜실베이니아대학의 지구과학과가 있는 붉은 벽돌 건물 디크 빌딩에서 겪은 일을 이해할 수 있었다. 내가 텅 빈 복도의 엘리베이터 옆에 서서 누군가를 기다리고 있는데, 키가 작고 안경을 쓴 남자가 플란넬 남방과 카키색 바지 차림으로 모퉁이를 돌아 나와 나를 흘깃 보고 지나가더니 가까운 화장실로 들어갔다. 1분 뒤 남자가 화장실에서 나와서 내 옆을 지나가다가 식수대에 멈춰 서서 물을 마시고는 다시 복도를 걸어갔다. 이제 몇 걸음만 더 가면 그가 모퉁이를 돌아 사라질 즈음, 내가 그를 불렀다. 그는 돌아서서 나를 바라보았지만 내가 누구인지 금방 알아차리지 못하는 것 같았다.

놀라운 일이었다. 나는 그가 펜실베이니아대학의 지구과학 교수인 짐 캐스팅임을 알아보았는데, 그의 전공 분야는 지구 대기와 기후의 변화였다. 전날 저녁 시끄러운 술집 겸 식당인 '매드 맥스'에서 두 시간이 넘도록 이야기를 나누면서 우리는 오전에 다시 만나 그의 연구에 대해 계속 이야기를 나누기로 했었다. 게다가 나는 몇 분 전 디크에 도착했을 때 그와 통화까지 했다. 그런데도 그는 복도에서 두 번이나 나를 지나치면서도 마치 벽에 늘어선 유리 전시대 안의 퇴적암 조각을 보듯이 나를 바라보았다.

"아." 마침내 그가 말했다. "안녕하세요, 리. 당신을 미처 못 봤습니다. 내 연구실로 가죠."

NASA의 우주비행사, 그러니까 우주 전쟁에 참전한 전형적인 전투기 조종사 같은 유형이 아니라 아폴로 우주선 이후에 등장한, 학문적인 경력이 훌륭하고 엄격한 운동 마니아 같은 유형을 한번 상상해보라. 짐 캐스팅이 바로 그 이미지와 아주 흡사한 사람이다. 캐스팅은 쉰여덟 살이지만 수영, 달리기, 역기 등의 운동을 엄격히 하는 덕분에 훨씬 젊어 보인다. 얼굴은 학자풍 미남이며, 널찍한 이마에는 권위가 있고, 몸은 레슬러처럼 탄탄하고 강건하다. 그는 전공 분야인 행성의 탄소순환에 대해 이야기할 때뿐만 아니라, 스포츠카의 후륜구동 장치의 이점에 대해 이야기할 때도 박식함을 드러낸다. 그의 말투는 또박또박하고 정확하며, 감정이 목소리에 그림자를 드리우는 경우가 매우 드물다. 언제나 그다지 바빠 서두르는 것처럼 보이지 않는데도, 기념비적인 생산성을 자랑한다. 하지만 가장 우주비행사를 연상시키는 부분은 그보다 잘 드러나지 않는 분위기에 있다. 자신이 이 세상에서 아주 작은 일부에 불과하다는 사실을 잘 알고 있음을 암시하는 차분한 분위기를 지니고 있는 것이다. 그것은 어딘가 높은 곳에서 오랜 시간 동안 지구에 대해 곰곰이 생각한 결과 깨우친 인식이다.

캐스팅의 성장 환경을 생각하면, 그가 우주비행사를 닮은 것도 무리가 아니다. 나는 전날 저녁에 펜실베이니아대학의 학생들이 술에 취해 시끄럽게 떠들어대는 곳에서 1달러짜리 타코를 저녁으로 먹으며 그의 어린 시절에 대한 이야기를 들었다. 그는 1953년 1월 2일 아주 이른 시각에 뉴욕 주 스키넥터디에서 쌍둥이로 태어났다. 쌍둥이 형제의 이름은 제리였다. 그리고 몇 년 뒤에는 여동생 샌디가 태어났다. 어머니는 집에서 자녀들을 기르는 데 전념했지만, 나중에 화학과 수학 전공으로 학위를 따서 대학에서 학생들을 가르쳤다. 아버지는 기계와 전기를 전공한 공학자로, 제너럴 일렉트릭GE의 하청을 받아 제트엔진을 만드는 일을 했다. 따라서 GE와의 계약에 따라 이곳저곳을 돌아다녀야 했으므로 가족들은 한곳에 오래 머물러 살지 못했다. 처음에는 스키넥터디, 그다음에는 신시내티, 다시 스키넥터디로 이주했다가 1963년에 앨라배마 주 헌츠빌로 옮겨 가서 7년 동안 살았다. 캐스팅의 아버지가 헌츠빌에서 맡은 일은 세상에서 처음 보는 완전히 새로운 일이었다. 특히 당시 초등학교 5학년이던 캐스팅 형제에게는 그러했다. 형제의 아버지는 앨라배마에서 NASA의 새턴 로켓에 들어갈 3단계 엔진을 만드는 일을 했다.

1960년대에 헌츠빌은 우주 시대 초기의 기대로 들떠 있었다. 미국 최초의 탄도미사일에 들어갈 로켓, 위성, 우주비행사 등이 근처의 레드스톤 군수공장에서 개발되거나 조련되었고, 헌츠빌 주민들은 대부분 우주 계획과 직간접적으로 관련된 일을 했다. 그들이 식당에 나와 저녁 식사를 할 때면, 간혹 아폴로 프로그램의 최고 기획자인 베르너 폰 브라운이 옆자리에 앉아 완고한 표정으로 스테이크를 조각내는 모습을 볼 수 있었다. 집에 돌아가 저녁 뉴스를 틀면, 또 폰 브라운이 나와 독일식 발음으로 신개척 분야에 대해 이야기했다. 그는 헌츠빌에서 남서쪽으로 약 20킬로미터 떨어진 NASA의 마셜우주비행센터를 이끌고 있었다. 짐과 제리는 검은 리무진들이 줄지어 시내를 지나가는 것을 가끔 보았다. 그것은 연방 정부의 브이아이피VIP가 마셜센터의 폰 브라운을 만나러 가고 있다는 뜻이었다. 미국은 달에 갈 예정이었고, 전 세계가 새로운 혁명의 문턱에 와 있는 것 같았다. 하지만 두 소년은 헌츠빌의 땅이 한 번에 몇 분씩 정기적으로 흔들리기 시작한 뒤에야 아버지의 일이 얼마나 엄청난 것인지 비로소 이해했다. 마셜센터의 시험대에 고정된 새턴 로켓의 엔진들이 엄청난 양의 액체수소와 산소를 태워 초당 몇백만 킬로그램의 추진력을 만들어내며 성능 시험을 받는 중이었다. 매번 시험을 위해 불을 붙일 때마다 땅이 깊이 울리면서 층층나무와 목련이 잘게 떨리고, 깜짝 놀란 새들이 구름처럼 하늘을 채웠다. 울림은 급속히 커져 긴 포효처럼 이어지며 마을의 지하를 관통했고, 창문 유리에는 쩍쩍 금이 갔다. 어린 짐은 언젠가 NASA에서, 우주비행사가 아니라면 과학자로라도 일하고 싶다는 열망을 품게 되었다. 로켓의 포효는 지구라는 요람 너머에서 인류가 새로운 운명을 시험하게 될 미래의 신호였다.

캐스팅은 학교에서 수학과 과학을 열심히 공부하고, 과학소설들을 닥치는 대로 읽기 시작했다. 그중에서도 은하 제국의 흥망성쇠를 그린 아이작 아시모프의 '파운데이션' 시리즈를 아주 좋아했다. 이 소설의 주 무대는 제국의 수도 행성인 트란토르로, 당시 그리 멀지 않은 지구의 미래라고 여겨지던 모습을 상징하는 곳이었다. 이곳은 고층 건물과 슈퍼고속도로, 돔 안에 설치된 농장과 거주지로 이루어진 번쩍이는 기술 유토피아와 40억 인구의 발자국 밑에서 바다와 육지는 물론 자연 그 자체가 완전히 숨통이 막혀 숨죽이고 있는 모습을 보여주었다. "나는 거창한 주제를 다루는 책들이 좋았습니다. 인류의 미래라든가, 사회를 경영하는 방법 같은 것을 다루는 책들 말입니다." 캐스팅이 말했다. "'파운데이션' 시리즈는 멋졌죠. '심리 역사'라니요. 사람이 충분히 많아지면, 그들의 행동이 원자나 분자와 똑같아진다는 이론입니다. 개인의 행동은 예측할 수 없지만 집단의 행동은 예측할 수 있기 때문에 문명의 행동 또한 통계적인 방법으로 통제할 수 있게 된다는 거죠. 그 이론이 사실인지는 모르겠어요. 사람들은 상당히 복잡한 존재니까요. 어쨌든 그 덕분에 나는 우리가 예측할 수 있는 것이 무엇인지에 대해 더 많이 생각하게 되었습니다."

중학생 시절 어느 늦은 저녁에 캐스팅의 아버지가 퇴근해 돌아오면서 삼각대에 얹은 6.3센티미터 굴절망원경을 가져왔다. 새로운 로켓들이 가 닿을 수 있는 모든 천체들을 보기에 적합한 망원경이었다. 맑은 날 밤이면 토성의 고리, 붉은 원반 모양의 화성, 인류가 곧 걸음을 내딛게 될 달의 평원과 구덩이를 볼 수 있었다. 망원경을 통해 본 울퉁불퉁한 달 표면은 너무 가까워 보여서 손을 뻗으면 닿을 것 같았다. 박물관 벽에 걸린, 물감을 두껍게 칠한 흑백 풍경화 같기도 했다. 몇 년 뒤 짐의 관심은 태양계를 넘어섰다. 예전 것보다 강력한 10.8센티미터짜리 반사망원경을 손에 넣었을 때였다. 그는 가까운 곳에 행성 성운과 은하가 있는지 찾아보려고 하늘을 관찰하기 시작했다. 누군가가 저렇게 멀고 먼 곳에서 커다란 망원경을 가지고 지구처럼 생명이 사는 행성을 바라본다면, 그 행성의 모습이 어떻게 보일지 가끔 궁금해졌다.

고등학교를 마친 뒤 짐은 NASA의 궤도와 자신의 길이 겹치기를 바라며, 나아갈 방향을 정했다. 학부는 하버드에서 마쳤고, 미시건대학에서 대기 과학으로 박사 학위를 받았으며, 마지막으로 여러 곳에서 박사후 연구원으로 일했다. 1981년에 그는 꿈을 이뤘다. 캘리포니아주 마운틴뷰에 있는 NASA의 에임스연구센터에 특별연구원으로 들어가게 된 것이다.

짐이 NASA에 데뷔한 지 얼마 되지 않았을 때 그의 아버지가 캘리포니아로 그를 만나러 왔다. 짐이 아내 샤론과의 사이에서 첫아들인 제프를 얻은 직후였다. 아버지는 금성, 지구, 화성의 초기 대기 변화 모델을 만들기 위해 짐이 이제 막 첫발을 뗀 연구에 대해 자랑하는 것을 열심히 들으며 미소를 짓기도 하고 고개를 끄덕이기도 했다. 짐은 NASA라는 순풍을 받으며 이 문제에 모든 시간을 쏟고 있었기 때문에 빠르게 앞으로 나아가면서 그 누구보다 커다란 성과를 거두고 있었다. 그런데 아버지는 짐이 멀고 먼 행성의 과거와 미래를 예언하는 일로 가족을 부양할 수 있을지 불안했거나, 아니면 항상 위대한 사람이 되라고 자식들을 밀어붙이는 일이 습관이 되어버린 모양이었다. 짐의 설명이 끝난 뒤 아버지는 언제쯤 진짜 직장을 얻을 생각이냐고 곧바로 물었다. 사실 캐스팅의 연구는 이미 행성과학을 혁명적으로 변화시키고 있었으므로, 그는 NASA의 고속 승진 코스를 걷고 있었다. 1983년에 특별연구원 계약이 만료되었을 때, 그는 에임스연구센터의 정식 연구

50억년 동안의 고독

원으로 곧장 채용되었다. 그는 그곳에서 1988년까지 일하다가 펜실베이니아대학으로 옮겨 갔다. 짐과 샤론은 NASA에서 월급을 받으며, 패트릭과 마크라는 아들 둘을 더 낳았다.

펜실베이니아대학에 있는 캐스팅의 연구실을 장식한 것은 파란색과 하얀색으로 된 동양식 융단, 그리고 딱딱한 책과 논문과 보고서 사이에서 누렇게 변해가는 천문학 관련 포스터 몇 장뿐이었다. 연구실 한편을 차지한 커다란 파일 함 세 개에는 우주생물학 관련 1차 문헌들이 족히 0.5톤쯤 들어 있었다. 반대편 벽은 책꽂이였다. 칸마다 손때 묻은 책들이 가득했다. 《지구 변화의 생물지질화학》, 《대기와 바다의 화학적 변화》, 《대기 방사능의 기초》 등의 제목이 보였다. 그 옆의 화이트보드는 맨 위부터 바닥까지 항성 분출물, 대기 부분압, 표면 온도 등에 대해 속기로 휘갈긴 구절들이 가득했다. 또한 각각 다른 색으로 쓴 세 종류의 미분방정식이 정신없이 서로 겹쳐 있는 것도 보였다.

이 책들과 방정식은 캐스팅의 진정한 관심사가 무엇인지 보여주었다. 그는 우리가 살고 있는 작은 행성을 넘어, 어린 시절 뒷마당에서 망원경을 들여다보며 생각하던 것들로 돌아가 있었다. 그는 생명이 살 수 있는 행성에 관해 전 세계에서 가장 뛰어난 권위자로 널리 인정받고 있다. 생명에 우호적인 행성이 어떻게 생겨나서 지질시대들을 거치며 어떻게 발전하는지가 그의 연구 분야이다. 지구가 그랬던 것처럼, 그도 선캄브리아기의 어두운 변방에서 대부분의 시간을 보냈다. 특히 지구에서 광합성이 앞으로 복잡한 생물들을 부양할 수 있는 기간(약 10억 년), 지구와 충돌해서 바다를 증발시킬 수 있는 소행성의 최소 크기(폭 432킬로미터), 인류가 구할 수 있는 화석연료를 모두 태운다면 지구가 금성처럼 통제가 불가능한 온실로 바뀔지의 여부(엄밀히 말하면 아직 결론이 내려지지 않았지만, 캐스팅은 다행히 그렇게 될 가능성이 없다고 본다)를 계산하는 데 손을 보탰다.

전날 함께 저녁 식사를 하면서 나는 주위의 황무지를 같이 돌아보자고 제의했다. 그러면 캐스팅이 주위 풍경을 사례로 이용해서 지구를 하나의 시스템으로 보는 그의 '큰 그림'을 잘 설명할 수 있을 것 같았다. 생명이 살 수 있는 환경이 만들어지는 것을 긴 세월에 걸쳐 진행되는 과정으로 보는 견해에 대해서도 마찬가지였다. "나는 현장에서 상당히 쓸모없는 사람입니다." 처음에 그는 이런 말로 사양했다. "사실 정식으로 지질학을 배운 적이 없거든요. 아마 바위를 봐도 그것의 성분이 탄산염인지 규산염인지 구분하지 못할 겁니다. 땅에서 빙하에 긁힌 자국을 찾아내는 것만으로도 운이 좋다고 해야 할 거예요." 그런데 마르가리타 한 잔을 마시고 나서는 생각을 바꿔서 나와 함께 블랙 모섀넌 주립공원으로 나가겠다고 말했다. 펜실베이니아대학 캠퍼스에서 북서쪽으로 20분쯤 차를 타고 가면 나오는, 숲과 습지로 이루어진 약 13평방킬로미터 규모의 공원이다. "어쨌든 나는 별로 쓸모가 없겠지만, 그래도 걷기에는 좋을 겁니다." 캐스팅이 말했다.

과학자들이 어쩌면 생명이 살 수 있을 것 같은 행성을 또 하나 발견했다고 발표할 때마다 그 뒤에서는 진부한 일들이 펼쳐진다. 그 과정을 간단히 요약하면 다음과 같다. 먼저 천문학자들이 새로 발견된 행성의 질량을 측정한다. 가능하다면 반지름도 재서 그 행성의 밀도, 지구처럼 바위 행성일 확률에 대한 추정치를 산출한다. 이 바위 행성과 항성의 거리, 항성이 내뿜는 빛의 강도와 색깔도 파악한다. 이제는 볼펜으로 손바닥 하나에 충분히 적어 넣을 수 있는 이 빈약한 데이터를 수치數値 모델링으로 돌려서 해석할 차례다. 천문학자들은 특히 캐스팅의 논문 중에서 가장 자주 인용되는 〈주계열성 주위의 생명체 가능구역〉을 참조한다. 1993년에 학술지 〈이카로스〉에 발표된 이 논문에서 캐스팅은 동료 댄 휘트마이어, 레이 레이놀즈와 함께 자신이 개발한 기후 모델을 이용해서, 항성에서 어느 정도 거리에 물이 표면에 존재하는 바위 행성이 있을 가능성이 가장 높은지 살펴보았다. 이 구역보다 항성에 더 가까운 행성에서는 표면이 너무 뜨겁기 때문에 물이 곧바로 증발해 대기 중에 머무르다가 조금씩 우주 공간으로 나가버릴 것이다. 금성의 경우와 비슷하다. 이 구역보다 멀리 있는 행성에서는 화성의 경우처럼 표면의 물이 얼어버릴 것이다. 조사 결과 새로 발견된 바위 행성이 캐스팅의 생명체 가능구역에 속하는 것으로 밝혀지면, 곧 그 발견자들이 연구 자금을 지원해준 연구소의 언론 담당 부서에 연락을 하고, 그들의 이름이 저녁 뉴스와 〈뉴욕타임스〉에 등장한다. 캐스팅은 2013년 1월에 20년 전의 계산을 조금 수정한 논문을 공동 저술했지만, 예전 논문의 핵심 내용은 크게 바뀌지 않았다.

빈약한 데이터를 이용해서 멀고 먼 행성에 생명이 살 수 있는지 여부를 추정하는 것은 불확실성이 따르는 일이다. 중요한 부분들을 가정이나 믿음으로 처리하는 일이 일상적으로 일어날 수밖에 없기 때문이다. 그나마 이런 추정이 가능한 것은, 적어도 우리가 아는 한 태양계에

서든 멀고 먼 항성 주위에서든 우리가 관찰할 수 있는 우주 어디에서
나 자연법칙이 똑같이 작용하기 때문이다. 우주 어디서든 행성에 닿는
항성의 빛은 그 행성의 시스템에 에너지를 공급해준다. 행성 표면까지
닿는 에너지의 양은 그 행성의 대기 구성 및 항성의 빛이 지닌 파장, 즉
색깔에 따라 달라진다. 캐스팅의 연구 팀은 표준이 되어버린 1993년의
계산에서 지구형 행성의 가장 전형적인 대기 구성을 가정했다. 즉 다량
의 비활성 질소, 상당량의 이산화탄소와 수증기로 구성된 대기를 가정
했다는 뜻이다. 여러 증거들은 태고대 초기 지구의 대기가 대체로 이런
상태였음을 시사하지만, 아직 대기 구성이 밝혀지지 않은 먼 외계의 바
위 행성에 대해서는 그저 희망적인 추측을 할 수밖에 없다.

캐스팅의 연구 팀은 이처럼 대기 구성을 결정한 뒤, 핵심적인 계산을
시작했다. 대부분 캐스팅이 NASA에서 7년 동안 일하면서 발전시킨 계
산이었다. 그는 NASA에서 근무하는 동안 내내 별빛과 대기 사이의 여
러 중요한 상호작용을 일일이 손으로 정리해 분류하면서 자신의 모
델을 완벽히 다듬는 데 시간을 바쳤다. 현실 세계와 캐스팅의 모델에
서 특정한 파장을 지닌 광자는 대기권 상층부에서 그냥 반사되어버린
다. 하지만 파장이 달라지면 광자가 행성 표면까지 무사히 도달할 수
있다. 실제 행성에서든 가상 행성에서든 대기권 안으로 들어온 광자는
구름이나 지상의 밝은 얼음에 부딪혀 반사될 수 있다. 온실가스나 짙
은 색을 띤 바닷물에 흡수될 수도 있다. 특별히 에너지가 넘치는 광자
(자외선, 또는 전자기 스펙트럼의 상단부에 위치하는 광자)는 허공과 땅 위에
서 다른 분자들과 충돌해 그들을 쪼개버리는 방식으로 완전히 새로
운 물질을 만들어내기도 한다. 이것을 '광분해'라고 부른다. 광분해로

만들어진 물질들 또한 별빛의 흡수 또는 반사에 나름대로 2차적인 영향을 미칠 수 있으므로, 이 모든 것을 계산에 포함시켜야 한다. 캐스팅은 세월이 흐르는 동안 필요한 데이터를 손에 넣는 대로 축적해서 복사선 흡수표, 광화학 반응률, 여러 기체의 대기 중 수명, 행성 전체에서 특정 기체들이 화산에서 분출되거나 바위에 흡수되는 속도 등에 대한 방대한 자료를 모았다. 이 모든 현상들은 행성의 대기 구성과 표면의 평균온도, 즉 기후에 엄청난 영향을 미친다.

순진하게 지구에 닿은 햇빛의 양과 평균 반사율만을 근거로 현대 지표면의 평균온도를 계산한다면, 섭씨 -18도라는 수치가 나온다. 물의 어는점보다 한참 낮은 온도이다. 하지만 캐스팅의 기후 모델 중 하나를 이용해서 계산하면 섭씨 15도라는 답이 나온다. 물론 이것은 지구 표면의 실제 평균온도와 일치하는 숫자이다. 계산 결과가 이처럼 달라지는 것은 주로 여러 온실가스로 인한 온난화 효과 때문이다. 캐스팅은 각각의 온실가스가 미치는 영향을 일일이 계산에 포함시켜야 했다.

예를 들어 수증기는 이산화탄소보다 훨씬 더 강력한 온실가스로서 빛의 스펙트럼 중 열적외선 부분에서 훨씬 많은 양을 효과적으로 흡수하기 때문에 아주 조심스럽게 다뤄야 한다. 또한 기후에 미치는 영향도 질적으로 다르다. 전형적인 지구 기온에서는 기체 상태를 유지하는 이산화탄소와 달리 수증기는 지구의 기온 변화에 커다란 영향을 받기 때문이다. 기온이 낮아지면 수증기가 응축되어 구름으로 변했다가 비, 눈, 우박의 형태로 지상에 떨어진다. 그러면 온실효과가 사라지면서 기온이 더욱더 내려간다. 반대로 기온이 높아지면 지상에 있는 물의 증발 속도가 높아져서 대기 중에 더 많은 수증기가 섞이게 되므로 기온이 더욱더 올라간다. 따라서 수증기는 다른 기후변화, 예를 들어 대기 중 이산화탄소 양에 따라 기온이 꾸준히 올라가는 현상 같은 것을 증폭시키는 양성 피드백 고리 속에서 움직인다. 이산화탄소가 기후변화의 축이라면, 수증기는 레버인 셈이다.

캐스팅의 기후 모델 중 하나에서 '기온-기압 프로필'이라는 중요한 결과를 도출할 수 있다. 기온-기압 프로필이란 대기권에 닿는 항성의 빛이 대기권의 온도와 수직 구조에 미치는 영향을 일컫는 과학 용어이다. 예를 들어 지구 대기권은 태양이 보내오는 햇빛 중 4분의 1을 반사하고, 또 다른 4분의 1을 온실가스로 흡수한다. 따라서 지표면까지 닿는 햇빛은 대략 절반이 된다. 이는 평균적으로 지구 대기권이 지표면보다 차가우며, 대류에 의해 바닥에서부터 위로 데워진다는 의미이다. 화덕 위에 올려놓은 주전자의 물이 데워질 때와 같다. 지표면의 온도 상승과 대류는 대부분 적도 주위에서 발생한다. 어느 천체이든 대략 조사해보면 알 수 있겠지만, 적도는 바로 머리 위에서 쨍쨍 내리쬐는 햇빛을 흡수하는 표면적이 다른 지역보다 넓은 곳이다. 습기가 많은 공기가 들어 있는 대류환들은 따뜻한 지표면에서 물결치듯 위로 올라가 확장되면서 점점 차가워진다. 그렇게 온도가 내려가다 보면 나중에는 습기가 응축된 수증기 형태로 빠져나온다. 다시 말해 구름과 비가 만들어진다는 뜻이다. 대기권의 대류는 적도 지방이 극지방보다 더운 이유와, 산꼭대기라고 해봐야 태양과의 거리가 겨우 눈곱만큼 가까울 뿐인데 그곳의 공기가 평지에 비해 더 희박하고 차가우며 건조한 이유를, 그리고 태양이 정점을 지나고 몇 시간 뒤인 뜨거운 오

50억년 동안의 고독

후나 초저녁에 주로 뇌우가 발생하는 이유를 설명해준다.

지구의 기온-기압 프로필은 대기권에 대류권 계면이라는 것을 만들어낸다. 이것은 기상 변화가 가득한 따스한 대류권과 춥고 공기가 희박한 성층권 사이의 경계면이다. 수증기는 차가운 기온에 노출되면 응축되므로, 대기권 상층부의 차가운 층 때문에 사실상 대류권 계면 아래에 갇혀 있다. 지구에 오랫동안 물이 존재하는 데 이 '차가운 덫' 효과가 얼마나 중요한 역할을 하는지가 분명히 드러난 것은 1980년대에 캐스팅이 NASA의 에임스연구센터에서 제임스 팔럭을 비롯한 몇몇 동료들과 함께 실시한 일련의 연구를 통해서였다. 그들은 지구와 가까운 쌍둥이 행성인 금성이 처음에는 지금의 지구와 비슷하게 온화하고 습한 곳이었다는 증거들이 있는데도 왜 지금은 기후가 그토록 달라졌는지 이유를 밝혀내고 싶었다.

"나 같은 사람한테 금성의 가장 흥미로운 점은 생명체 가능구역의 안쪽 경계선에 대한 정보를 품고 있다는 점입니다." 캐스팅이 자신의 연구실에서 내게 설명했다. "태양계 외부에 존재하는 다른 행성들에서 우리가 기대할 수 있는 것에 대해 합리적이고 경험론적인 한계를 정해주죠. 금성만큼 항성의 빛을 받아들이는 행성에는 아마 생명이 살지 못할 것이라고 추측하는 데 굳이 모델을 많이 동원할 필요는 없습니다. 그러니까 지구와 비슷한 행성이 항성과 너무 가까운 곳에 자리를 잡으면 어떻게 되는지, 생명이 살 수 있는 행성이라도 세월이 흐르면서 항성의 빛이 강해지면 어떤 일이 일어날 수 있는지 알고 싶다면 금성에서 많은 것을 배울 수 있습니다."

다른 행성과학자들, 특히 캘리포니아 공과대학의 앤드루 잉거솔이 실시한 연구 결과를 바탕으로 캐스팅은 지구궤도가 태양 쪽으로 더 다가가서 금성의 궤도와 비슷해지거나 태양의 밝기가 서서히 밝아져서 햇빛이 강해진다면 지구의 대기 구조(기온-기압 프로필)가 어떻게 달라질 지 모델을 구성했다. 그 결과 햇빛의 세기가 10퍼센트 정도로 그리 많지 않게 증가하는 경우, 즉 지구궤도가 지금보다 태양에 5퍼센트 가까워져서 0.95천문단위로 옮겨 가는 경우 발생하는 온도 상승으로 인해 대류권은 수증기로 포화 상태가 되고, 대류권 계면의 고도가 144킬로미터 또는 그 이상의 지점까지 높아질 것이라는 계산이 도출되었다.

이것은 그의 가상 세계가 종말을 맞는다는 뜻이자, 언젠가 우리 지구 또한 종말을 맞을 것이라는 뜻이었다. 그렇게 높은 곳까지 올라간 수증기는 대부분 지구를 보호해주는 오존층 위까지 올라가 태양의 자외선에 의해 광분해될 것이다. 그리고 거기서 해방된 수소 원자 중 소량이 아예 우주 공간으로 탈출하면서 그들이 지구에 있는 산소와 결합해 물이 만들어질 가능성이 사라져버릴 것이다. 그러다 보면 몇억 년 안에 많은 수소 원자가 탈출해서 지구의 바다가 사실상 증발해서 사라져버리고 지구는 지상에도 공기 중에도 물 한 방울 남지 않아 바짝 마르고 생기 없는 행성이 될 것이다. 태양이 부풀어 올라 적색거성으로 변해서 지구를 아예 집어삼키기 한참 전에, 태양 빛이 10퍼센트 밝아지는 것만으로도 10억 년 만에 지구의 물과 생명이 급속도로 사라져갈 것이라는 얘기다. 이 '습한 성층권' 메커니즘은 금성이 태양계 역사 초기에 바다를 잃어버리기 시작한 경위를 설명하는 모델로 받아들여지고 있다. 이 모델에서 우리 행성의 역치로 설정한 0.95천문단위는 캐스팅의 1993년 논문에 소개된 생명체 가능구역의 안쪽 가장자리 위치와 대략 비슷하다.

금성에서 바다가 사라지면서 기온이 상승하자 금성 표면에 있던 이산화탄소가 빠져나와 대기를 채우기 시작했다. 그 결과 금성의 대기 밀도는 현재 지구보다 약 90배나 높으며, 거의 순수하게 이산화탄소로 구성된 대기가 워낙 강력한 온실효과를 발휘하기 때문에 표면 온도가 납도 녹일 수 있을 만큼 뜨겁다. 캐스팅과 동료들은 두 번째 연구에서 이산화탄소 양의 증가가 햇빛의 증가보다 훨씬 더 빠른 속도로 성층권의 습기 증가로 인한 바다의 상실을 초래하는지 알아보기 위해 지구 대기 중의 이산화탄소 양을 조정했다.

그 결과 놀랍게도 이산화탄소 양의 증가로 인해 기온이 천정부지로 치솟는다 해도 그로 인해 배출된 막대한 양의 수증기가 압력 밥솥의 뚜껑과 같은 역할을 하면서 대기권 하층부에 압력을 가하기 때문에 바다가 결코 끓어 넘치지 않아 지구 성층권은 비교적 건조한 상태로 유지된다는 사실이 밝혀졌다. 성층권이 습기로 가득 차고, 바다가 증발해서 우주로 탈출하는 사태가 벌어지려면, 지구 대기 중의 이산화탄소 양이 지금보다 25배 이상 많아져야 했다. 하지만 이것은 지금까지 알려져 있는 '전통적인' 석유와 석탄을 모조리 태운다 해도 도달할 수 없는 수치이다. 만약 마셀러스의 셰일 가스처럼 '비전통적인' 연료까지 모조리 태운다면 혹시 도달할 수 있을지도 모르겠다. 인류는 인간 사회를 망가뜨리고 생물 다양성을 심각하게 훼손할 수 있는 열기를 언제라도 내뿜을 수 있지만, 캐스팅의 계산 결과는 인류가 습한 성층권을 만들어내는 일이 완전히 불가능하지는 않다고 하더라도 몹시 힘든 일임을 암시했다. 그의 계산에 따르면, 화석연료를 태워 지구의 바다를 모두 날려버리는 일은 현재의 문명이 해낼 수 없는 일인 듯하다.

하지만 캐스팅의 연구에는 아직 확실하지 않은 중요한 부분들이 있다. 인류의 힘으로 습한 성층권이 만들어져 지구에서 일찌감치 온실효과가 걷잡을 수 없이 날뛰게 될 가능성을 과학적으로 완전히 배제해버릴 수 없다는 것이 그중 하나다. 이산화탄소와 수증기 이외에 다른 온실가스들도 지구 기후에 영향을 미치므로, 캐스팅의 모델에서는 다뤄지지 않은 중요한 효과를 발휘할 가능성이 있다. 현재로서는 지구에 묻혀 있는 화석연료의 양이 정확히 얼마인지, 우리가 어림짐작하고 있는 총 매장량 중 미래의 시장 상황과 기술 발전을 통해 효과적으로 추출해서 사용할 수 있는 양이 얼마인지 아무도 모른다. 하지만 그보다 더 근본적인 문제는, 기온과 기압의 다양한 변화들이 수증기의 열적외선 흡수에 미묘한 영향을 미치는 과정을 아무도 제대로 이해하지 못한다는 점이다. 이 문제가 무엇보다 분명하게 드러나는 곳이 바로 구름의 문제이다.

일반인들의 눈에 구름은 단순하게 보인다. 푸른 하늘에 떠 있는 솜사탕 또는 우울한 날씨를 알리는 불길한 회색 이불일 뿐이다. 하지만 캐스팅처럼 기후 모델을 연구하는 사람들에게 구름은 수증기의 여러 형태 중에서도 가장 변덕스럽게 사람을 미혹시키는 존재이다. 악마처럼 복잡해서 거의 살아 있는 것처럼 보이는 변덕쟁이 말이다. 구름층의 크기, 고도, 구성에 따라 구름은 행성의 온도를 높일 수도 있고 낮출 수도 있다. 밀도가 높고 낮게 떠 있는 구름은 상당량의 햇빛을 우주로 반사하기 때문에 기온을 낮출 수 있다. 하지만 낮고 짙은 구름 위 높은 곳으로 얇은 구름층을 던져 올리면, 냉각 효과가 대부분 사라진다. 투명하고 얇은 구름이 햇빛을 통과시키면서 열기는 붙잡아두기 때문이다. 모든 사람이 동의하는 것은, 지구 같은 행성이 따뜻해지면 더 많은 수증기가 공중으로 올라가 더 많은 구름을 만들어낸다는 사실이다. 하지만 그 구름이 대기 중에서 정확히 어느 지점에 형성되어 머무를지, 그들이 미치는 피드백 효과의 한계는 어디인지에 대해서는 의견 일치가 이루어지지 않았다. 지구온난화를 부정하는 사람들과 명성에 굶주린 행성 사냥꾼들은 모두 이 모호함 속에서 피난처를 찾았다. 이론상 수증기 구름은 생명이 살 수 있는 조건을 갖춘 행성에 걷잡을 수 없는 온난화가 일어나지 않게 막아줄 수 있다. 온실가스가 지나치게 많아서 발생한 온난화이든, 항성의 빛이 너무 밝아서 생긴 온난화이든 상관없다. 항성에서 멀리 떨어져 이산화탄소가 얼어붙을 만큼 기온이 낮은 곳에서는 드라이아이스 구름이 단열 효과를 내면서 행성의 온도를 높여 표면에 물이 보존되는 경우가 있다. 1993년에 캐스팅은 생명체 가능구역의 바깥쪽 경계선이 화성의 궤도 거리인 1.65천문단위 바로 바깥에 있다는 보수적인 추정치를 내놓았지만, 사실 이 경계선은 이산화탄소 구름과 관련된 불확실한 점들을 어떻게 처리하는가에 따라 훨씬 더 멀리까지 확대될 수 있었다.

숫자로 구름을 어림하는 전략으로는 두 가지가 있다. 하나는 지극히 상세한 3차원 시뮬레이션으로 최대한 정확한 구름 모델을 만드는 것이다. 이를 위해서는 지구를 관찰하는 위성뿐만 아니라 최신 슈퍼컴퓨터들이 제공해주는 다량의 데이터가 필요하며, 혼란스러운 변수들과 피드백들 속에서 원인과 결과를 구분할 수 없게 될 위험이 있다. 또 다른 전략은 차원을 줄여서 훨씬 더 단순한 구름 모델을 만드는 것이다. 여기에는 모델의 한계를 넘어서는 복잡한 상호작용을 통해서만 드러나는 중요한 현상들을 간과할 수 있다는 위험이 있다. 캐스팅은 단순한 것을 좋아한다. 그의 모델들은 1차원이며, 해수면에서 바다 밑바닥까지 닿는 아주 긴 관으로 바닷물을 채취해 염도와 평균온도를 측정하는 것처럼 단 하나의 단선적인 측정으로 행성 전체의 대기를 어림잡는다.

"1차원에서 구름은 상당히 멋대로 움직입니다. 1차원 모델에서는 내가 구름을 어떻게 표현하는가에 따라 무엇이든 원하는 효과를 얻을 수 있습니다. 1차원 모델의 이상적인 시나리오는 구름 한 점 없는 하늘입니다. 확실히 이것이 커다란 약점이긴 하죠." 캐스팅이 자신의 모델에 대해 이야기를 이어갔다. "나는 기본적으로 구름을 지상에 그리고, 표면의 알베도〔태양 빛 중 달이나 행성에서 반사되는 비율-옮긴이〕를 조정해서 그 효과를 어림하는 방식으로 그 약점을 우회하려고 노력합니다. 지구든 화성이든 내가 관찰하고자 하는 행성의 평균기온이 수치로 재현될 때까지 조정하는 겁니다. 이 방법을 좋아하지 않는 사람들도 있습니다. 진짜 구름과 관련해서 내 방법이 정확히 어떤 의미를 갖는지도 복잡한 문제고요. 하지만 나는 이 방법이 행성의 기온이 변하면서 생겨날 수도 있는 구름 피드백을 최소화해준다고 생각합니다. 이보다 나은 것을 원한다면 3차원 모델로 넘어가야 하는데 그건 아주 큰 도약이죠. 게다가 그런 모델에서도 구름은 여전히 가장 불확실한 존재입니다. 3차원 모델을 쓰는 사람들도 구름을 어떻게 해야 할지 몰라요."

1차원 모델은 단순하기 때문에 3차원 모델보다 훨씬 빠르다. 최신

238

3차원 기후 모델을 이용할 경우, 현재 지구의 대기 중에 존재하는 이 산화탄소의 양이 두 배로 증가하면 평균기온이 섭씨 2~5도 오를 것이라는 결론에 도달하는 데에는 몹시 값비싼 컴퓨터들을 전적으로 이 작업에만 투입해서 1주일이 걸릴 것이다. 캐스팅의 1차원 모델은 평범한 데스크톱 컴퓨터로 1분도 안 돼서 2.5도라는 답을 내놓을 수 있다. "1차원 모델을 쓰면 컴퓨터의 속도는 문제가 되지 않습니다. 내 머리가 얼마나 빨리 돌아가는지가 중요하죠." 캐스팅이 말했다. "그러니까 3차원 모델이 1주일 동안 한 가지 반복 계산을 처리할 때, 나는 매개변수 전체를 탐험해볼 수 있습니다. 그러니까 이런 겁니다. 가능해 보이는 것들의 한계를 조사해보고, 다른 사람들에게 그것을 근거로 숫자를 내놓거나 아니면 경험론적으로 더 깊이 들여다보라고 도전장을 던지는 거예요."

이야기를 할수록, 태양계 외부에서 지구의 쌍둥이 행성을 곧 발견할 수 있을 것이라고 주장하는 언론 발표들에 캐스팅이 몇 년 전부터 점점 더 넌더리를 내고 있음이 분명해졌다. 처음에 열광하던 사람들은 주로 지구에서 약 20광년 떨어진 적색 왜성 글리제 581의 항성계에 관심을 집중했다. 가장 처음 발견된 것은 캐스팅이 말한 생명체 가능구역의 안쪽 경계선 언저리를 돌고 있는 슈퍼지구 글리제 581c였다. 2007년에 몇 달 동안 사람들은 이 행성이 온화한 곳일지도 모른다고 생각했다. 하지만 캐스팅을 비롯한 여러 사람의 간단한 계산으로, 대기 구성과 상관없이 이 행성이 금성보다 30퍼센트나 많은 항성의 빛을 받고 있음이 드러났다. 그러자 사람들은 그보다 좀 더 멀리 있는 슈퍼지구 글리제 581d로 관심을 돌렸다. 이 행성은 생명체 가능구역의 바깥쪽 경계선에 인접해 있었다. 이곳에 생명이 살 수 없을 것이라는 결론을 581c의 경우처럼 쉽사리 내릴 수는 없었지만, 캐스팅은 이 행성에 닿는 항성의 빛이 화성에 닿는 햇빛보다 10퍼센트 적다는 사실을 서둘러 지적했다. 또한 c와 d는 질량이 각각 지구의 5배가 넘을 정도로 너무 커서 크기만 큰 지구형 바위 행성이라기보다는 가스로 에워싸이고 쪼그라든 해왕성 같은 행성일 가능성이 있었다. 그러다 2010년에 글리제 581g, 즉 자미나 행성을 발견했다는 발표가 나왔다. 생명체 가능구역의 한복판에서 궤도를 돌고 있는 이 행성의 질량은 지구 질량의 3배를 조금 넘는 것으로 추정되었으며, 지구형임이 거의 확실했다. 캐스팅도 흥분했다. 적어도 다른 천문학자들이 이 행성의 존재에 의문을 제기할 때까지는 그랬다.

우리가 만나기 몇 달 전, 유럽의 한 연구 팀이 생명이 살 수 있을 것처럼 보이는 또 다른 슈퍼지구 HD 85512b를 발견했다고 발표했다. 캐스팅은 '살 수 있을 것처럼 보이는'이라는 말이 지나치게 관대하다고 생각했다. 이 행성은 금성에 비해 아주 조금 적을 뿐인 항성의 빛을 받으며 구워지고 있기 때문이었다. "많은 구름이 행성을 둘러싸고 빛을 반사한다면 모든 문제가 해결될 수 있다고 썼더군요." 그가 유럽 팀의 논문 내용을 언급했다. "하지만 구름이 금성을 구해주지 못하지 않았습니까?"

생명이 살 수 있을 것 같은 행성이 발견됐다는 소식은 이미 상당히 자주 들려오고 있었다. 이 행성들의 운명은 대중의 관심과 과학적 견해라는 파도의 변화를 타고 높이 올라갔다가 다시 가라앉곤 했다. 매

50억년 동안의 고독

번 발표가 있을 때마다 비슷한 일이 되풀이되었다. 먼저 학술지에 행성을 발견했다는 논문이 실리면, 이것을 바탕으로 많은 일들이 일어난다. 그 행성의 질량, 궤도, 항성 분출물에 대한 순전히 경험론적인 측정 결과들이 안개처럼 흐릿한 뉴스 기사들에 실리고, 기자들은 이런 정보를 자기 나름대로 가공해서 무수한 추측을 만들어낸다. 확실한 사실과 터무니없는 추측이 뒤섞인 전염성 칵테일이 이제 퍼져나가면서 사람들의 대화 기저에 자리한 어둠과 혼란 속에서 변이를 일으킨다. 오래지 않아 블로그 등에 이상한 내용의 글들이 나타난다. NASA가 언제 탐사선 또는 사람을 그 행성에 보낼지 궁금해하는 사람도 있고, 우리가 그 행성에서 이집트 피라미드의 건설자들을 만날지도 모른다고 말하는 사람도 있으며, 그 행성에 가축의 신체를 훼손하고 인간을 납치하는 회색 종족이 살고 있을 것이라고 주장하는 사람도 있고, 심지어 우주를 돌며 구원 여행을 하다가 잠시 멈춘 예수그리스도를 만날지 모른다고 말하는 사람도 있다. 발견된 행성에 대해 이미 알려진 몇 가지 사실들은 수많은 사람들이 스스로 지어내는 낯익은 허구들 밑에 거듭 묻혀버린다.

캐스팅과 그의 동료들은 매번 같은 패턴이 반복되는 것을 보면서, 점괘에 주관적인 의미를 부여하고 싶어서 안달이 난 청중을 상대로 찻잎, 서양 톱풀 줄기, 닭의 창자 같은 조잡한 점괘들을 얌전히 보여주는 점쟁이가 된 것 같은 기분을 가끔 느끼곤 했다. 어떤 학자는 예전에 속이 상해 화를 내면서, 행성의 질량, 반지름, 궤도만 가지고 표면 온도를 파악하는 최상의 방법은 신문에서 점성술 점괘를 찾아 읽는 것이라고 말한 적이 있다.

캐스팅은 그렇게까지 극단적인 말을 하지는 않았지만, 행성을 발견했다는 발표들을 시큰둥하게 생각하기는 마찬가지였다. "생명체 가능 구역 안이나 근처에서 행성을 발견했다는 이런 발표들 중에는 그 자체로서 뉴스 가치를 지닌 것이 없습니다." 그가 조금 분통을 터뜨리며 내게 말했다. "어떻게 보면 무의미한 발표들이에요. 현재로서는 발견 뒤의 후속 연구를 할 능력이 우리에게 없으니까요. 우리가 그 행성들을 직접 살펴보고 정말로 생명이 살 수 있는 곳인지, 생명의 증거가 있는지 살펴보아야 비로소 큰 뉴스가 되는 것 아닙니까? 만약 우리가 그렇게 할 수 있다면, 아니, 미안합니다. 말을 바꾸죠. 우리가 그렇게 할 수 있을 때 진짜 혁명이 시작될 겁니다."

이를 위해서 캐스팅은 지난 20년 동안 서로 얽혀 있는 두 가지 일에 대부분의 시간과 노력을 쏟았다. 하나는 지구형 행성의 대기에서 반사되는 항성 빛의 희미한 흔적만 가지고 그 행성에 생물이 살고 있는지 여부를 밝혀내는 방법을 찾는 것이고, 다른 하나는 그런 관측을 할 수 있는 우주망원경을 설계하는 것이다. 그는 NASA, 미국과학재단NSF, 과학아카데미 등의 수많은 기획위원회, 패널, 태스크포스에 참여해 지칠 줄 모르고 일했다. 수많은 공학자들과 우주 계획 입안자들이 궁극적으로 목표로 삼게 될 관측 기준을 규정한 보고서를 산더미처럼 만들어내는 데에도 참여했다. 한때는 이 주제에 관한 결정적인 논문에 거의 모두 그의 이름이 공저자로 들어가 있었다고 말해도 과언이 아니다. 캐스팅이 만들고 싶어한 망원경은 지구형 행성 발견자Terrestrial Planet Finders, 줄여서 TPF라고 불렸다.

21세기가 밝아올 때까지 태양계외행성 발견 속도가 점점 빨라지면서, 잉여금이 터질 듯 가득 차 있던 미국 연방 정부 금고에서 온갖 종류의 우주과학 연구를 향해 풍부한 자금이 흘러나왔다. 태양계외행성에 살고 있는 생명을 탐색하는 일도 미국이라는 나라와 마찬가지로 아무도 멈출 수 없는 상승 곡선을 타고 있는 것 같았다. 캐스팅과 동료들은 가까운 행성에 생명이 살고 있는지 여부를 밝혀주는 증거를 모아줄 망원경들이 아마 10년 이내에 손에 들어올 것이라고 되뇌었다. 하지만 재앙이 연달아 일어나면서 미국 정부의 운이 바뀌자 연구 속도도 늦어지다 못해 사실상 제자리에 멈춰버렸다. 9월 11일의 테러, 그다음에 이어진 파괴적인 전쟁과 연방 정부의 불균형한 예산, 부동산 거품 붕괴, 대불황의 시작이 모두 영향을 미쳤다고 할 수 있지만, TPF가 완성되지 못한 가장 큰 원인은 서로 경쟁 관계에 있는 천문학자들이 점점 줄어드는 연방 정부의 지원을 놓고 벌인 영역 다툼이다.

"내가 화를 내는 일은 많지 않은데, 그 일이 그런 많지 않은 경우 중 하나입니다. 내가 은퇴하기 전에 TPF 같은 망원경이 만들어질 것이라고 기대했거든요." 전날 저녁 마르가리타를 반 잔쯤 마신 뒤 캐스팅이 한 말이다. "이제는 그런 희망을 버렸습니다. 그저 내가 죽기 전에만 완성되면 좋겠다고 생각할 뿐이에요. 내 의문의 답을 알고 싶으니까요. 하지만 내 시간은 자꾸 흘러만 가는데, 희망은 자꾸만 뒤로 미뤄지는 것 같아요. 내가 죽은 뒤에도 TPF 같은 망원경이 만들어지지 않을 가능성이 높습니다."

생명이 살고 있는 태양계외행성을 찾는 일에 대해 이야기할 때 캐스팅의 말투는 가끔 군인처럼 변했다. 케플러망원경 같은 NASA의 탐사계획들이 생명체 가능구역 안에서 지구 크기의 행성을 찾아낼 때까지 계속 작동할 수 있게 하기 위해 "칼을 물고 자결할 수도" 있으며, 생명의 흔적을 찾을 수 있는 크고 성능 좋은 망원경이 만들어지도록 "끝까지 싸우겠다"는 식이었다. 그는 TPF를 만드는 데 필요한 돈이 천문학 분야에서는 큰돈이지만, 국가적 수준이나 국제적 수준에서는 하찮은 금액이라고 지적하며 깊은 양심을 드러냈다. 이 우주에서 인류가 고독한 존재인지 확인할 수 있는 기회를 얻는 데 필요한 돈 50억 ~100억 달러는 중동에서 몇 주 동안 전쟁을 벌이는 비용과 같고, 미국인들이 1년 동안 애완동물에게 쓰는 돈보다 적다는 것이다. 천문학자들은 NASA에게 이리저리 치이고 있고, NASA는 기가 막힐 만큼 기능 장애를 일으키고 있는 의회에 치이는 중이었다. 물론 천문학자들이 아무런 잘못도 없다는 것은 아니었다. 캐스팅은 태양계외행성 붐을 여전히 하찮게 바라보는 원로 우주과학자들을 좋게 생각하지 않았다. 불같은 열기를 띠던 그의 말투가 원로학자들에 대해 이야기할 때는 갑자기 서릿발처럼 차가워졌다. "늙은 우주론자들입니다. 10년쯤 흐르면 그들 중 많은 사람이 이미 이 세상에 없겠죠. 지금 태양계외행성 연구로 몰려들고 있는 청년들이 결국 의사 결정 과정을 지배하게 될 겁니다. 통계적으로 봤을 때, 반대 의견은 숫자에 밀려서 파묻힐 거예요."

생명이 살 수 있는 태양계외행성을 찾는 일이 목숨을 걸 만한 일은 아니라 해도, 캐스팅에게는 확실히 남은 평생을 걸 만한 가치가 있는 일이었다. 그는 아침마다 습관처럼 수영, 달리기, 역기 등 운동을 하면서 자신의 유한한 수명을 의식하지는 않지만, 팔다리를 움직이고 역기를 들어 올릴 때마다 그것이 생명의 연장이라는 생각이 마음 한구석에 자리 잡고 있었다. 그런 동작들이 밀어닥치는 밤에 맞서 부싯돌처럼

50억 년 동안의 고독

불꽃을 피워내며 그를 생명이 사는 다른 행성의 희미한 빛을 향해 점점 밀어붙이고 있었다. 그를 움직이게 하는 것은 이기적인 욕심이 아니라 두려움이었다. 어느 외계 행성에 존재하는 생명체의 신호일지도 모르는 것을 마주하게 되었을 때, 행성 사냥꾼들이 일을 그르칠지도 모른다는 두려움.

"이런 말을 하기는 싫지만, 내가 대화를 나눠본 천문학자들은 대부분 행성에 대해 조금이라도 지식을 갖고 있는 것처럼 보이지 않았습니다." 그가 전날 나와 저녁을 먹으며 이렇게 말했다. "우리가 가능성 있는 후보를 발견했을 때 내가 아직 살아 있다면, 그것이 진짜인지 파악하는 데 도움을 줄 수 있을 겁니다. 설사 내가 죽은 뒤라도 내 연구가 도움이 되기를 바랍니다." 캐스팅은 자신이 쌓은 지식을 압축해서 일종의 설명서를 만들어 자신의 수명을 뛰어넘으려 했다. 이렇게 해서 만들어진 책 《생명이 살 수 있는 행성을 찾는 법》은 2010년에 프린스턴대학 출판부에서 출간되었다.

다 마신 마르가리타 잔에서 녹다 만 얼음을 마저 입에 털어 넣은 캐스팅은 이제 집에 가봐야겠다며 양해를 구했다. 11시가 가까운 시각이었지만, 그는 집에 돌아가 서재에서 다음 날 학부 강의를 준비할 계획이라고 말했다. NASA의 태양계외행성 탐사계획 분석그룹의 다음 회의에서 발표할 준비도 해야 했다. 그는 자신이 의장을 맡고 있는 이 고위급 기획위원회가 어쩌면 자신이 바라는 TPF 우주망원경의 완성 쪽으로 NASA의 방향을 바꿔놓을 마지막 기회인지도 모른다고 생각하고 있었다.

그로부터 넉 달 뒤 캐스팅은 TPF 같은 탐사계획은 지나치게 미래를 바라본 기획이라서 진지하게 생각할 가치가 없다고 비판하는 사람들에게 밀려 의장 자리를 내놓았다.

다른 행성에서 생명체의 존재를 알려주는 화학적 흔적(바이오시그너처)을 찾아보자는 제안이 처음 나온 것은 1965년 여름이었다. 학술지 〈네이처〉에 한 달 간격으로 실린 별도의 논문 두 편이 같은 제안을 했다. 두 편 모두 화성에서 생명체를 찾아보자는 내용을 주로 다룬 것이었다. 첫 번째 논문의 저자는 노벨상 수상자인 화학자 죠슈아 레더버그로, 4년 전 프랭크 드레이크가 주도한 그린뱅크 모임에서 태양계 외행성에 지능을 지닌 생물들이 널리 펴져 있을 가능성에 대해 이야기한 적이 있었다. 그는 〈네이처〉에 발표한 논문에서 몇 가지 기본 원칙을 내세웠는데, 그중에는 행성의 환경에 생물이 미치는 간접적인 열역학 효과를 통해 생명체의 존재를 감지할 수 있다는 주장도 포함되었다. 우리가 상상할 수 있는 유기체는 모두 살아남기 위해 반드시 신진대사를 해야 한다. 다시 말해서 외부에서 에너지를 끌어와 사용하고 폐기물을 배출하는 활동을 해야만 자신의 몸을 유지하면서 성장하고 번식할 수 있다는 뜻이다. 지상의 생물들은 물론, 아마도 화학물질을 기반으로 한 다른 생명들도 모두 화학자들이 '산화환원반응'이라고 부르는 것을 이용해서 물질대사를 할 것이다. 산화환원반응 중에는 물질 간에 전자가 이동한다(우리의 직관과는 반대로 어떤 물질이 전자를 얻는 것이 '환원'이고, 전자를 잃는 것이 '산화'이다. 반응에 산소가 전혀 관여하지 않아도 이렇게 부르는 것은, 산소가 지금까지 알려진 물질 중에서 가장 게걸스레 전자를 받아들이는 쪽에 속하기 때문이다. 많은 과학 기자들이 화학에 대한 기사를 회피하는 데에는 이렇게 헷갈리는 명칭들이 큰 부분을 차지하고 있다). 레더버그는 생화학적 특징과는 상관없이 신진대사 과정은 반드시 행성에 극단적인 열역학적 불균형을 초래한다고 지적했다. 따라서 행성 차원의 화학적 불균형이 존재한다면, 유기체가 에너지와 중요한 분자들을 흡수하고 폐기물을 배출하는 과정에서 불균형이 생겨났다고 볼 수 있다는 것이다. 레더버그는 "공존하는 산화제와 평형에 도달하는 화학적으로 불안정한 (분자들의)" 바이오시그너처를 찾아볼 수 있을 것이라고 썼다. 하지만 이것은 열역학적으로 봤을 때, 마치 이글거리며 타오르는 화톳불 한가운데에서 불길에 휘말렸는데도 흠 하나 나지 않은 통나무를 찾아내는 것과 비슷한 기적이다.

영국의 과학자 제임스 러블록이 쓴 두 번째 논문은 레더버그의 광범위한 주장을 다듬어서 생명체의 존재를 알아볼 수 있는 더 예리한 원칙을 만들었다. 그는 행성의 대기를 열역학적 불균형의 흔적을 찾아볼 수 있는 최고의 과녁으로 제시했다. 특히 "행성의 대기 중에서 장기적으로 공존할 수 없는 화합물들의 존재"를 찾아보라고 했다. 러블록은 산소와 메탄이 화학적으로 있을 수 없는 농도로 존재하는 지구의 대기를 예로 들었다. 만약 상온과 기압이 유지되는 용기에 공기를 넣고 봉하면, 산소가 메탄과 반응해서 이산화탄소와 물이 만들어질 것이다. 하지만 산소의 비율이 20퍼센트를 조금 넘는 지구의 대기 중에서는 어찌 된 영문인지 메탄의 농도가 $2ppm$에 조금 못 미치는 수준으로 꾸준히 유지된다. 즉 두 기체의 평형이 거의 10의 30제곱만큼 어긋나 있는 것이다. 이런 불균형이 유지되는 이유를 설명하는 방법은, 메탄이 계속 공급되고 있다고 보는 것밖에 없다.

지구의 메탄은 거의 모두 시생대의 난민들, 즉 혐기성 메탄 생성 미생물에게서 나온다. 생물과는 상관없이 해저의 열수공hydrothermal vent, 熱水孔에서 만들어지는 메탄도 소량 있기는 하다. 메탄이 없더라도, 산소가 풍부한 지구 대기는 그 자체로서 평형을 크게 벗어나 있으며 대단히 예외적이다. 원래 산소가 공기 중에 머무르기보다는 바위나 광물과 결합하는 쪽을 더 좋아하기 때문이다. 따라서 산소 역시 계속 공급되고 있음이 분명하다. 물론 지구에서 산소의 최대 공급원은 광합성을 하는 박테리아와 식물이지만, 메탄의 경우와 마찬가지로 생물과는 상관없이 생산되는 산소도 소량 존재한다. 태양의 자외선이 수증기를 광분해할 때 발생하는 산소가 바로 그것이다. 산소와 메탄 모두 이처럼 생물과는 상관없는 생산 루트를 갖고 있기 때문에, 둘 중 하나만 존재하는 상황을 반드시 확실한 바이오시그너처로 받아들일 수는 없다. 하지만 두 기체가 동시에 존재한다면, 태양계 너머에 생명이 존재한다는 가장 강력한 증거가 된다. 외계 지적 생명체 탐사계획 SETI가 찾고자 하는 전파 신호나 백악관 잔디밭에 비행접시가 내려앉는 것에 버금가는 증거인 것이다.

　　"메탄과 산소 모두 생물과 상관없이 생산되는 양으로는 행성의 대기 중에 대량으로 쌓이기가 아주 힘듭니다." 캐스팅이 나와 함께 차를 타고 블랙 모섀넌 공원으로 가면서 말했다. "지구와 비슷한 행성, 즉 표면에 물이 존재하고 내부의 열을 유지하면서 지각 판에 추진력을 줄 수 있을 만큼 질량을 지닌 바위 행성의 대기에 두 기체가 모두 존재한다는 증거가 발견된다면, 적어도 내가 보기에는 틀림없이 생명체가 존재한다는 뜻입니다. 가로등이 있는 곳이 가장 밝다는 이유로 가로등 밑에서만 잃어버린 열쇠를 찾는 것과 같은 짓이라고 말하는 사람도 있을지 모르지만, 내 생각은 좀 다릅니다. 사실 대중은 과학자들이 어떤 것을 완전히 배제했다는 소식을 듣고 싶어하지 않기 때문에 '아, 물론 외계 생명체들은 우리가 알고 있는 지구 생명체와는 아주 다른 화학적 특징을 갖고 있을지도 모르지요!'라고 말하는 것이 정치적으로 올바른 반응입니다. 하지만 나는 이것이 전적으로 틀렸다고 생각합니다. 내가 언젠가 이 말을 취소하게 될지도 모르지만, 지금은 우리가 모델을 만들어 조종할 수 있는 바이오시그너처, 즉 현재 지구에 존재하거나 과거에 존재했다고 알려진 특징들을 찾아보는 것만이 합리적이라고 믿습니다. 만약 지구와 핵심적인 특징을 공유하는 행성에서 생명체가 탄생한다면, 우리는 그곳의 생물권을 분광계 분석으로 알아볼 수 있을 겁니다. 세포의 구조가 우리와 크게 달라서 DNA나 RNA 분자에 의지하지 않는 생물이라도 신진대사 과정은 같을 겁니다. 외계 행성에서도 이산화탄소와 수소가 물질대사 과정을 거치면 메탄이 만들어질 것이라는 얘깁니다. 물에서 수소를 취하고 산소를 내보내는 방법을 생명체가 터득하기만 한다면, 그것이 훌륭한 신진대사 전략이 되는 것도 마찬가지입니다. 화학과 열역학은 어디서나 똑같습니다."

논문으로 봤을 때는 러블록의 기준이 아주 멋지게 보이지만, 산소와 메탄의 스펙트럼 시그너처가 아주 다른 파장에서 나타난다는 커다란 결점이 있다. 산소는 근적외선 영역에서 가장 효율적으로 항성의 빛을 흡수해서 우리가 육안으로 볼 수 있는 스펙트럼 바로 바깥쪽에 확연한 '흡수대'를 형성한다. 메탄은 아주 강력한 온실가스이므로 열적외선의 긴 파장에서 가장 효율적으로 빛을 흡수한다. 천문학에서 긴 파장을 관찰한다는 것은, 빛을 흡수하는 면적이 넓은 망원경을 사용해야 한다는 뜻이다. 전파망원경이 광학망원경보다 훨씬 더 큰 이유가 바로 이것이다. 태양계외행성의 대기에서 산소와 메탄을 한꺼번에 찾아내는 데 적어도 두 대의 우주망원경이 함께 노력을 기울여야 할 것으로 예상되는 이유이기도 하다. 둘 중 하나는 작고 간단한 구조의 망원경으로 가시광선과 근적외선 영역에서 산소를 관찰하고, 다른 하나는 크고 복잡한 구조를 지닌 망원경으로 열적외선 영역에서 메탄을 관찰할 것이다. 이 두 망원경이 힘을 합하면 행성의 대기 중에 들어 있는 다른 기체, 특히 수증기와 이산화탄소도 측정할 수 있다. 그러면 그 행성의 기후와 생명이 살 수 있는 가능성을 파악하는 데 도움이 될 것이다. 이 두 기체가 극단적으로 풍부하다면, 그 행성이 너무 뜨거워서 액체 형태의 물과 생명체가 존재할 수 없다는 뜻이다. 반면 두 기체의 양이 그렇게 많지 않다면, 표면에 물이 존재하고 온도도 비교적 온화할 것이라고 짐작할 수 있다.

"이건 당장 해낼 수 있는 일은 아닙니다. 여러 개의 대형 우주망원경을 계획하고 구축하는 데에는 많은 시간이 걸리니까요." 캐스팅이 내게 설명했다. "십중팔구 근적외선망원경이 먼저 올라갈 겁니다. 수증기, 산소를 볼 수 있지만, 그 외에는 별로 볼 수 있는 것이 없죠. 어쩌면 그 망원경으로 생명체 가능구역 안의 가까운 행성 대기에서 수증기와 산소를 찾아낼 수 있을지도 모릅니다. 그러면 그다음에 열적외선을 이용해서 메탄을 찾아볼 수 있겠죠. 하지만 메탄이 산소와 더불어 비교적 높은 농도로 존재하지 않는 이상 메탄을 찾지 못할 수도 있습니다. 우리는 원생대 중 오랜 기간 동안 지구가 바로 그런 상태였을 지도 모른다고 짐작하고 있습니다. 설사 우리가 메탄을 찾아낸다 해도, 모호한 점들이 여전히 남아 있기 때문에 처음에는 모든 사람을 납득시키기 힘들 겁니다. 또 다른 가능성을 꼽는다면, 시생대의 지구와 비슷한 행성을 찾는 것입니다. 산소는 찾을 수 없겠지만, 열적외선으로 조사해보면 십중팔구 다량의 메탄을 볼 수 있을 것이고, 어쩌면 약간의 유기물 안개가 발견될지도 모릅니다. 습관적으로 반대를 외치는 사람들은 말도 안 된다고 소리를 질러댈 겁니다. 메탄은 생물과는 상관없는 방법으로도 많이 축적되는 일이 산소에 비해 훨씬 쉬운 것 같으니까요. 생명은 없지만 화산활동이 아주 활발하고 표면에 환원된 초고철질(고철질암은 마그네슘, 철이 많이 함유된 암석을 뜻한다 - 옮긴이) 화성암이 아주 많은 행성이라면 메탄이 상당한 농도로 축적될 수 있습니다. 그런 경우에는 탐지하기가 훨씬 힘든 다른 바이오시그너처들, 예를 들어 아산화질소나 디메틸설파이드 같은 기체를 찾아보아야 하죠. 가장 먼저 발견된 흥미로운 행성들에 대해서는, 관측 결과를 정확히 파악하기 위해 점점 더 많은 시간과 노력이 들어가는 후속 계획들이 계속 실행될 수 있을 겁니다. 그런 일들이 50년이나 100년쯤 계속될 수도 있겠죠. 누가 알겠습니까.

그러니까 진짜 문제는, 첫 번째 탐사로 행성의 대기에서 산소를 발견할 수 있는지 여부만으로도 후속 탐사계획들에 투자를 유도할 수 있을 것인가 하는 점입니다. 지구의 역사에서 산소량의 증가가 가장 근본적인 변화였다는 점에는 의문의 여지가 없습니다. 우리처럼 복잡한 생명체들이 진화할 수 있는 길을 닦아준 변화였으니까요. 하지만 다른 행성에서는 주의를 기울이지 않으면 자칫 엉뚱한 결론에 도달할 수 있습니다."

캐스팅은 장차 발사될 우주망원경을 이용한 관측에서 생명이 없는 행성이 산소가 풍부하고 생명체가 살고 있는 행성처럼 보일 수 있는 경우 두 가지를 생각해냈다. 첫 번째 경우는 십중팔구 우리 태양계에서도 생성 초기에 금성에서 온실효과가 제멋대로 날뛰면서 물이 사라졌을 때 펼쳐졌을 것이다. 그때 물에서 나온 수소가 우주로 날아가버리면서 엄청난 양의 유리산소가 뒤에 남아 점차 탄소와 반응해서 이산화탄소가 되는 동안 뜨겁게 달궈진 금성은 산소가 풍부한 대기를 갖게 되었을 것이다. 그 기간은 아마 수억 년이었을 것으로 짐작된다. 캐스팅은 이런 '잘못된 파란불' 사례에 대해서는 그다지 걱정하지 않았다. 이런 행성이 생명체 가능구역의 안쪽 경계선 가까이에 위치한다는 점, 대기의 근적외선 스펙트럼에 산소와 동반하는 수증기 흔적이 나타나지 않는 점 등이 사실을 밝혀줄 수 있기 때문이다. 하지만 캐스팅이 생각한 두 번째 경우는 조금 골치가 아프다. 생명체 가능구역의 바깥쪽 가장자리에 있는 작고 얼어붙은 행성의 질량이, 예를 들어 화성 질량의 2배와 3배 사이일 경우, 화산과 지각 판에 동력이 되는 내부의 열기를 오랫동안 품기에는 크기가 충분하지 않지만 두툼한 대기가 항성풍(별의 표면에서 외부를 향해 방출되는 입자의 흐름—옮긴이)에 휘말려 날아가지 못하게 막을 정도는 될 것이다. 캐스팅은 만약 수증기가 소량이라도 자외선으로 광분해된다면, 이런 '슈퍼화성'의 대기권 상층부에 극소량의 유리산소가 생성될 것이라고 말했다. 하지만 이 산소와 반응할 기체들이 화산에서 분출되지 않고, 표면수表面水는 얼음 속에 간

50억 년 동안의 고독

혀서 산소를 흡수하는 광물이 포함된 바위들이 겉으로 노출되지 않는다면 극소량의 산소가 수십억 년 동안 쌓여서 대기를 가득 채우는 바람에 마치 생명이 살고 있는 것처럼 착각하게 만들 수 있다. 우리 태양과는 크게 다른 항성 주위를 도는 행성의 경우에는 바이오시그너처를 해석하기가 훨씬 더 힘들어진다. 예를 들어 일부 적색 왜성은 우리 태양보다 작고 서늘하지만 자외선을 훨씬 더 많이 방출하기 때문에 생명체 가능구역 안에 있는 행성 대기의 광화학 구성을 크게 바꿔놓을 수 있다.

캐스팅과 나는 차를 몰고 대학 캠퍼스를 빠져나와 322번 도로를 따라 블랙 모섀넌으로 향하는 길에 석영암, 사암, 셰일이 함유된 애팔래치아산맥의 일부인 볼드이글 능선을 지나갔다. 길은 두 갈래로 갈라져 능선을 가로지른 뒤, 주간 고속도로 99번의 새 연장 구간으로 이어졌다. 이것은 2000년대 초에 건설된 구간이었다. 나는 이 99번 고속도로와 나란히 뻗은 322번 도로를 달리면서 길게 비탈을 이룬 산허리가 묘하게 매끈하고 벌거벗은 것처럼 보인다는 사실을 알아차렸다. 알고 보니 내가 보고 있는 것은 바위나 흙이 아니라, 철망으로 고정시킨 회색과 검은색의 두꺼운 비닐이었다. 나는 그것을 가리키며 캐스팅에게 어찌 된 일이냐고 물었다.

"옛날에 이곳에 내린 비가 심한 산성으로 변했습니다. 산을 가로지르는 도로를 만들면서 펜실베이니아 교통부는 사암을 곧바로 굴착해 들어갔죠. 그리고 그 과정에서 나온 돌가루로 도로의 기반을 다졌습니다. 사암에는 '바보금'이라고 불리는 황철광 광맥이 잔뜩 들어 있었는데, 지질 조사관들이 도로 건설을 서두르느라 그걸 놓친 모양입니다." 캐스팅은 고개를 절레절레 저었다. "황철광은 '환원된' 바위라고 할 수 있습니다. 철과 황화물로 이루어져 있기 때문에, 산소에 노출되면 철 산화물과 황산염으로 분해되죠. 거기에 빗물이 섞이면, 빗물에는 대기 중의 이산화탄소가 용해되면서 생긴 탄산이 당연히 포함되어 있기 때문에 탄산이 황산염과 반응해서 고농도의 황산이 만들어지고, 이 것이 바위를 부식시키고 땅속의 중금속을 용해시킵니다. 그래서 빗물이 아주 고약하게 변해버렸죠. 그 물이 지하수와 일부 개울로 흘러 들어가는 바람에 고속도로 건설이 4년 동안 지연되면서 돈도 수천만 달러나 날아갔습니다. 처음으로 되돌아가 문제의 암석을 1백만 세제곱미터나 파내서 다른 곳에 매립한 뒤, 나머지를 덮어버렸습니다. 조금만 더 주의를 기울였다면 그렇게 고생하지 않았을 텐데 말이죠. 그렇지 않습니까?"

캐스팅의 연구 저변을 흐르는 주제가 하나 있다면, 그것은 공기, 바위, 물, 햇빛의 간단한 상호작용을 차분히 살펴보면 틀림없이 놀랍고도 심오한 통찰력을 얻을 수 있다는 것이다. 사실 캐스팅은 인내심 덕분에 학자로서 획기적인 최고의 성과를 올렸다. 생명이 살 수 있는 행성에 대한 모든 후속 연구를 혁명적으로 변화시킨 통찰력을 얻은 것이다. 1979년 말의 어느 날 미시건대학에서 박사 학위 논문을 쓸 때, 그러니까 아버지에게서 '진짜 직장'을 얻으라는 말을 듣기 몇 년 전의 일이었다.

캐스팅에게 돌파구를 열어준 아이디어는 태양이 수십억 년 동안 느리지만 꾸준히 더 밝아졌는데도 지구가 비교적 변화가 크지 않은 온화한 표면 온도를 유지할 수 있었던 정확한 경위에 관한 것이었다. 지구가 처음 생겼을 때, 태양 빛의 밝기는 지금보다 약 30퍼센트 약했을 것이다. 이 정도면 지구의 역사 중 전반기 전체에 해당하는 기간 동안 지표면이 꽁꽁 얼어붙기에 충분하고도 남는다. 하지만 과학자들은 그 기간 동안 내내 지구에 액체 형태의 물이 존재했다는 증거를 많이 찾아냈다. 그들은 1950년대에 이미 이 "희미하고 젊은 태양 문제"의 저변을 이루는 천체물리학 원리를 이해하고 있었지만, 행성 연구자들 사이에서는 1972년에야 비로소 칼 세이건과 조지 멀른의 논문을 통해 그 원리가 널리 알려졌다. 그 논문 이후, 생명체 가능구역에 대한 이전의 추정치들은 혼란스러운 상태로 방치되었다.

재건 노력이 시작된 것은 1970년대 말이었다. NASA 고다드우주비행센터의 마이클 하트라는 천체물리학자가 희미하고 젊은 태양이 지구 대기와 기후의 변화에 미친 영향을 시뮬레이션으로 돌려본 것이 계기가 되었다. 그 결과 하트는 자신이 상정한 가상의 지구에서 초기의 대기 속에 함유된 온실가스들이 크게 늘어나야만 그 지구가 살아남아 지금의 상태와 비슷하게 발전할 수 있음을 알게 되었다. 이것은 그리 놀라운 결과가 아니었다. 대부분의 학자들은 초기 지구가 얼어붙지 않은 것이 바로 그 때문이라고 믿었기 때문이다(지금도 그렇게 믿고 있다). 하지만 하트의 시뮬레이션에서 도출된 다른 결과들은 조금 고민스러웠다. 그가 지구를 희미한 태양에 5퍼센트 접근시키자, 온실효과가 강해져서 바다가 급속히 끓어올랐다. 하지만 그보다 더 심한 것은 지구를 희미하고 젊은 태양에게서 겨우 1퍼센트 멀리 물러나게 했을 때의 결과였다. 20억 년 동안 지구에 산소가 축적된 뒤 메탄 같은 온실가스들이 줄어들면서 밝은 빙하가 적도까지 영역을 넓혀 점점 더 많은 햇빛을 반사해버린 것이다. 이 '얼음 알베도' 피드백 고리는 모든 바다가 완전히 꽁꽁 얼어붙는 것으로 끝을 맺었다. 하트가 아무리 오랫동안 모델을 돌려보아도, 이렇게 꽁꽁 얼어붙은 지구는 영원히 얼음 속에 갇혀 있을 뿐이었다. 지구가 '스노볼 지구'로 변했다가 회복했다는 증거가 아직 발견되지 않았을 때이므로 하트는 걷잡을 수 없이 퍼져나간 빙하가 벗어날 수 없는 치명적인 문제가 될 것이라고 믿었다. 하트가 설정한 태양 주위의 생명체 가능구역은 아주 좁았기 때문에 지구가 그 구역의 한복판에서 생겨난 것은 드물고 드문 행운일 뿐이었다. 그는 우리 은하에 생명이 살 수 있는 행성들이 생각보다 훨씬 적을 것이라는 오싹한 결론을 내렸다. 그의 추정치에 따르면, 지구가 유일한 행성일 수도 있었다.

하지만 제임스 러블록의 생각은 크게 달랐다. 그는 지구가 온실가스들이 강력하게 뒤섞인 대기 덕분에 태양이 아직 어리고 희미하던 시기를 견뎌냈다고 믿었다. 당시의 대기는 주로 이산화탄소로 구성되었을 가능성이 높았다. 하지만 그는 지구 역사 초기에 온실가스들이 제멋대로 날뛰지 않은 것은, 광합성을 하는 생물들이 공기 중의 잉여 이산화탄소를 가져다가 유기 탄소의 형태로 가둬버린 속도가 지구의 기온을 안정적으로 유지할 수 있는 수준과 정확히 일치했기 때문일 것이라고 가정했다. 그는 지구물리학적 활동들과 밀접한 관계를 맺고 함께 발전하면서 지구를 생명이 살 수 있는 곳으로 계속 유지하는 데 자기도 모르게 활발하게 참여한 것이 바로 생물들이라고 보았다. 그는 이 관계가 워낙 밀접해서 넓게 보면 생물과 주위 환경 사이의 구분이 모호해진다고 주장했다. 지구를 행성 크기의 유기체와 흡사한 복잡계로 보는 것이 맞다는 것이다. 그는 생물권과 지구의 다른 부분들 사이의 이 결합을, 그리스신화에 나오는 대지의 여신의 이름을 따서 '가이아'라고 불렀다. 그리고 미국의 생물학자인 린 마굴리스와 공동으로 이 이론을 더 발전시킨 글들을 저술했다.

캐스팅은 박사 논문을 위해 탄소순환을 연구하면서 이 논쟁에 기여했다. 생명체가 나타나기 이전 지구에서의 산소의 증가를 다룬 이 논문에서 캐스팅은 시아노박테리아와 산소가 포함된 광합성이 나타나기 훨씬 전에 이산화탄소의 광분해로 상당량의 산소가 대기 중에 공급될 수 있었는지를 중점적으로 살펴보았다. 이를 위해서는 먼저 원시 지구에 이산화탄소가 얼마나 존재했는지 추정치를 구한 뒤, 그것을 자신의 목적에 맞게 설계한 수치 모델에 입력해야 했다. 오늘날 지구 대기 중의 이산화탄소는 대부분 생물들에 의해 조정된다. 생물들이 성장하면서 탄소를 몸에 가둬두었다가 죽은 뒤 부패하면서 다시 자연에 돌려주는 '유기' 탄소순환이 그 수단이다. 하지만 이보다 더 오래전부터 이루어진 무기 탄소순환도 있다. 생명체가 지구를 장악하기 전부터 지금까지 대략 몇천만 년 주기로 이루어지는 탄산염-규산염 순환이 그것이다. 캐스팅과 내가 빗물이 산성으로 변했다는 그 길을 지나면서 본 것은 바로 이 무기 순환의 작은 한 조각이었다.

이 무기 탄소순환은 화산이 공기 중으로 이산화탄소를 뱉어내면서 시작된다. 이 이산화탄소 중 일부는 빗물과 섞여 탄산이 되어서 땅으로 떨어지고, 탄산이 규산염암을 부식시키면 탄소가 풍부한 무기물들이 풀려나와 지하수, 개울, 강에 축적된다. 볼드이글 능선을 지날 때 우리가 본 것은 그 첫 단계였다. 그다음 단계들은 대부분 인간의 수명이 지니는 공간적, 시간적 한계 너머에서 이루어졌다. 탄소는 바다로 휩쓸려 들어가 해저로 가라앉은 뒤 석회암 같은 탄산염 바위층을 형성한다. 지각 판의 활동으로 탄산염이 잔뜩 들어 있는 바다 밑바닥이 지구의 맨틀 안으로 밀려 들어가면, 열기 때문에 탄소가 바위에서 빠져나와 이산화탄소를 생성하고, 이산화탄소는 화산 분출을 통해 다시 대기 중으로 돌아가 순환을 완성한다. 캐스팅은 박사 학위 논문을 준비하면서 초기 지구에서 생물과 상관없이 이루어진 탄산염-규산염 순환을 파악하기 위해 최고의 추정치들을 손이 닿는 대로 모아들였다. 그리고 이 모든 데이터를 모델에 넣어 돌렸다. 그 결과 광분해된 이산화탄소가 어쩌면 성층권의 엷은 오존층을 형성했을 뿐, 그 외에는 이렇다 할 영향을 미치지 않은 것 같다는 결론을 얻었다. 대기를 풍요롭게 만들 만큼 산소를 충분히 공급해주지 못한 것만은 확실했다.

캐스팅의 논문은 미시건대학의 저명한 대기학자인 제임스 워커의 연구에 크게 기대고 있었다. 워커도 캐스팅을 아꼈으므로, 캐스팅의 논문 심사에 참여했다. 캐스팅은 심사위원들 앞에서 자신의 논문을 훌륭하게 방어했고, 박사 학위를 받은 뒤 과거 자신을 심문했던 심사위원들과 점심 식사 자리를 마련했다. 캐스팅, 워커, 그리고 또 다른 대기학자인 폴 헤이스가 하트의 골치 아픈 연구 결과와 초기 지구에서 걷잡을 수 없이 빙하가 확장되었을 경우 해결책에 대해 논의하기 시작했다. 러블록의 이론은 타당성 있게 보였지만, 화가 날 정도로 모호하고 동어반복적이었다. 가이아 가설은 행성에 생명이 살 수 있는 조건이 갖춰지려면, 먼저 생명체가 그곳에 살아야 한다는 식이었다. 워커는 혹시 생명체와는 별개인 어떤 것이 걷잡을 수 없이 확장되는 빙하를 우

50억년 동안의 고독

회하거나 방해하는 역할을 했을지도 모른다는 의견을 내놓았다. 예를 들어 초기 우주에 구름이 없어서 얼음을 녹일 수 있는 햇빛이 표면까지 더 많이 들어왔거나, 아니면 화산이 폭발한 덕분에 빙하가 검은 재로 서서히 뒤덮여 재가 햇빛을 더 많이 흡수하면서 얼음이 녹았을지도 모른다는 것이었다. 하지만 이런 설명으로는 충분하지 않은 것 같았다. 실제로 이런 일이 일어났을지의 여부는 우연에 달린 일이기 때문이었다.

논문 구두시험 덕분에 무기 탄산염-규산염 순환의 세세한 부분을 새로이 되새긴 캐스팅은 잠시 생각을 해본 뒤 그보다 더 간단한 해결책이 떠올랐다고 말했다. "만약 지구가 완전히 얼음으로 뒤덮였다 해도, 내부는 여전히 뜨거웠을 것이고 화산은 계속 대기 중으로 이산화탄소를 공급했을 겁니다." 그가 머뭇거리며 입을 열었다. "하지만 지상에 노출된 규산염 암석이 많지 않았을 것이고, 기온이 낮아서 공기 중의 수증기는 얼어붙었겠죠……. 그럼 이산화탄소는 어디로 갔을까요? 대기 중에 그냥 쌓이지 말라는 법이 없지 않습니까? 그러다가 온실효과가 발동돼서 얼음이 녹지 않았을까요? 풍화 속도가 기온에 달려 있지 않습니까? 어쩌면 그것이 해결책인지도 모릅니다." 워커와 헤이스는 점심 식사가 끝날 때까지 열심히 노력해보았지만 캐스팅의 의견에 반대할 거리를 찾아낼 수 없었다. 그다음 날 캐스팅은 미시건을 떠나 콜로라도 주 보울더에 있는 미국대기연구센터에서 박사후 연구원으로 일하기 시작했다.

322번 도로는 볼드이글 능선을 통과한 뒤 우리를 인근 계곡으로 데려다주었다. 우리는 거기서 필립스버그를 향해 북서쪽으로 뻗은 다른 고속도로로 갈아탔다. 나무가 우거진 산들, 풀밭, 철도 등이 늘어선 풍경이 차창을 스치는 가운데 8킬로미터를 달린 뒤 캐스팅이 내게 왼쪽으로 방향을 돌려서 고속도로를 벗어나라고 손짓했다. 거칠게 포장된 둥근 오르막길로 들어서서 떡갈나무 숲이 있는 완만한 구릉지대로 들어설 때 캐스팅이 조수석에서 쿡쿡 웃으며 별난 생각을 하는 것 같은 목소리로 말했다. "그것이 아마 내가 해낸 최고의 생각이었을 겁니다. 그런데 나는 그 당시에 그 사실을 전혀 몰랐어요. 여전히 산소량 증가에 더 관심이 있었거든요."

박사 학위 구두시험으로부터 10개월 뒤, 보울더에서 일하고 있던 캐스팅에게 커다란 소포가 도착했다. 안에는 '지구 기온의 장기적 안정화를 위한 음성陰性 피드백 메커니즘'이라는 제목의 두툼한 원고가 들어 있었다. 캐스팅은 워커와 헤이스에 이어, 이 원고의 세 번째 저자였다.

"워커 선생님이 나서서 모든 연구를 수행했습니다." 캐스팅이 과거를 회상했다. "헤이스 선생님은 수학적인 부분을 조금 도와줬던 것 같아요. 워커 선생님이 규산염 풍화 속도에 대해 모을 수 있는 정보를 전부 모으고, 주로 실험실 데이터를 살펴보았죠. 그리고 규산염 풍화 속도가 정말로 기온과 강우량에 좌우된다는 것을 상당히 설득력 있게 증명했습니다. 많은 데이터를 바탕으로 풍화 속도를 이산화탄소 분압〔혼합기체에서 한 성분만이 전체 부피를 차지하였다고 가정했을 때의 압력 – 옮긴이〕과 행성 기온의 함수로 표현했습니다."

나는 캐스팅에게 논문의 핵심을 쉬운 말로 풀어서 다시 말해달라고 부탁했다.

50억년 동안의 고독

"아주 간단한 얘깁니다." 그가 말했다. "지구의 기온이 올라가면, 물이 증발하는 속도도 증가한다는 것이니까요. 그러면 대기 중에 수증기가 늘어나고, 이것이 더 많은 탄산을 '끌어 올리고', 탄산은 더욱 자주 강렬하게 내리는 비에 섞여 지상으로 떨어집니다. 이 모든 것이 규산염 풍화 속도를 증가시키면서 이산화탄소 양을 줄이고 지구 기온을 내립니다. 빙하가 걷잡을 수 없이 확장될 만큼 기온이 내려가면, 풍화 속도가 줄어들면서 이산화탄소가 축적되어 수천만 년 동안 지구가 다시 따뜻해질 수 있는 길을 제공해줍니다."

캐스팅의 목소리가 높아지고, 양손이 무릎에서 튀듯이 올라와 머릿속에 품고 있는 탄소순환 교향곡을 지휘했다.

"우리가, 아니 워커 선생님이 증명한 것은 탄산염-규산염 순환이 커다란 온도조절장치와 같다는 것입니다. 지구형 행성의 기온이 위험한 수준에 도달하지 않게 막아주는 안정화 피드백이죠. 이것이 열쇠입니다. 하트의 문제에 대한 해답이자, 러블록의 가이아 가설에 대한 무생물적 대안이며, 생명체 가능구역이 생각보다 좁은 것이 아니라 넓은 이유입니다! 이런 안정화 피드백이 없다면, 생명이 살 수 있는 행성은 십중팔구 하트의 생각처럼 드물 겁니다. 하지만 이런 피드백이 있다면, 그런 행성이 틀림없이 아주 흔할 것이라고 생각할 수밖에 없어요."

세 사람의 논문이 1981년에 〈지구물리학 연구저널〉에 발표된 뒤, 전 세계에서 충격을 받은 행성 연구자들이 그 핵심 결론을 재빨리 받아들였다. 로버트 버너, 안토니오 라사가, 로버트 개럴스 등 또 다른 3인조가 탄산염-규산염 순환에 대한 더 복잡한 연구를 통해 독자적으로 논문의 내용을 입증했다. 그들의 연구에는 전 세계 강물에 녹아 있는 광물들의 측정 결과가 부분적인 기반이 되었다. 이렇게 수집된 새로운 데이터는 더운 적도에 가까운 강에 탄소가 풍부한 광물이 더 많이 들어 있는 반면, 추운 고위도 지역의 강에는 그런 광물이 더 적게 함유되어 있음을 보여주었다. 그 비율은 워커의 기온에 따른 풍화 속도 공식과 일치했다. 1990년대에 지질학자들이 원생대의 스노볼 지구 현상을 발견하자, 탄산염-규산염 안정화 이론은 더욱 널리 받아들여졌다. 지질학자들은 수십억 년 전 적도 근처에 형성된 지각에서 빙하 때문에 가루가 되어 실려 온 암석층을 찾아냈다. 적도 지역에 있는, 심해의 고운 퇴적물이 쌓인 지층에서는 드롭스톤(확장되는 빙하에 쓸려서 먼 바다까지 운반된 크고 무거운 바위들)이 발견되었다. 원생대의 드롭스톤들은 빙하에 쓸려 운반되었다고 볼 수밖에 없다. 당시 지구는 단세포생물의 시대였으므로, 육중한 돌을 바다에 던져 넣을 수 있는 생물이 존재하지 않았다. 오래전 빙하가 가져다 놓은 것들 바로 위에서 지질학자들은 캐스팅이 제안한 탄산염-규산염 온도조절장치의 명백한 증거를 찾아냈다. 따뜻한 물속에서 형성된 탄산염 바위가 몇백 미터 두께로 쌓여 있는 지층이었다. 이 탄산염 바위들은 화산에서 분출된 이산화탄소로 포화 상태에 이른 대기가 지구를 뒤덮은 빙하를 급속도로 녹인 뒤 광합성 활동이 급격히 증가하면서 쌓인 것이었다.

돌이켜 보면, 워커, 헤이스, 캐스팅이 찾아낸 이 메커니즘은 도저히 놓치기 힘들 만큼 뻔하고 당연한 것 같다. 금성, 지구, 화성의 운명이 크게 갈라진 이유를 둘러싼 수수께끼가 갑자기 훨씬 단순해졌다. 따뜻한 기온과 표면에 액체 상태로 존재하는 물이 모든 것의 시발점인 듯했지만, 오로지 지구만이 그 조건을 계속 유지한 것은 오직 지구에

262   50억 년 동안의 고독

서만 탄산염-규산염 온도조절장치가 보존되었기 때문이다. 금성은 물을 잃으면서 이 온도조절장치도 잃어버렸다. 지각 판의 움직임에 윤활유 역할을 하고, 대기 중의 이산화탄소를 가져와서 탄산염 바위를 형성하는 데에는 물이 필요하다. 화성이 이 온도조절장치를 잃어버린 것은 태양과의 거리가 너무 멀기 때문이 아니라 크기가 너무 작기 때문이다. 그래서 탄산염의 순환에 필요한 화산활동을 지속시킬 지열이 다 떨어져버리고 말았다. 또한 크기가 작은 탓에 대기도 대부분 우주 공간으로 날아가버렸다. 한때 강과 바다를 이루었던 화성의 물은 땅속에서 얼어붙었다. 만약 화성이 조금만 더 컸다면, 탄소를 좀 더 쉽게 순환시킬 수 있었을 것이고, 지금까지도 생명이 살 수 있는 환경을 유지했을지 모른다.

커다란 떡갈나무와 검은 벚나무 그늘에 들어가자 공기가 축축해지고 차가워졌다. 햇빛은 높고 앙상한 소나무들이 서 있는 곳에서만 듬성듬성 길을 비출 뿐이었다. 저 앞쪽에 물이끼, 사초莎草, 골풀, 잔디, 진퍼리꽃나무 등이 있는 늪지에 블랙 모섀넌 호수가 굽이굽이 펼쳐져 있었다. 식물성 타닌 때문에 호수 물은 진한 차 색깔이었다. 어디를 보아도 우리를 제외한 사람의 모습은 보이지 않았다. 우리는 사람의 힘으로 조성한 작은 해변에 차를 세우고, 구름 한 점 없는 파란 하늘 아래로 나왔다. 캐스팅은 자신의 1차원 모델에 딱 맞는 날씨라고 농담을 던졌다. "다음 주말이면 여기에 사람들이 우글우글할 겁니다." 그가 가을을 맞아 불이라도 붙은 듯 진홍색과 황금색을 띤 숲을 흘깃 뒤돌아 보며 말했다. "단풍이 절정에 이를 때까지 며칠밖에 안 남았거든요. 그리고 조금 있으면, 그러니까 아마 1주일쯤 뒤에 낙엽이 떨어지기 시작할 겁니다."

탄산염-규산염 온도조절장치가 밝혀지기 전, 천문학자들은 보통 약 50억 년 뒤에 세상의 종말이 올 것이라고 예상했다. 태양이 풍선처럼 부풀어 적색거성이 되면서 지구는 재가 된다는 설정이었다. 행성 연구자들은, 지구가 그 먼 미래까지 존재하기는 하겠지만 이미 바다가 사라져 오래전에 죽은 행성이 되어 있을 것이라고 추정했다. 따라서 세상의 종말은 사실 더 밝아진 태양 빛 때문에 바다가 끓어올라 우주 공간으로 날아가는 10억 년 뒤와 20억 년 뒤 사이의 어느 시점이라고 할 수 있었다. 탄산염-규산염 온도조절장치는 생물권의 소멸로 통하는 더 빠른 길을 새로이 제시했다. 대기 중 이산화탄소 양의 점진적인 감소가 그것이었다. 지구 내부의 온도가 서서히 내려가면 화산활동이 줄어들어서 대기 중으로 분출되는 이산화탄소 양도 줄어든다. 이와 동시에 꾸준히 밝아지는 태양 때문에 기온이 점차 올라가서 수증기가 대기 중으로 더 많이 올라가 바위를 풍화시키고 이산화탄소 양을 더욱 줄일 것이다. 결국 대기 중의 이산화탄소 양이 광합성이 불가능해질 만큼 줄어들면 먹이사슬의 기반이 무너지고, 대기 중 산소량이 곤두박질치며, 지상의 생명체 대다수가 목숨을 잃을 것이다. 워커는 처음부터 이것을 알고 있었으므로, 1981년 논문의 마지막 문장으로 "지구의 생물들은 오랜 세월에 걸쳐 표면 평균온도의 꾸준한 상승은 물론 이산화탄소의 꾸준한 상실에도 적응해야 할지 모른다."고 썼다.

50억년 동안의 고독

1982년에 러블록과 마이클 휫필드는 지구의 생물들에게 남은 시간이 정확히 얼마나 되는지 알아보기 위해 탄산염-규산염 온도조절장치의 정교한 모델을 만들었다. 그들은 〈네이처〉에 발표한 논문에서, 이 모델을 통해 종말의 날까지 겨우 1억 년이 남았다는 추정치를 얻었다고 밝혔다. 지구의 역사가 45억 년이라는 사실을 감안하면, 1억 년은 아주 짧은 기간이다. 러블록과 휫필드의 이 예언을 인간의 수명으로 바꾸어 계산한다면, 45세 여성에게 남은 수명이 1년밖에 되지 않는다고 말하는 것과 같다. 천문학자, 행성과학자, 지질학자 등은 충격을 받았지만, 이런 전문가들 이외의 다른 사람들은 '쇠귀에 경 읽기'였다. 1억 년이라는 시간이 영원처럼 보였기 때문이다. 긴 시간을 상대하는 사람들답게, 학자들은 10년 뒤 세상의 종말을 다시 돌아보았다. 1992년에 캐스팅은 박사후 연구원으로 있는 제자 켄 칼데이라와 함께 지구의 광합성 감소에 대해 좀 더 섬세한 계산을 실시해서 지구 생물들에게 약간의 유예기간을 더 부여해주었다.

"식물은 광합성만 하는 것이 아니라 호흡도 합니다. 몸속에 탄소를 고정시키기 위해 산소를 '호흡'하는 거죠." 캐스팅은 나와 함께 호숫가를 걸으면서 설명했다. "지구 상의 모든 식물들 중 95퍼센트, 그러니까 모든 나무와 대부분의 곡식 등 거의 모든 것이 이른바 'C3' 광합성에 의존하고 있습니다. 광합성 과정의 첫 단계는 탄소 분자 3개로 유기 탄소 사슬을 만드는 겁니다. $150ppm$ 이하에서는 C3 식물들의 광합성 속도보다 호흡 속도가 더 빨라지기 때문에 식물들이 죽어버립니다. 러블록과 휫필드의 모델에서 대기 중의 이산화탄소는 1억 년 뒤 $150ppm$에 도달합니다. 켄은 그보다 더 낫다고 할 수 있는 내 기후 모델을 이용하면서, 유기물질의 부패와 식물 뿌리의 호흡을 계산에 넣었습니다. 이것들이 대기보다 흙 속에서 이산화탄소 수준을 20~30배 올려놓을 수 있으니까요. 이것을 계산에 포함시키면, C3 식물들은 십중팔구 5억 년 동안 살아남을 수 있을 겁니다."

캐스팅은 허리를 굽혀 젖은 땅에서 초록색 풀잎 몇 개를 뜯었다. "러블록과 휫필드는 또한 C4 식물들을 제외했습니다. 탄소를 더 효율적으로 이용하는 식물들인데 말이죠. 풀은 C4 식물입니다. 옥수수와 사탕수수도 그렇고요. 이 식물들은 이산화탄소가 10*ppm*만 되어도 살아남을 수 있습니다. 우리 모델에 따르면, 이산화탄소 양은 지금으로부터 약 9억 년 뒤까지 10*ppm* 이상을 유지합니다. 따라서 나무와 숲은 사라질지 몰라도, 풀밭과 옥수수 밭은 그 뒤로 4억 년 동안 더 존재할 겁니다. 지금 이 호수 주위에 있는 것들이 대부분 살아남을 것이라는 뜻입니다. C4 식물은 환경에 적응한 지 얼마 되지 않은 식물입니다. 어쩌면 이산화탄소가 감소하는 상황에 적응한 것인지도 모르죠. 그러니까 앞으로 몇억 년의 시간이 흐르는 동안 진화 과정에서 훨씬 더 영리한 생물이 태어날 수도 있습니다. 하지만 이산화탄소 양이 10*ppm* 이하로 떨어지면, 이산화탄소의 온실효과도 대부분 사라지기 때문에 수증기의 양성 피드백이 우세를 점하게 됩니다. 그러면 온도가 올라가고, 성층권이 습해지며, 지상의 물이 모두 사라지겠죠. 결국 바위 속에 들어 있던 이산화탄소까지 전부 풀려나겠지만, 그것은 기온 상승으로 그나마 남아 있던 생물들까지 익어버린 뒤입니다. 우리가 도출한 결과가 확정적이라고 말할 생각은 없지만, 더 나은 가정들을 사용한 것은 사실입니다. 그리고 그 결과 지구의 생명체들은 1억 년이 아니라 10억

50억년 동안의 고독

년의 수명을 얻었습니다."

"그렇다면 지구의 생물권은 가을에 접어들어 쇠퇴하는 중이로군요."
내가 그를 살짝 찔러보았다.

"나는 여름이라고 봅니다. 많은 미생물들이 섭씨 80도, 100도에서
도 살 수 있으니까요. 지구에서 물이 사라지기 시작하면 온도가 그 정
도까지 올라갈 겁니다. 게다가 혐기성 생물들과 화학물질을 합성하는
생물들은 지표면 아래에서 그보다 훨씬 더 오랫동안 살아남을 수 있
습니다." 캐스팅이 덤덤하게 대답했다.

"그래요, 좋습니다. 온순한 녀석들이 지구를 물려받는다는 얘기로군
요. 그럼 우리처럼 카리스마적인 대형 동물들은 어떻게 됩니까?"

"복잡한 생물들에게는 가을인지도 모르겠습니다. 그냥 C3 식물들
이 멸종할 때까지 인간 또는 지능을 지닌 생물들도 살아남을 수 있다
고 넉넉하게 가정해보면, 진짜 골치가 아파집니다. 우리가 알아낼 수
있는 지구 생명체의 역사 50억 년 중에 5억 년 동안, 즉 지구 생명체의
역사 중 10분의 1에 해당하는 기간 동안 살아남는다는 뜻입니다. C4
식물까지 감안하면 혹시 5분의 1까지도 가능할지 모르겠습니다. 캄
브리아기 대폭발이 일어난 것은 약 5억 년 전입니다. 그렇다면, 지구에
복잡한 생물들이 존재하는 기간이 모두 합해 10억 년, 또는 15억 년이
될 수 있다는 얘깁니다."

캐스팅은 걸음을 멈추더니, 아무 말 없이 손가락으로 풀잎을 비틀
어 너덜거리게 만들었다. "나는 이것이 드레이크 방정식 중 적어도 한
가지 항項에 영향을 미친다고 봅니다. 지능 있는 생명들이 태어나는 행
성의 비율 말입니다." 마침내 그가 다시 걸음을 옮기며 이렇게 말했다.

"생물학적인 한계 때문인지 아니면 지구물리학적인 변화 때문인지는 모르겠지만, 지구에서 복잡한 생명이 생겨나는 데 지구 수명의 절반이 걸렸습니다. 지능을 지닌 생물은 100억 년에 이르는 태양의 수명 중 절반이 흘렀을 때에야 생겨났고요. 그리고 앞으로 5억 년 이상 살아남기란 쉽지 않을 겁니다. 그러니 우리 같은 생물들이 드물다고 생각하는 것이 합당하죠. 사람들은 내가 러블록의 가이아 가설에 반대한다고 말합니다. 생물과는 상관없는 방법으로 기후를 안정시키는 방법을 찾아내는 데 내가 일조했으니까요. 하지만 나는 반대자라기보다는 비판자입니다. 생명체가 환경을 변화시키고, 자신에게 이롭게 기후를 조정할 수 있는 것은 분명합니다. 생명체가 기후의 평형을 무너뜨릴 수 있는 것 또한 분명합니다. 모든 것은 시각의 문제입니다. 생명체로 인해 산소가 증가했고, 아마 그것이 걷잡을 수 없는 빙하의 확장을 초래했을 겁니다. 이건 가이아 가설과 다르죠. 하지만 산소의 증가가 우리를 낳았습니다. 이런 과정 속에 뭔가 목적이 숨어 있다고 말하는 것은 십중팔구 잘못이겠지만, 그래도 만약 가이아에게 모종의 목적이 있었다면 아마 고등 생물의 진화, 인간의 진화가 바로 그것일 겁니다. 원칙적으로 따지면, 인류가 이 행성의 종말을 뒤로 미루고, 가이아의 손길을 지구 너머 먼 곳까지 뻗을 수 있기 때문입니다. 지능과 기술이 시아노박테리아보다 더 강력한 영향을 미치게 될지 모릅니다. 나를 기술 가이아파라고 불러도 좋습니다. 태양이 더 밝아지는 것을 우리가 막을 수는 없겠지만, 그래도 지구를 보호할 수는 있습니다. 태양이 문제가 되는 것은 수억 년 뒤입니다. 만약 우리가 지금과 같은 발전 속도를 유지한다면, 1~2세기 안에 모종의 태양 방어막을 만들어 더 밝아진 태양 빛에 반격을 가할 수 있을 겁니다. 궤도에 작은 거울들을 구름처럼 쏘아 올려, 태양 빛의 일부를 반사한다든지 하는 식으로요. 만약 우리가 자멸하거나 지구를 파괴하지만 않는다면, 수십억 년 동안 지구를 보호할 수 있을지도 모릅니다. 노력하지 않을 이유가 없죠. 태양에 익고 싶진 않으니까."

"우리가 지금 우리 자신이나 지구를 파괴하고 있다고 생각하지 않는 겁니까?" 내가 물었다. 우리는 호수 반대편까지 와 있었지만, 그동안 사람을 한 명도 보지 못했다. 갑자기 묵직하게 우르릉거리는 소리가 들리더니, 하얀 포드 F-150 픽업트럭 한 대가 인근의 비탈진 자갈길을 넘어갔다. 호숫가의 구릉들 사이로 뻗은 그 길에서 트럭의 타이어가 휭휭 돌면서 자갈을 나무와 덤불 속으로 총알처럼 핑핑 튕겨냈다. 복슬복슬한 흰 꼬리가 달린 토끼 세 마리가 깜짝 놀라서 숨어 있던 곳에서 나와 숲 속으로 더 깊이 뛰어 들어갔다.

캐스팅이 인상을 찌푸리며 너덜너덜해진 풀잎을 바닥으로 던졌다. "인류가 지금 무슨 짓을 하고 있는지 생각하면 잠이 오질 않습니다. 기후만 문제가 되는 것이 아니에요. 우리는 지구의 자원을 탕진하고 있습니다. 생물의 다양성도 끔찍하게 망가뜨리고 있고요. 지금 우리가 우리 손으로 대량 멸종을 한창 일으키고 있다는 사실을 나는 조금도 의심하지 않습니다. 다만 우리가 생명체를 모조리 멸종시키거나 지구에 걷잡을 수 없는 온실효과를 일으키는 지경까지는 갈 수 없을 것이라는 사실에서 작은 위안을 얻을 뿐이에요. 탄산염-규산염 순환이 1백만 년에 걸쳐 화석연료의 영향을 지워줄 겁니다. 그러고 나면 대기중의 이산화탄소 양이 오랜 기간에 걸쳐 지속적으로 감소하겠죠. 우리에게 생각이 있다면, 정말로 필요할 때를 대비해서 석유, 석탄, 가스를 모조리 비축해둘 겁니다. 화석연료만으로 지구 기온을 섭씨 10도쯤 올려서 지구를 1억 년 전, 또는 그 이전처럼 뜨겁게 만드는 일이 얼마든지 가능합니다. 아마 시생대 이래로 가장 뜨거운 지구를 만들 수 있을 거예요. 그러면 만년설이 녹고, 해수면이 상승하면서 육지의 20퍼센트가 사라질지도 모릅니다. 적도 지역은 사실상 생명이 살 수 없는 곳이 될 수도 있어요. 그곳에서 자라는 많은 농작물들이 이미 높은 기온 때문에 감당할 수 있는 한계 근처까지 가 있으니까요. 지구 인구의 절반이 난민 신세가 될 수 있습니다. 인구가 줄어들고, 살아남은 사람들은 극지방 쪽으로 옮겨 갈 겁니다. 수십 억 명의 목숨이 사라질 거예요……. 하지만 기술이 계속 발전하고 있습니다. 세계경제가 20~30년 만에 회복할지도 몰라요. 우리가 기후변화의 가장 심각한 영향들을 일부 역전시키거나 상쇄할 합리적인 방법을 찾아낼지도 모릅니다. 결국은 지구형 행성 발견자TPF를 만들어서 발사할지도 모르죠. 그리고 그 망원경이 새로이 찾아낸 사실들은 무엇이든 우리가 지구를 더 잘 이해할 수 있게 해줄 겁니다. 난 아직 시간이 있다고 생각합니다."

50억년 동안의 고독

8장

빛의 일탈

우주를 이해하고자 하는 노력은 인생을 웃음거리보다 좀 더 나은 수준으로 높여주는
몇 안 되는 일 중 하나이며, 이러한 노력은 인간의 삶에 약간은 비극적인 우아함을 안겨준다.
_ 스티븐 와인버그

2011년 7월 8일 오전, 플로리다 주 케이프 커내버럴의 하늘
은 흐리고 우중충했다. 바다에서 불어오는 가벼운 산들바람만이 끈적
거리는 여름 더위를 잊게 해주었다. 그런 더위 속에서 약 75만 명의 사
람들이 케네디우주센터 주위의 바닷가와 인도에 늘어서 있었다. 지구
궤도로 발사될 NASA의 우주셔틀 아틀란티스호에 작별을 고하기 위
해 모인 사람들이었다. 아틀란티스호는 30년에 걸친 우주셔틀 프로그
램 중 마지막 항해에 나서서 역사를 향해 갈 예정이었다.

마지막 카운트다운이 시작되자, 셔틀의 마지막 지휘관인 크리스 퍼
거슨 해군 대령은 발사 책임자인 마이크 라인배치와 함께 셔틀 프로
그램의 종말에 대해 곰곰이 생각해보았다. "우주셔틀은 위대한 나라
가 대담한 계획을 짜고 결말까지 전력을 다했을 때 무엇을 할 수 있는
지를 영원히 보여주는 존재가 될 겁니다." 퍼거슨은 무게가 204만 킬
로그램이나 나가는 18층 높이의 우주셔틀 위에 있는 자신의 자리에서

무전으로 이렇게 말했다. 셔틀은 적갈색의 커다란 외부 연료탱크, 그 위에 올려져 있는 궤도선, 연료탱크 좌우에 쌍둥이처럼 붙어 있는 하얀색 로켓 보조추진장치로 구성되어 있었다. "우리는 오늘, 여행을 끝내는 것이 아닙니다, 마이크. 결코 끝나지 않을 여행의 한 장을 마무리할 뿐이에요."

퍼거슨은 예전에도 많은 사람들이 그랬던 것처럼, 은둔한 철학자 콘스탄틴 치올콥스키의 심정을 그대로 받아들여 보여주고 있었다. 현대 로켓 과학의 아버지이기도 한 치올콥스키는 세기말 러시아에서 외딴 오두막집에 틀어박혀 우주 탐험과 우주를 누비는 인류의 운명에 대해 열정적인 글을 썼다. 오빌 라이트와 윌버 라이트 형제가 지구 반대편의 키티 호크에서 동력 비행이라는 신분야를 개척하고 있을 무렵, 치올콥스키는 다단계 로켓을 궤도로 발사해서 우주 공간에서 일하며 생활하는 것, 그리고 언젠가 태양계를 아예 벗어나는 것에 대해 가설을 세우고 있었다. 그가 이른바 '로켓 방정식'을 고안해낸 것은 유명한 이야기다. 로켓 방정식은 로켓의 움직임에 영향을 미치는 핵심적인 변수들을 모두 포함시킨 수학 공식이다. 독일의 베르너 폰 브라운이나 러시아의 세르게이 코롤레프 같은 후대의 유명 학자들은 우주로 나아가 탐험하기 위한 로켓의 연구에 영향을 미친 사람으로 치올콥스키를 꼽았다. 치올콥스키는 젊었을 때 쓴 논문에서 자신의 연구에 비전을 제시해준 유인을 다음과 같이 설명했다. "인류는 아마도 결코 사라지지 않고, 항성의 불이 꺼질 때마다 다른 항성으로 계속 옮겨 다니며 살아갈 것이다. …… 따라서 인류의 삶, 진화, 발전에는 끝이 없다. 인류는 영원히 발전할 것이다. 이런 일이 이루어진다면, 인류는 확실히 불

50억년 동안의 고독

멸을 손에 넣을 것이다." 요즘 사람들은 지구를 넘어선 무한한 미래에 관한 이 꿈을 대개 넌지시 인정할 뿐이다. 냉소적인 조롱을 당할지도 모른다는 우려 때문에 대놓고 받아들이는 경우는 드물다. 하지만 이 꿈은 지금도 인류가 추진하는 모든 우주 프로그램을 뒷받침하는 가장 순수하고 가장 고귀한 목표이다.

"나는 지금도 내 기계를 타고 별을 향해 날아 올라가는 꿈을 꾼다⋯⋯." 치올콥스키는 세상을 떠나기 10년 전에 이렇게 말했다. "그런 장치를 타고 우주로 나아가는 것도 가능할 것이다. 어쩌면 지구 대기권 밖에 생활할 수 있는 시설을 세울 수 있을지도 모른다. 이런 꿈이 실현되어 인류가 지상뿐만 아니라 우주 전체로도 퍼져나가는 데에는 수백 년이 걸릴 듯하다." 치올콥스키는 이 꿈이 자신의 세상과는 거리가 멀다고 생각했기 때문에, 자신을 거의 실패한 인간으로 보았다. 그래서 예순여덟 살 때 "나는 많은 것을 성취하지 못했으며, 눈에 띄는 성공을 거두지 못했다"고 썼다. 그는 1935년에 세상을 떠날 때까지도 우주 정복이 수백 년 뒤의 일이라고 믿었다. 제2차 세계대전이 아니었다면, 그의 생각이 옳았을지도 모른다. 하지만 그가 세상을 떠나고 겨우 20여 년 뒤 소련과 미국의 위성들이 지구궤도를 돌고 있었다. 위성은 핵탄두와 탄도미사일에 대한 연구가 낳은 산물이었다.

퍼거슨이 케이프 커내버럴에서 치올콥스키를 연상시키는 말을 한 직후, 우주셔틀의 엔진과 로켓 보조추진장치가 부르릉거리며 살아나 아틀란티스호를 하늘로 밀어 올렸다. 황금색 불꽃과 푸르스름한 다이아몬드 모양의 파장이 가늘게 떨리는 폭포처럼 피어났다. 우주셔틀이 천둥처럼 포효하며 위로 올라가는 소리가 덤불이 우거진 인근 습지를 마지막으로 한 번 휩쓸고 지나가더니 멀리까지 울려 퍼져서 아주 먼 곳의 구경꾼들도 숨죽인 침묵 속에서 우주셔틀의 발사를 지켜보았다. 아틀란티스호는 발사대를 벗어나 아치형 경로를 따라가며 국제우주정거장으로 향했다. 곧 나지막한 베일처럼 드리워진 구름 속으로 들어가 시야에서 사라졌다. 우주셔틀이 하늘을 향해 마지막으로 솟아오른 뒤, 우주 프로그램은 조용히 쇠퇴하기 시작했다. NASA에는 새로운 셔틀이 준비되어 있지 않았으며, 우주 프로그램의 규모도 줄어들었다. 그 뒤로 오랫동안 NASA는 사람을 우주로 쏘아 보낼 직접적인 능력이 없었으며, 연구 예산도 삭감되었다.

우주셔틀은 아폴로호가 달 착륙에 성공한 뒤 사람들이 인류의 기술 발전에 한창 흥분하고 있을 때 처음 제안되었다. 달에 기지를 설립하고 사람을 화성에 보내 탐사하게 하려는 20년 계획의 일환으로, 로켓처럼 발사되어 궤도 상에서 로봇 위성들과 만나거나 우주정거장에 승무원들을 데려다주는 임무를 수행한 뒤, 대기권 재진입의 열기를 견디며 지구로 다시 돌아와 비행기처럼 우주 공항에 착륙할 수 있는 우주선 개발을 NASA의 고위 간부들이 밀어붙인 것이다. 달에 가는 길에 한 번 사용한 뒤 버려진 거대한 새턴V 로켓과 달리, 이 우주선은 이론적으로는 완전히 재사용이 가능했으므로 발사 비용을 줄여주는 규모의 경제가 가능했다. 당시 발사 비용은 킬로그램당 1만 달러가 넘었다. 우주셔틀은 몇 번이나 우주에 다녀올 수 있는 혁명적인 우주선으로 선전되었다. 어쩌면 1주일에 한 번씩 우주에 다녀올 수도 있으므로, 싼값에 일상적으로 잦은 우주여행을 할 수 있게 되리라는 것이었다. 그러면 사람들의 독창적이고 호기심 어린 눈이 놀라운 태양계의 모습을 직접 볼 수 있을 터였다. 따라서 달 기지와 화성의 유인탐사는 별들을 향한 굉장한 여행의 시작에 불과했다.

하지만 리처드 닉슨 대통령은 NASA의 웅대한 계획에 필요한 예산 추정치 앞에서 뒷걸음질을 쳤다. 그는 NASA가 달에 기지를 세우거나 화성에 발자국을 남기는 일을 추진하지 못하게 막기 위해 예산을 크게 삭감하고 새턴 로켓 프로그램을 해체해버렸다. 우주셔틀은 아마도 우주여행을 더 경제적으로 만들어줄 수 있다는 점에 초점을 맞춘 덕분인지 NASA의 계획 중에서 유일하게 살아남았지만, 역시 규모가 줄어들었다. 완전히 재사용할 수 있는 우주선을 만들자는 계획이 '반쯤 재활용이 가능한' 설계로 바뀐 것이다. 개발 비용은 싸지만 운영 비용은 비싼 모델이었다. 그렇다 해도 우주셔틀의 개발에는 예산이 삭감된 NASA가 감당할 수 있는 것보다 더 많은 돈이 필요했다. NASA는 첩보위성을 발사하거나 차단할 필요가 있는 군대에 주의를 돌려서 이 돈을 마련했다. 국방부는 NASA의 계획을 지원해주는 대신, 설계 변경을 고집했다. 화물칸을 넓히고, 더 무거운 단열 시스템을 쓰고, 더 커다란 삼각주 모양의 날개를 부착해야 한다는 것이었다. 이 모든 것이 우주셔틀을 더 복잡하게 만들고, 비용과 위험 부담도 올려놓았다.

이런저런 요구들이 키메라처럼 혼합되어 마침내 완성된 우주셔틀은 우아하고 다재다능했지만, 또한 돌이킬 수 없는 결점을 안고 있었다. 처음 계획처럼 1년에 50회의 비행을 하는 대신, 프로그램이 지속되던 30년 동안 우주셔틀 선단 전체가 비행한 횟수는 135회에 불과했다. 우주셔틀은 킬로그램당 1만8천 달러에서 6만 달러 사이로 추정되는 비용으로 사람과 화물을 날랐는데, 이는 우주셔틀 이전에 쓰이던 1

회용 발사체보다 더 비싼 가격이었다. 우주셔틀 프로그램의 실패에 부분적으로 영향을 미친 것은, 한 번 비행을 마칠 때마다 수많은 기술자들이 대기하고 있다가 '재사용이 가능한' 많은 부품들을 갈아주어야 했다는 점이었다. 필연적인 위험 부담도 역시 문제라서, 궤도선 두 대와 승무원들이 희생되는 비극적인 사건이 일어나기도 했다. 1986년에 우주셔틀 챌린저호가 발사 직후 보조추진장치 한쪽의 밀폐 이상으로 폭발했고, 2003년에는 콜럼비아호가 대기권 재진입 도중 발포 단열재 한 조각이 날개에 구멍을 내는 바람에 부서져버렸다. 우주셔틀 설계 초기에 정치적인 이유로 이루어진 타협들이 이 두 번의 사고를 일으킨 주요 요인으로 판명되었다.

우주셔틀 프로그램의 총비용은 1천5백억 달러로 추정된다. 이 프로그램의 상징적인 성과물인 국제우주정거장ISS에도 비슷한 액수가 사용되었다. ISS는 궤도를 도는 거대한 실험실이지만, 지구의 과학자들 대다수는 이런 실험실을 원하지도 않았고 사용할 수도 없었다. 한때 우주셔틀과 ISS는 합해서 NASA의 총 예산 중 거의 절반을 잡아먹으면서, 그보다 훨씬 저렴한 비용이 드는 로봇 탐사에 비해 지극히 작은 과학적 성과밖에 내지 못했다. NASA가 우주셔틀을 운영하던 시기에 유인우주비행 프로그램이 과학 연구에 직접적으로 가장 유용하게 쓰인 것은, 우주비행사들을 실험 대상으로 삼아 장기간의 우주비행이 사람에게 미치는 영향을 측정했을 때뿐이었다. 물론 새로운 천체를 사람이 직접 찾아가 의미 있는 작업을 수행할 수 있는 능력이 없다면, 이 연구의 가치 또한 크게 줄어든다. 우주셔틀 운영과 ISS 건설로 인한 경제적 부담에 시달리던 NASA는 인류를 우주로 보내는 대담한 꿈이 그야말로 목적지를 상실했음을 깨달았다. 우주비행사들은 낮은 지구궤도를 한없이 돌면서 미세중력 상태에서 뼈와 근육이 약해지기를 기다리고 있을 뿐이었다. 거의 모든 면에서 우주셔틀 프로그램은 가장 중요한 기대들을 충족시켜주지 못한 채 경제적인 파산을 불러온 애물단지였다.

아마도 유일한 예외는 허블우주망원경 발사에 우주셔틀이 기여했다는 점일 것이다. 스쿨버스만 한 크기의 로봇 천문대인 허블우주망원경은 1990년에 우주셔틀 디스커버리호에 실려 낮은 지구궤도에 자리를 잡았다. 1940년대에 미국의 천문학자 라이먼 스피처가 처음 제안한 허블망원경은 우주셔틀과 같은 시기에 구체화되어 자금을 지원받았으며, 제작과 발사에 수십 년의 세월과 20억 달러가 넘는 비용이 들었다. 이 망원경이 우주셔틀의 화물칸에 딱 맞는 크기였던 것은 우연이 아니다. 처음에 우주셔틀이 운반할 예정이던 첩보위성 중 일부에서 이 망원경의 설계가 유래했기 때문이다. 허블이 최초의 우주망원경은 아니었지만, 정밀하게 다듬어진 초저팽창 유리에 알루미늄으로 도금한 주반사경의 지름이 2.4미터로 당시로서는 최대 규모였다. 지구의 대기권 위에 떠 있는 커다란 눈과 같은 허블망원경은 거칠게 요동치면서 천상의 빛을 왜곡시키고 흐리게 하는 공기층과 힘겨루기를 할 필요가 없었다. 따라서 미처 상상해보지 못한 선명하고 자세한 관측 결과로 천문학에 혁명을 일으킬 것으로 기대되었다.

하지만 궤도에 자리 잡은 허블망원경이 보낸 사진들은 흐릿했다. 반사경이 지극히 정밀하지만 살짝 어긋난 수치에 맞춰진 탓에 이상적인 곡률에서 2미크론 어긋나 있었던 것이다. 2미크론이라면 사람 몸속에 있는 적혈구 너비의 3분의 1도 안 되는 길이다. 2년 동안 공들인 작업 끝에 수치에 맞춰 반사경을 다듬어놓았으므로, 궤도 상에서 손쉽게 잘못을 수정할 수는 없었다. 또한 반사경을 새것으로 바꿀 수 있는 방법도 없었다. 550킬로미터가 넘는 높은 상공에서 궤도를 돌고 있는 망원경 전체가 수십억 달러짜리 무용지물이 될 판이었다. 하지만 결국 이 망원경이 역사상 가장 유명하고 생산적인 천문대가 된 것은, 우주 셔틀만의 독특한 능력 덕분이었다. 그리고 허블망원경이 과거와 현재를 통틀어 유일하게 우주비행사들에 의한 수리와 업그레이드를 염두에 두고 설계되었다는 점도 행운이었다.

1993년 12월에 NASA의 허블 팀이 마련한 해결책이 우주셔틀 인데버호에 실려 발사되었다. NASA는 우주망원경의 결함 있는 주반사경에서 반사된 별빛의 초점을 다시 맞춰줄 작은 반사경들을 설치할 예정이었다. 근시인 눈에 안경을 씌우는 것과 비슷했다. 최초의 우주 수리 임무를 맡은 최고의 우주비행사 일곱 명은 커다란 우주복을 입고 열흘 동안 총 35시간을 작업에 매달려 새로운 반사경들을 설치하고 추가 업그레이드를 실행했다. 이 마라톤 작업은 마치 용접용 헬멧과 오븐용 장갑을 끼고 섬세한 안과 수술을 하는 것과 같았다. 게다가 주위 환경은 장비에 조금만 이상이 생겨도 순식간에 목숨을 잃을 만큼 가혹했다. 그러고 나서 몇 주 지나지 않아 우주망원경이 지상의 천문대와는 비교가 되지 않는 사진들을 보내오기 시작했다. 우주셔틀은 그 뒤로 네 번 더 새로운 설비들을 허블망원경에 실어 날랐고, 그때마다 망원경은 더욱 강력해졌다. NASA의 유인우주비행 프로그램을 비판하는 사람들은 우주셔틀의 망원경 수리 비행에 들어간 것으로 추정되는 비용이라면 아예 허블망원경을 새로 제작해서 1회용 로켓으로 발사할 수 있었을 것이며, 사람들이 굳이 목숨을 걸 필요도 없었을 것이라고 지적했다. 하지만 그들도 우주셔틀이 가능하게 해준 업그레이드 덕분에 우리가 볼 수 있었던, 우리의 인식을 바꿔놓은 우주 풍경에 대해서는 불평하지 못했다.

태양계 내에서 허블망원경은 화성의 날씨 변화, 목성에 혜성이 충돌해서 폭발하는 광경, 토성 극지방의 유령 같은 오로라를 구분해낼 만큼 예리한 시력을 보여주었다. 명왕성에서도 새로운 위성들을 찾아냈으며, 그 먼 행성 표면의 대략적인 지도까지 그려냈다. 또한 태양계 인근에서 별이 형성되는 지역들을 바라보며, 소용돌이치는 원반 모양의 가스와 먼지 속에 들어 있는 어린 별들을 훔쳐보았다. 그곳에서는 행성을 형성하는 과정이 절반쯤 진행되는 중이었다. 그리고 우리와 가장 가까운 나선은하인 안드로메다의 움직임을 측정한 결과, 그 은하가 약 40억 년 뒤에 우리 은하와 충돌해서 하나로 합쳐질 것임을 확실히 증명해주었다. 주위의 다른 은하들에서는 거의 모든 은하의 중심에 엄청난 질량을 지닌 블랙홀이 있음을 밝혀냈다. 태양계의 폭보다도 좁은 공간에 수억 개의 태양이 들어 있는 것과 같은 블랙홀이었다. 허블망원경은 시선이 향하는 곳 어디서나 멋진 사진을 찍어 사람들의 마음을 사로잡았으며, 놀라운 사실들을 발견할 수 있게 해주었다. 2012년 9월에 천문학자들은 허블망원경이 2백만 초 동안 관측한 결과를 종합해서 먼 우주deep field 사진들을 발표했다. 가끔 허블망원경으로 천체가 전혀 없는 것처럼 보이는 텅 빈 공간을 겨냥해서 얻은 결과였다. 우리가 빨대를 통해 하늘을 바라볼 때의 시야보다도 더 작은 공간이었다. 거기서 허블망원경은 보석처럼 흩어져 있는 수천 개의 먼 은하들을 찾아냈다. 노란 타원은하, 파란 나선은하, 온갖 색깔이 뒤섞여 있는 '불규칙'은하 등이었다. 가장 오래되고 가장 먼 은하들은 작은 루비색 점처럼 보였기 때문에 구조를 전혀 알아볼 수 없었다. 그들이 우리에게 보낸 빛은 빅뱅 이후 겨우 5억 년이 흘렀을 때 출발한 것으로, 그 빛의 근원인 별들은 우리 태양계가 태어나기 훨씬 전에 이미 다 타서 사라지고 없었다. 이 멀고 먼 과거의 광자들이 허블망원경의 반사경에 도달했을 때의 밝기는 인간의 눈이 감지할 수 있는 빛의 밝기에 비해 약 100억 분의 1밖에 되지 않았다.

NASA는 허블망원경의 발사와 수리 이후 이 망원경의 성공을 바탕으로 우주에 커다란 '대★천문대'를 세 개 더 구축했다. 이 망원경들은 각각 다른 파장의 빛에 맞춰져 있었으며, 건설 비용은 평균 10억 달러였다. 콤프턴망원경은 우주의 변경에서 폭발이 일어나면서 분출된 감마선을 관측하고, 챈드라망원경은 초신성이 되어 폭발하는 커다란 별들과 분자 상태의 가스 구름을 먹어치우는 초거대 블랙홀들을 X선 눈으로 지켜보았다. 그리고 스피처망원경은 별들이 탄생하는 모습을 포착하고, 뜨거운 대형 태양계외행성들의 대기를 적외선으로 측정했다. 이들 중 하나만 제외하고 모든 것이 우주셔틀에 실려 발사되었으며, 각자 획기적인 사실들을 새로 밝혀주었기 때문에 과학자들은 곧 천문학의 '황금시대'라는 말을 입에 담기 시작했다. NASA는 이 네 대의 '대표적인' 우주망원경 외에도 좀 더 작고 특화된 망원경들을 개당 몇억 달러의 비용으로 제작해서 쏘아 올렸다.

대표 망원경들과 작은 망원경 군단에 이처럼 많은 비용이 들어간

50억년 동안의 고독

가장 커다란 이유는 역시 그것들이 궤도에 도달하는 데 기가 질릴 만큼 많은 돈이 필요했다는 점이었다. 우주셔틀이 도입되었어도 그 비용을 줄일 수 없었던 것이다. 킬로그램당 수만 달러에 이르는 발사 비용 때문에 망원경을 최대한 가볍고 간단하게 만들기 위한 설계, 제작, 시험에 더 많은 돈이 들어갔다. 당시에는 이렇게 비용을 들이는 것이 그리 큰 문제가 되지 않았다. 1990년대 중반의 미국은 냉전 이후 힘이 넘치는 초강대국이었기 때문이다. 실업률은 낮았고, 생산성은 높았으며, 연방 정부의 흑자는 1조 달러에 육박했고, GDP와 주가는 하늘 높은 줄 모르고 치솟았다. NASA의 고위층은 앞으로도 매년 예산이 꾸준히 증가해서 훨씬 더 야심 찬 우주망원경들을 제작할 수 있을 것이라는 밝은 미래를 예상했다. 아마 화성에 갔다가 돌아오는 무인여행도 시험적으로 시도할 수 있을 것이고, 궁극적으로는 지구궤도 너머로 사람이 직접 탐사를 나가는 계획에 다시 불이 붙을 것 같았다. 허블망원경이 21세기의 첫 20년이 지나기 전 어느 시점에 수명을 다하면 태평양으로 떨어뜨린 뒤, 훨씬 더 혁명적인 새 망원경을 그 자리에 올려놓을 수도 있을 터였다. 허블망원경의 후계자는 1996년에 '차세대 우주망원경'이라는 이름으로 발표되었지만, 2002년에 NASA의 전前 국장 제임스 웹의 이름을 따서 '제임스 웹 우주망원경JWST'으로 개명되었다. 웹은 아폴로 계획이 시행되던 영광의 시절에 NASA를 이끈 인물이다. JWST의 임무는 우주 최초의 은하들, 허블망원경이 찍은 가장 먼 우주의 사진들에서 작디작은 빨간색 점으로만 나타나는 그 은하들의 베일을 완전히 벗기는 것이었다. 이 망원경은 시작일 뿐이었다. 미국의 천문학자들은 메뉴를 보며 배를 빵빵하게 채워줄 음식을 몇 가지나 고르는 굶주린 사람들처럼 크고 야심 찬 우주망원경을 더 많이 발사할 계획을 짰다.

NASA가 JWST에 무게를 싣기 시작한 무렵에 태양계외행성 탐사도 화려하게 빛을 내기 시작했다. 천문학자들은 지구와 흡사한 행성을 찾을 가능성에 대해 사상 처음으로 합리적인 토론을 하면서 대중에게서 상당한 관심과 찬사를 얻을 수 있었다. 행성 사냥꾼들은 저 먼 우주에서 우리 지구를 보면, 허블망원경의 먼 우주 사진에 나타나는 전형적인 은하보다 조금 더 희미하게 보일 것이라는 계산 결과를 내놓았다. 이론적으로는 JWST가 감지할 수 있는 밝기였고, 실제로도 이 망원경은 나중에 항성에서 멀리 떨어진 뜨겁고 젊은 거대 가스 행성들의 사진을 찍는 데 놀라운 솜씨를 발휘할 터였다. 하지만 생명이 살 수 있는 행성은 밝은 항성에 너무 가까이 있을 테니, JWST로는 행성 사냥꾼들이나 갑자기 그들에게 열광하기 시작한 대중을 만족시킬 수 없었다. 예를 들어 우리 지구의 밝기는 가시광선 영역에서 태양에 비해 약 100억 분의 1밖에 되지 않는다. 우리 행성에서 반사되어 우주 공간으로 튕겨 나가는 광자가 하나라면, 태양은 100억 개의 광자를 쏟아 낸다는 뜻이다. 적외선에서는 이 비율이 조금 나아진다. 태양의 밝기가 지구에 비해 겨우 1천만 배가 되기 때문이다. 천문학자들은 태양과 비슷한 항성 주위를 도는 지구 같은 행성의 사진을 찍는 것을, 밝은 조명등 주위를 어른거리는 개똥벌레를 수천 마일 떨어진 곳에서 사진으로 찍는 것에 자주 비유한다. 하지만 현실은 이보다 더하다. 항성 주위를 도는 바위 행성의 사진을 찍는 것은 핵융합반응을 하는 불덩어리의 맨 끝에 매달린 희미한 먼지 한 점을 포착하는 것과 같다. 폭발

　　　　　　50억 년 동안의 고독

하는 수소폭탄 옆에 불이 붙지 않은 채 놓여 있는 성냥의 사진을 찍는 것과 같다고 할 수도 있다. 이런 작업을 해내려면, 핵융합반응에 의해 수억 또는 수십억 개 단위로 쏟아져 나오는 광자들을 어떻게든 차단해서 행성이 반사하는 광자를 하나라도 포착할 수 있게 만들어야 한다. 그런데 지구 대기가 시야를 흐리기 때문에 지상에서는 하늘에 떠 있는 거의 모든 별에 대해 그 정도로 정밀한 측정이 불가능하다. 오로지 우주에 설치된 망원경만이 다른 항성 주위에서 생명이 살고 있을 가능성이 있는 행성의 빛을 잡아낼 수 있다.

제프 마시가 뜨거운 목성형 행성들을 처음으로 발견했다는 연구 팀의 성과를 발표한 직후인 1996년 초 텍사스 주 샌안토니오에서 열린 미국천문학회 회의에서 당시 NASA의 국장인 댄 골딘이 무대에 나서서 생명이 살 수 있는 행성의 탐색을 지원하기 위해 NASA가 JWST를 발사한 후 당장 할 수 있는 일에 대해 매혹적인 미래를 펼쳐 보였다. 골딘은 NASA의 연구 프로그램 전체를 우주생물학을 중심으로 다시 구성하고, 생명체를 찾아낼 수 있는 새 우주망원경들을 반짝이는 핵으로 삼을 작정이었다. 그는 "앞으로 10년쯤 뒤에" NASA가 생명이 살 가능성이 있는 행성을 찾아낼 수 있는 우주천문대인 '행성 발견자'를 발사하고, 별빛을 차단하는 다양한 기술을 동원해서 그 행성들의 저해상도 사진을 찍는 데 한발 다가서게 될 것이라고 설명했다. 행성 발견자는 자그마한 픽셀 덩어리로 나타나는 행성의 스펙트럼에서 대기의 바이오시그너처를 탐색할 터였다. NASA의 '지구형 행성 발견자TPF'의 개념이 공개적으로 언급된 것은 이때가 처음이었다. 골딘은 홀린 듯이 듣고 있는 청중을 향해 설명을 이어갔다. 만약 TPF가 가까운 항성 근처에서 유망한 행성을 발견한다면 "아마 25년 뒤에" 훨씬 더 야심 찬 망원경들이 제작되어 "바다, 구름, 대륙, 산맥이 보일 정도의 해상도로" 그 행성들의 사진을 찍을 수 있을 것이라고. 골딘은 그리 멀지 않은 미래에 미국의 돈과 재주 덕분에 외계 지구의 지도들이 전 세계 교실의 벽을 장식할 것이라고 말했다. 그리고 나중에는 21세기 중 어느 시점에 생명이 살고 있는 것으로 밝혀진 행성들을 겨냥해서 로봇 탐사선을 보낼 수 있을 것이라는 말도 덧붙였다. 골딘의 장밋빛 전망에 따르면, TPF는 이르면 2006년에 발사되어 먼저 작업하면서 2020년대 초에 발사될 또 다른 망원경을 기다릴 터였다. 그리고 이 망원경은 가까운 지구형 행성에서 지도를 그리기 위해 붓을 놀리는 연습을 시작할 것이다.

하지만 안타깝게도 JWST를 개발하는 작업은 생각보다 어려웠다. 가장 오래된 별들과 은하들의 사진을 찍으려면 허블망원경보다 훨씬 큰 주반사경이 필요했고, 이 반사경은 분자 구름, 거대 행성, 가장 오래된 은하들이 가장 밝게 빛나는 적외선 영역에 최적화되어야 했다. 또한 망원경 내부의 열로 우주 새벽의 연약한 빛이 씻겨 나가지 않게 극저온 냉각장치도 필요했다. 낮은 지구궤도에서 활동할 수 없다는 점도 문제였다. 적외선 영역에서 지구가 전구처럼 밝게 빛나는 탓에 섬세한 관측을 할 수 없기 때문이다. 몇 년 동안 계속 수정한 끝에 마침내 확정된 설계에 따르면, JWST에는 허블망원경에 비해 빛을 수집하는 면적이 거의 7배나 되는 6.5미터짜리 반사경이 설치될 예정이었다. 망원경 설치 장소는 지구와 태양 사이의 안정적인 지점, 즉 지구에서 거의 160만 킬로미터나 떨어진 지점이었다. 달보다 4배나 더 멀리 있는 셈이었다. 망원경 제작에는 거의 모든 부분에서 중요한 신기술이 필요했다. 망원경 본체와 최신 기술이 총동원된 각종 장비 및 탐지기를 보호하는 데에는 너비와 길이가 보잉 737기와 맞먹는 다층 구조의 '햇빛 차단기'가 동원되었다. 망원경을 완전히 조립하면 크기가 너무 커서 기존의 로켓으로는 운반할 수 없기 때문에, 종이접기나 고치 속의 나비처럼 접힌 상태로 발사해서 우주 공간에서 펼쳐지게 해야 했다. 따라서 JWST의 반사경도 조절이 가능한 열여덟 개의 황금 코팅 육각형 조각으로 나뉘었다. 거울의 원료는 깃털처럼 가볍고 독성이 몹시 강한 베릴륨 금속이었다.

국제적으로 다양한 파트너들이 장비 제작이나 발사체 제공 등을 맡겠다고 나섰지만, 자금을 지원하는 주된 책임은 NASA에 있었다. NASA는 초기에 비용을 약 15억 달러로 추정했다. 발사는 일단 2010년경으로 예정되었다. 나중에 이 작업이 얼마나 복잡하고 엄청난 일인지 분명해지면서 비용 추정치가 계속 상향 조정되었지만, 자금을 더 마련할 수 있는 길이 선뜻 나타나지 않았다. NASA는 다른 우주 프로그램에 배정된 돈을 JWST로 돌렸다. 결국 기술 개발에만 20억 달러가 넘는 돈이 필요해졌고, JWST의 예정이 비틀거리기 시작하면서 총비용은 풍선처럼 부풀어 올랐다. 그래서 큰돈이 들어가는 일이 자꾸만 뒤로 미뤄졌다. 2012년경에는 JWST의 제작, 시험, 발사, 5년간 운영 비용이 거의 90억 달러에 이를 것이라는 추정치가 나왔고, 발사 시기도 빨라야 2018년으로 조정되었다.

JWST의 산고를 더욱 악화시킨 것은 미국과 전 세계에서 거듭 발생한 경제 재앙이었다. 이 재앙이 절정에 이른 2008년의 대불황 때 미국 정부는 대형 은행을 비롯한 금융기관들의 완전한 붕괴를 막는 데 수조 달러를 썼다. 따라서 꾸준히 증가할 것이라던 NASA의 예산도 그저 감소하지 않는 것만으로도 다행스러운 상황이 되었다. 인플레이션을 고려한 예산 조정도 없었다. 1990년대 빌 클린턴 대통령 시절에 쌓인 1조 달러의 잉여금은 2000년대에 후임자인 조지 W. 부시 대통령의 마구잡이 지출과 감세 정책으로 인해 수조 달러의 적자로 변했다. 콜럼비아호의 사고 뒤 부시는 NASA에게 아폴로 프로그램 이후에 처음 세웠던 계획으로 돌아가라는 대담한 명령을 전달했다. 중량급 로켓을 만들어 다시 달을 방문하고, 화성에도 사람을 보낸다는 계획이었다. 하지만 부시는 컨스털레이션 프로그램Constellation program이라고 불릴 이 계획에 충분한 자금을 지원해주지도, 의회의 지지를 선물해주지도 않았다. 처음에 이 프로그램을 발표한 뒤에는 거의 언급한 적도 없었다. 부시 정부 시절에 시작된 많은 정부 프로젝트들이 그랬듯이, 컨스털레이션 프로그램의 뛰어난 점은 수십억 달러에 달하는 연방 정부의 공적 자금을 연줄 좋은 개인 사업가들의 금고로 옮겨주는 재주밖에 없는 것 같았다. 게다가 이 개인 사업가들은 돈을 받는 대가로 해주는 것도 별로 없는 경우가 대부분이었다.

2006년에 NASA는 과학 연구 예산에서 수십억 달러를 빼내서 실패를 향해 가고 있는 부시의 계획을 지지하는 데 쓰기로 했다. 이로써 JWST 개발이 혼란에 빠졌고, 곧 TPF를 개발해서 발사할 수 있을 것이라던 희망이 꺾였다. TPF 개발 계획은 공식적으로 "무기한 연기"되었다. 하지만 모든 사람이 이런 현실을 안타까워한 것은 아니었다. 태양계외행성을 연구하지 않는 많은 천문학자들은 TPF의 좁은 초점과 예

50억년 동안의 고독

상 비용이 태양계외행성 연구보다 덜 화려하지만 우주망원경이 필요한 다른 분야들의 생존을 위협한다고 보았다. 실제로 영향력 있는 연구모임과 기획위원회 내에서 TPF 개발에 반대하는 로비를 적극적으로 벌인 사람들도 있었다.

컨스털레이션 프로그램은 몇 년 동안 10억 달러 이상의 돈을 쓰면서 평범한 결과만 내놓다가 2010년에 버락 오바마 대통령에 의해 폐기되었다. 하지만 NASA의 과학 연구 프로그램들이 입은 피해는 복구할수 없었다. NASA는 JWST에 충분한 자금을 대기 위해 거의 모든 주요 차세대 천체물리학 프로젝트와 행성과학 프로젝트를 축소하거나, 연기 또는 취소할 수밖에 없었다. JWST가 성공을 거두려면, NASA의 과학 연구 프로그램 대부분을 사실상 없애버리는 커다란 희생이 반드시 필요했다. 과거에 쏘아 올린 우주망원경들이 낡아서 하나씩 망가지고 있기 때문에, 언제든 JWST가 발사된다면 시간이 시작된 우주의 가장자리를 바라보는 거의 유일한 망원경이 될 터였다. 하지만 강력한 제도적 지원과 돈이 부족했으므로 TPF는 별들만큼이나 멀고 먼 꿈 같았다. 의회는 JWST 계획이 자꾸만 지연되고 예산을 초과한다는 이유를 들어 지원금을 삭감하겠다고 거듭 위협했다. 이런 상황이니 허블망원경을 대체할 새로운 망원경이 아예 하늘을 날아보지도 못할 가능성이 있었다. 게다가 설사 새 망원경이 날아 올라간다 해도, 예상 수명은 고작 10년이었다. 그 뒤에는 연료가 고갈되고, 장비들이 노후화할 터였다. 천문학자들은 JWST 때문에 허블망원경이 이끌어낸 황금시대가 끝날지도 모르겠다고 수군거리기 시작했다.

콧수염을 기른 유쾌한 천체물리학자이자 NASA의 우주비행사인 존 그런스펠드는 마음이 무거워졌다. 그는 우주셔틀에 다섯 번 탑승했으며, 그중 세 번은 허블망원경에 다녀왔다. 그런스펠드가 우주복을 입고 부린 솜씨가 허블망원경의 성공에 적잖이 기여한 것이다. 그는 허블망원경 수리를 위한 세 번의 비행에서 58시간 30분 동안 우주유영을 하는 기록을 세웠다. 언론은 영웅이라고 환호하며 그를 '닥터 허블'이라고 불렀다. 우주셔틀을 타고 궤도로 올라가 역사상 가장 생산성이 높은 우주망원경을 수리한 다음, 바로 그 망원경을 이용해서 쌍성 펄서[펄서는 1초에 1회 이상 회전하면서 규칙적으로 강한 빛과 약한 빛을 내는 중성자별이다-옮긴이] 같은 이색적인 천체들을 연구하면서 그런스펠드는 NASA의 유인우주 프로그램과 과학 연구 프로그램 사이의 강력한 시너지 효과를 직접 경험했다. 그는 국제우주정거장과 우주셔틀에 사용된 수천억 달러의 돈에 대해 생각해보았다. 우주망원경의 황금시대를 유지하는 데에는 그 금액의 일부만 있으면 되었다. 그는 우주셔틀과 우주천문대를 이용해서 NASA의 강력한 유인탐사 프로그램이 내부의 순수 과학 연구와 다시 한 번 강력한 파트너 관계를 구축하려면 어찌해야 하는지 고민했다. 그는 2003년과 2004년에 NASA의 수석연구원으로 일하면서 부시가 발표한 컨스털레이션 프로그램의 과학적 응용 방법들을 개발하는 데 참여한 적이 있었다. 그 결과 대형 로켓들은 우주비행사들을 달로 쭉 밀어줄 수 있을 뿐만 아니라, 엄청나게 큰 망원경을 발사하는 데도 유용하다는 사실이 밝혀졌다. 예를 들어 반사경을 여러 조각으로 나눠서 접는 값비싼 소동을 피우지 않아도 JWST를 발사할 수 있었다. 그렇다면 TPF 스타일의 대형 우주천문대를 구축하는 비용도 내려갈 수 있을 터였다. 하지만 컨스털레이션 프로그램이

50억년 동안의 고독

굶주림을 이기지 못하고 NASA의 과학 연구 예산에 그림자를 드리우면서 이런 계획은 실패로 돌아가고 말았다.

그런스펠드는 마지막 허블 수리 비행을 마친 뒤 2010년 초에 NASA를 떠나 메릴랜드 주 볼티모어에 있는 우주망원경연구소의 부소장이되었다. 허블망원경을 운영하느라 분주히 돌아가고 있는 이 연구소는 언젠가 JWST의 운영도 맡을 예정이었다. 그런스펠드는 거의 2년 동안연구소장인 천문학자 맷 마운틴과 긴밀하게 협조하며 미래에 연구소가 운영하게 될지도 모르는 TPF 스타일의 망원경을 위한 기반을 마련했다. 그들은 직접 설계한 우주망원경에 'ATLAST Advanced Technology Large-Aperture Space Telescope'라는 딱 맞는 이름을 붙였다. 이 망원경은무엇보다도 생명이 살 수 있을 것처럼 보이는 외계 행성들의 사진을보내주는 천문학계의 일꾼이 될 예정이었다. 닥터 허블이 닥터 TPF, 닥터 ATLAST로 변신한 것이다.

NASA의 고위급 공무원으로서 대중을 위해 무대를 연출해야 하는부담에서 벗어난 그런스펠드는 다른 행성과 새로운 생명체를 찾기 위해 새로운 우주천문대를 구축하는 일이 얼마나 중요하고 가치 있는지에 대해 열정적으로 오랫동안 이야기를 늘어놓았다. 누가 묻지도 않았는데 먼저 나서서 이야기할 때도 많았다. 2011년 말에 그런스펠드의전화기가 울렸다. NASA의 친구가 건 전화였다. 그가 NASA로 돌아와과학 연구 프로그램 담당 부국장이 되어주었으면 한다는 내용이었다. 이 일을 맡는다면, 그런스펠드는 세계에서 가장 규모가 큰 순수 과학연구 예산을 좌지우지하게 될 터였다. 물론 헤아릴 수 없이 많은 의무를 수행해야 한다는 짐도 붙어 있었지만, 그는 이 제안을 받아들였다.

그리고 NASA로 돌아가자마자 외계 생명체를 찾기 위해 우주망원경을 제작해야 한다고 강력히 주장하던 목소리를 줄이고, 대신 NASA의 모든 과학 연구 프로그램이 균형 있게 운영되어야 한다고 강조하는 공적인 인물의 모습을 조심스레 연출했다. 외계의 지구형 행성을 찾기 위해 대담하게 예산을 지원하겠다는 발표는 없었지만, 그런스펠드의 막역한 친구들은 그가 예전에 보여준 열정을 잊지 못했다. 나는 NASA의 그런스펠드 부국장과 인터뷰를 하기 위해 거의 1년 동안 NASA의 언론 팀과 성과 없는 이메일을 주고받은 끝에, 그가 예전에 나와 인터뷰를 하면서 자유롭게 발언했던 내용에서 위안을 얻기로 했다.

"허블망원경과 웹망원경은 우주의 다른 곳에 생명이 살고 있는지 여부에 대해 결정적인 답을 주지 못할 가능성이 높습니다. 차세대 우주망원경에 필요한 것, 그리고 우리가 만들어낼 수 있는 것은 우리와 가장 가까운 1천 개의 항성 주위에서 생명이 살 수 있는 모든 행성의 대기와 표면 특징들을 관찰하는 능력입니다. 그것을 통해 우리는 마침내 우주에 우리만 있는 것이 아님을 알 수 있게 될 겁니다. 마침내 생명이 살 수 있는 다른 행성들을 찾아낼 수 있을 겁니다. 그리고 그 모든 행성에 사람이 직접 가보는 것이 원칙적으로는 가능합니다. 나는 이 원대한 꿈을 위해 투자하는 것이 가치 있는 일이라고 대중과 의회, 그리고 미래의 정부를 설득하고 싶습니다." 그런스펠드도 치올콥스키의 글을 읽었음이 분명했다.

나는 2012년 초의 어느 춥고 안개 낀 아침에 우주망원경연구소를 찾아갔다. 그런스펠드가 NASA의 과학 연구 프로그램을 맡기 위해 떠난 지 한 달도 채 지나지 않은 때였다. 존스홉킨스대학 캠퍼스에 자리 잡은 연구소는 연하게 색이 들어간 유리와 암갈색 벽돌로 지어진, 이렇다 할 특징이 없는 건물이었으며, 과학자와 일반 직원을 포함해서 약 500명의 사람들이 이곳에서 일하고 있었다. 연구소장의 사무실에는 별들이 태어나는 곳을 묘사한 화려한 포스터들, 우주망원경의 축소 모형, 우주셔틀이 궤도에서 싣고 돌아온 허블망원경의 기념물 등이 있었다. 그 속에서 맷 마운틴이 나와 따스하게 악수를 하고는, 영국에서 자란 사람답게 차를 권했다. 마운틴은 심술궂고 근엄해 보이는 중년 남자로, 모래 빛깔 곱슬머리 아래의 눈은 상대를 탐색하는 듯했다. 그가 제복처럼 입고 있는 말쑥한 정장은 한때 탄탄했던 몸에 헐렁하게 걸쳐져 있는 것 같았다. 탄탄한 모습은 '가차 없는 박사'의 이미지에 밀려 흔적만 남아 있었다. 그는 2005년에 연구소장이 되기 전, JWST 개발에 몇 년 동안 참여했으며 8미터짜리 쌍둥이 망원경인 제미니 적외선망원경의 개발, 제작, 운영을 감독하는 일을 오랫동안 훌륭하게 해냈다. 활기차지만 차분하며 운율이 있는 그의 말투는 그가 많은 돈이 들어가는 프로젝트들을 짧게 요약해서 참을성이 없는 정치가들과 기술 관료들에게 전달하는 일에 숙달된 사람임을 보여주었다. 강한 권력을 쥐고 있는 정치가들과 기술 관료들은 바쁜 일정 때문에 한 가지 일에 오랫동안 주의를 기울일 여유가 없었다. 마운틴이 일찌감치 그동안 갈고 닦은 말을 꺼냈다.

"21세기에 다른 항성 주위에서 새로운 생명체를 찾아낸다면, 그것은 닐 암스트롱이 20세기에 달에서 내디딘 한 걸음만큼이나 인류에게 중요한 한 걸음이 될 겁니다." 마운틴이 낭랑한 목소리로 또박또박 말했다. "다른 행성에서 우리와는 별개로 형성된 생명체를 찾아내는 일은, 그 생명체의 발전 정도나 지능과 상관없이 코페르니쿠스와 다윈을 한 병에 넣고 잘 흔들어주는 것과 같은 일이 될 겁니다. 그러면 어떤 일이 일어날까요? 병 속을 들여다본 사람이 세상을 혁명적으로 바꿔놓을 지도 모릅니다. 나는 이것이 NASA가 마땅히 나아가야 할 방향이라고 생각합니다."

그는 책상에서 아이패드를 꺼내 자기 말에 부합하는 사진들을 불러냈다. "2020년 무렵에는 지구와 같은 질량을 지닌 행성을 생명체 가능 구역에서 찾아내는 것만으로는 지루해질 겁니다. 스펙트럼이 없다면, 눈앞에 보이는 것들의 의미를 전혀 알아낼 수 없으니까요." 그가 여섯 개의 그림을 휙 불러냈다. 그림마다 상당히 다른 모양의 삐뚤빼뚤한 선들이 가득 그려져 있었다. 지구의 역사 중 6번의 시점을 골라서 지구 대기의 스펙트럼을 시뮬레이션으로 도출해낸 그림이었다. 생명이 없던 시기에 이산화탄소와 질소로만 이루어진 대기로 시작해서 생명체가 생산한 메탄이 가득한 시생대의 대기를 거쳐 지구의 산소가 점점 늘어나는 모습이 표현되어 있었다. "지구의 역사에서 이런 스펙트럼이 나타난 시기는 아주 짧습니다." 마운틴이 현재 지구의 스펙트럼이 그려져 있는 그림을 톡톡 두드리며 말했다. "우리는 가까운 항성들에 대해 위치, 나이 등 엄청나게 많은 것을 알고 있습니다. 대부분 태양보다 젊은 항성들이니까, 그곳에 있는 지구형 행성의 스펙트럼은 아마 여기에 있는 과거의 스펙트럼과 더 비슷할지도 모릅니다. 하지만 그 사실을 확인하려면 스펙트럼이 필요합니다. 여기서 고민이 시작됩니다. 우주에 커다란 렌즈를 띄워야 한다는 뜻이니까요. 커다란 반사경을 지닌 망원경 말입니다."

그는 계속 말을 이었다. "내가 별빛을 100억 분의 1로 억제하는 것이 단순히 기술적인 문제라고 말한다면 다들 아우성을 칠 겁니다. 우리가 정말로 똑똑해서 그 문제를 해결한다고 칩시다. 그래도 행성과 항성을 구분하려면 각도 분해능(관찰 대상을 세세한 부분까지 판별해내는 능력-옮긴이)이 아주 높아야 합니다. 게다가 지구가 허블망원경의 먼 우주 사진에 나타난 은하보다도 더 희미할 만큼 빌어먹게 희미하다는 문제도 아직 해결되지 않았습니다! 다시 말해서, 다른 지구형 행성들도 거기에서 반사경까지 도달하는 광자들을 손가락으로 헤아릴 수 있을 만큼 희미하다는 뜻입니다. 스펙트럼을 축적하는 데에는 시간이 걸리지만, 합리적인 원칙을 따르자면 한 가지 대상을 1백만 초 이상 관찰할 수 없습니다. 다른 연구에도 망원경이 필요하니까요. 그런데 우리가 원하는 것을 찾아내려면 수많은 별들을 이런 식으로 탐색해야 합니다."

"수많은 별들이라면 몇 개를 말하는 겁니까?" 내가 물었다.

"아!" 마운틴이 아이패드의 화면을 건드리며 감탄사를 내뱉었다. 화면이 검게 변하더니, 루비, 토파즈, 사파이어가 반짝이는 구름이 서서히 회전하고 있는 것 같은 그림이 나타났다.

"우리 태양에서 200광년 이내의 거리에 있는 별들입니다." 그가 이렇게 말하고 나서 화면을 다시 건드렸다. 루비와 사파이어 점들이 사라지고, 오렌지색, 노란색, 하얀색 구들만 남았다. "이것은 모두 우리 태양과 비슷한 항성들입니다. 생명이 나타날 가능성이 가장 높다고 생각되는 곳이죠. 컴퓨터를 이용해서 이 항성들 주위의 생명체 가능구역에 일일이 지구형 행성을 집어넣고 '이러이러한 지름의 망원경으로 이런 행성들을 몇 개나 볼 수 있는가?'라는 질문을 입력해볼 수 있습니다. 망원경의 해상도는 지름에 비례합니다. 빛을 수집하는 능력, 빛을 받아들이는 면적은 지름의 제곱과 비례하고요. 작고 희미한 물체를 찾으려면 이 두 가지가 모두 필요하기 때문에, 이런 요인들을 계산에 포함시킨다면 우리가 관측할 수 있는 후보 행성들의 수는 망원경 지름의 세제곱과 비례합니다. 지름이 4미터라면……." 그가 화면을 다시 건드리자 거의 모든 별들이 사라지고, 중앙의 태양 주위에 몰려 있는 20여 개의 별들만 남았다. "몇 개 안 되죠."

마운틴은 다시 화면을 건드리면서 8미터짜리 망원경이라면 수백 개의 별들을 볼 수 있을 것이라고 말했다. 작은 중심부 주위에 분산된 별들이 나타났다. "지름이 16미터라면 수천 개를 볼 수 있습니다." 그가 마지막으로 화면을 건드렸다. 처음에 나타났던 별들이 대부분 다시 나타나서 무리를 지어 회전하며 반짝이고 있었다.

"이건 가까이에 있는 모든 항성들의 생명체 가능구역에 지구형 행성이 있다고 가정한 결과라는 걸 잊으면 안 됩니다. 케플러망원경 덕분에 이 가정이 아마도 지나치게 낙관적이라는 사실이 이제는 알려져 있지요. 항성 10개 중 1~3개에 생명이 살 수 있는 행성이 있을 가능성이 높습니다. 물론 그런 행성에서 실제로 생명이 나타나는 빈도가 얼마나 되는지 우리는 전혀 모르고 있죠. 그렇다면 모든 것이 운에 달렸다는 얘깁니다. 운이 아주 좋다면, 4미터짜리 망원경으로도 충분히 결과를 낼 수 있겠죠. 그 망원경으로 관찰한 소수의 별들 중 한 곳에서 원하는 결과를 얻을 테니까요. 하지만 운이 나쁘다면요? 가장 가까운

50억 년 동안의 고독

항성 10곳에서 아무것도 찾아내지 못한다면, 과연 그 관측을 통해 무엇을 배웠는지 알 수 없게 됩니다. 어쩌다 보니 그저 형편없는 패를 손에 쥐게 되었던 것인지도 모르죠. 가장 가까운 별 1천 개를 살펴봐도 역시 빈손이라면, 우리의 실질적인 목적에 관한 한 우리가 이 우주에서 고독한 존재일 가능성이 높습니다. 합리적인 해답을 얻을 기회를 바란다면, 수백 개의 별들을 관찰해보아야 합니다. 그러려면 지름이 8미터나 16미터인 망원경이 필요해요."

나는 고개를 끄덕이며 커다랗고 평평한 은색 원반이 이리저리 돌고 기울어지며 먼 우주의 천체들을 겨냥해, 찔끔찔끔 도달하는 광자들을 모아서 서서히 스펙트럼을 구축하는 모습을 상상해보았다. 아주 간단한 일 같았다. 통 크게 16미터짜리 망원경을 만들지 못할 이유가 없지 않은가?

나는 나중에 계산을 해본 뒤에야 그 일이 어려운 이유를 제대로 이해했다. 지름이 16미터인 반사경의 표면적은 테니스 싱글 코트의 면적보다 조금 크다. 로켓에 접어 넣기에는 덩치가 아주 큰 셈이다. JWST처럼 가벼운 베릴륨을 원료로 쓰고, 여러 조각으로 나눈 형태로 제작한다 하더라도 다른 장비들을 제외한 반사경과 지지대만으로도 무게가 4만5천 킬로그램(약 50톤)이 넘는다. 정부의 전폭적인 지원과 세계 최대의 로켓 덕분에 달 궤도에 도달할 수 있었던 아폴로 우주선보다도 조금 더 무겁다. 이 무게 중 대부분은 오로지 미크론 단위로 미세 조정된 반사경이 발사 때의 엄청난 진동과 중력은 물론 얼어붙을 듯이 춥고 중력이 전혀 없는 우주의 진공상태를 견디게 하는 데에만 쓰인다. 외계에서 지구형 행성을 찾아내려면 적어도 다음의 세 가지 중 하나를 갖춘 반사경이 필요하다. 첫째는 아폴로의 새턴V 로켓보다 훨씬 더 크고 강력한 로켓, 둘째로 국제우주정거장을 세울 때처럼 궤도에서 부품을 하나하나 조립하는 공정, 마지막으로 반사경의 무게, 비용, 성능 허용 한계의 극적인 감소이다. 그런데 이 세 가지가 모두 돈이 많이 든다.

"현재 8미터 또는 16미터짜리 망원경을 만드는 데 돈이 얼마나 드느냐고 묻는다면, 나는 전혀 모르겠다고 대답할 겁니다." 내가 실제로 이 질문을 던진 뒤 마운틴이 대답했다. "거기까지는 생각하고 싶지 않습니다. 게다가 그건 중요한 질문도 아닙니다. 중요한 건 비용이 아니라, 과연 어떤 기술이 있어야 우리가 감당할 수 있는 비용으로 그것을 만들 수 있느냐는 것입니다. 과거에 다른 사람들, 이를테면 입자물리학자들이 저지른 실수를 다시 저지르는 것만은 피해야 합니다. 입자물리학이 1970년대와 1980년대에 정체 상태에 빠진 것은, 학자들이 다른 사람은 아무도 원하지도 필요로 하지도 않는 기술을 요구했기 때문입니다. 그러니 거의 모든 것을 무에서 유를 창조하듯이 만들어야 했죠. 돈이 아주 많이 드는 일이었습니다. 그러니 우리는 우리의 산업 기반을 살펴봐야 합니다. 다른 사람들도 원하는 기술을 이용해야 하니까요."

컨스털레이션 프로그램의 전성기에 NASA는 덩치가 커다란 아레스V 로켓을 원했다. 새턴V를 능가할 만큼 커다란 로켓이었다. 마운틴은 제미니천문대를 떠나 우주망원경연구소의 소장이 된 직후 NASA의 마셜우주비행센터에서 일하는 광학물리학자 필 스탈에게서 전화를 받았다. 스탈은 아레스V 로켓을 과학 연구에 응용할 방법을 찾고 있다면서, 제미니천문대의 8미터짜리 반사경 무게가 얼마나 되느냐고 물었다. 마운틴은 스탈에게 반사경 무게가 개당 약 20톤이라고 대답해주었다.

"그뿐입니까?" 스탈이 물었다.

"그뿐이냐고요?!" 마운틴은 당황했다.

"맷, 아레스V는 제미니가 통째로 들어갈 수 있을 만큼 큽니다." 스탈이 설명했다. 곧 연구소는 ATLAST를 위한 여러 계획들을 짜기 시작했다.

"정말이지 '와' 소리가 절로 나오는 순간이었습니다. NASA가 새로운 로켓을 얻는 것만으로 우주과학이 크게 발전할 수 있다는 사실을 깨달았으니까요." 마운틴이 기억을 더듬었다. "제미니의 반사경은 크고 뻣뻣했습니다. 지상에서 쉽게 테스트할 수 있었고요. 가볍고 여러 조각으로 나뉜 JWST에 비하면 훨씬 단순한 구조였습니다. 제미니 반사경의 제작 비용은 겨우 2천만 달러였습니다! 그러니까 그걸 로켓에 신고 불을 붙이면 우주에 8미터짜리 망원경이 생기는 겁니다!"

'대형 로켓'에 대한 마운틴의 낙관주의는 컨스털레이션 프로그램이 자꾸만 예산을 초과하다가 결국 취소되면서 흐릿해졌다. 의회는 2011년에 다 타고 남은 재 속에서 건진 재료들로 거의 똑같은 로켓을 제작할 계획을 짰다. 하지만 마운틴은 우주발사시스템이라는 이름이 붙은 이 로켓이 정말로 하늘을 날 것이라고는 생각할 수 없었다. NASA는 이 로켓의 개발 비용이 2백억 달러에 육박할 것이라는 낙관적인 추정치를 내놓았다. 프로그램이 진행되는 동안 로켓을 운영하려면 수백억, 수천억 달러가 더 들겠지만, 로켓은 한 해에 한 번만 발사될 가능성이 높았다. 이 계획에 비판적인 사람들은 로켓의 이름을 '상원'발사시스템이라고 바꿔 불렀다. 이 로켓 역시 예전 로켓과 마찬가지로 경제적인 발사 비용을 염두에 두기보다는 영향력 있는 의원들의 지역구에 일자리를 마련해주기 위해 마련된 선심성 사업 같았다. 과학이나 공학이 아니라 정치가 로켓의 운명을 결정할 터였다.

컨스털레이션 프로그램이 죽음을 향해 추락하고 있을 때, 마운틴은 연구소의 동료들과 함께 더 저렴한 비용으로 우주에 반사경을 쏘아 올리는 대안을 찾아보았다. 대형 망원경의 초정밀성을 유지하면서도 무게와 비용은 줄이는 쉬운 방법이 있을 것 같았다. 지상에 새로 생긴 천문대들은 이미 수십 년 전에 두껍고 뻣뻣한 통짜 반사경을 버리고 대신 얇고 유연한 분절구조 망원경을 채택했다. 이 새로운 반사경들은 저렴했지만, 유연한 탓에 바람의 방향, 기온 변화, 방향 조정을 위한 망원경의 움직임에 따라 쉽게 모양이 바뀌었다. 이런 반사경들이 성공을 거둔 비결은 반사경 뒤편에 컴퓨터로 조종되는 작동 장치들을 장착한 덕분이었다. '능동광학'이라고 불리는 이 장치들은 '파면波面 감지 및 통제' 작업을 했다. 컴퓨터가 반사경 표면에 퍼지는 빛의 파장을 지켜보며 능동광학 작동장치들을 조종해서 반사경의 모양과 방향을 바꿔 변형된 부분을 정확히 상쇄하는 작업을 말한다. 베릴륨을 육각형 조각으로 나눈 모양인 JWST의 반사경은 이미 한정된 능동광학이 설계에 반영되었기 때문에 궤도에서 며칠 또는 몇 주 단위로 주기적인 조정이 가능했다. 그보다 커다란 반사경들을 기존 발사체의 크기와 중량 제한에 맞게 만들려면 더 가볍고 얇은 소재를 사용하는 수밖에 없는데, 그런 소재는 진공상태인 우주에서도 쉽게 변형되기 때문에 복잡한 능동광학 시스템으로 끊임없이 조정해줄 필요가 있었다.

가볍고 유연한 대형 반사경을 우주에서 능동광학으로 안정시키는 방법은 획기적인 아이디어 같았지만, 아직 성과가 증명되지 않았다는 중대한 문제가 있었다. 마운틴이 아는 한 그런 장치가 우주로 발사된 적은 한 번도 없었다. 이 시스템을 구축하는 데 필요한 기술을 개발하고 시험하는 일이 많은 비용과 시간을 잡아먹을 우려가 있었다. 그러면 가벼운 반사경의 이점이 사라질 것이다. 마운틴과 동료들은 흥분을 다스리다가 묘한 점을 발견했다. 노스롭 그루먼이나 록히드 마틴 같은 주요 군수 업체들이 소기업들을 정신없이 사들이고 있었던 것이다. 항공업계의 거물인 이 기업들은 몇 년 전부터 가벼운 반사경이나 능동광학 시스템을 전문적으로 제조하는 소기업들을 연달아 사들이고 있었다.

"천문학자들만 대형 우주망원경에 흥미를 갖고 있는 건 아닙니다." 마운틴이 나중에 사무실에서 내게 말했다. "지금까지 NASA 이야기를 했지만, 그보다 훨씬 더 많은 자금을 지니고 하늘보다는 땅을 바라보는 다른 정부 기관이 있습니다." 그가 말한 정부 기관은 비밀리에 활동하는 미국국가정찰국U.S. National Reconnaissance Office, NRO이다. 마운틴은 눈썹을 아치형으로 만들면서 허블망원경이 NRO에서 한때 기밀로 분류되었던 첩보위성 '열쇠 구멍' 시리즈의 파생물임을 지적했다. "나는 보안 등급이 높지 않습니다. 그걸 높일 생각도 없지만, 굳이 보안 등급이 없더라도 허블망원경 정도의 이미지 해상도를 확보하면서 동시에 첩보위성이 머리 위를 지나갈 시간에 맞춰 모습을 감추는 사람까지 찾아내려면 구경이 얼마나 되어야 하는지 계산할 수 있습니다."

적도에서 거의 3만6천 킬로미터 상공에 있는 정지궤도 위성은 지구의 자전과 같은 속도로 움직이면서 사실상 언제나 하늘의 고정된 지점에 머무른다. 마운틴은 그런 높이에서 고해상도 사진을 얻으려면 지름이 10미터나 20미터 수준인 반사경이 필요하다고 암시했다. 그런 반사경을 갖춘 정지궤도 위성을 전략적인 지점 서너 군데에 올려놓으면, 그들이 눈 한 번 깜박이지 않는 파수병이 되어 지구 표면을 거의 전부 항상 감시할 수 있을 것이다.

마운틴은 그런 감시 시스템에서 도망칠 수는 있어도 숨을 수는 없다고 넌지시 말했다. 능동광학 덕분에 무게를 줄일 수 있게 되면, 기존 로켓으로 "그 망할 물건을 실제로 발사할 수 있을 것"이다. 능동광학과 가벼운 반사경을 우주에 올려놓는 기술은 십중팔구 사람들에게 알려진 것보다 더 발전된 상태일 것이며, 나중에 그 기술들이 기밀에서 해제된다면 과학과 사회에 크게 기여할 것이다. 마운틴은 우리가 기대할 수 있는 장점들을 꼽으며 찬사를 보냈다. 8미터 또는 16미터짜리 반사경의 집광 능력은 우주를 기반으로 한 천문학 연구 전반에 혁명을 일으켜, 천체물리학자들이 초거대 블랙홀이 형성되는 모습을 목격하고 암흑 물질이 우주에 어떻게 분포되어 있는지 조사할 수 있게 될 것이다. 이보다 일반적인 장점을 든다면, 크고 저렴한 반사경이 태양열을 지상의 발전 시설로 쏘아 보내거나 지구의 대기 변화를 감시해서 날씨를 예보하고 기후변화를 예측하는 데에도 유용하게 쓰일 수 있다.

내가 마운틴과 이야기를 나눈 지 몇 달 뒤, NRO가 NASA에 작지만 의미 있는 선물을 주었다. 사용한 적이 없는 우주망원경 두 대와 뉴욕

주 북부의 클린룸에 있는 관련 장비를 준 것이다. NRO는 이 망원경들이 이미 구식이 되었다고 생각했기 때문에 무한정 창고에만 보관해두느니 예산 부족으로 고생하고 있는 NASA에 주는 식으로 처분하기로 했다. 두 대의 망원경 모두 허블망원경과 같은 크기, 같은 품질의 2.4 미터짜리 주반사경을 갖추고 있어서 많은 천문 관측을 할 수 있었지만, 생명이 살 수 있는 태양계외행성을 찾아내는 데 유용하게 쓰기에는 크기가 너무 작았다. NASA가 NRO의 망원경들을 제대로 사용하려면 발사체와 설비에 돈을 지출해야 했다. 하지만 이 선물 덕분에 최소한 수억 달러를 절약할 수 있었으므로, 돈에 쪼들리는 NASA가 원한다면 생명체를 찾아낼 수 있는 대형 망원경 제작기술 개발에 힘을 쏟는 것이 가능해졌다. 하지만 NASA가 그런 선택을 할지는 아무도 장담할 수 없는 일이었다.

"현재 우리가 갖고 있는 문제 중 하나는 NASA가 커서 무엇이 되고 싶은지 아직 마음을 결정하지 못했다는 점입니다." 마운틴이 나와 이야기를 나누는 도중에 이렇게 말했다. "NASA는 아직도 장난감을 가지고 노는 아이들 같은 분위기입니다. 대형 로켓은 그 사람들에게 일자리를 제공해주는 프로그램이죠. NASA는 그보다 더 장기적인 비전이 필요합니다. 하지만 변화를 위해서는 반드시 의회나 미국 국민들에게 의견을 물어야 해요. 궁극적으로는 우리가 우주로 나아가 다른 항성 주위나 아니면 다른 태양계의 행성에서 생명체를 찾을 때, 이런 것이 기반이 되어 NASA의 유인우주비행과 과학 연구 사이에 강력한 동반자 관계가 만들어질 수도 있습니다. 허블망원경이 그토록 성공을 거둔 것이 바로 이런 동반자 관계 덕분이었습니다. 허블망원경은 우리가 찾아가서 수리할 수 있다는 점에서 유일무이한 존재입니다."

마운틴은 말을 하면서 점차 전문용어 대신 평범한 일상용어를 쓰기 시작했다. 텍사스 주의 의심 많은 의원과 맥주를 한잔하면서 허심탄회하게 속을 털어놓는 것 같은 분위기였다. "예를 들어 NASA는 화성에 가고 싶어합니다. 하지만 2030년 이전에 화성에 발을 디딜 수는 없을 겁니다. 맞죠? 그럼 그동안 우주비행사들은 무엇을 할까요? 장비의 크기를 줄인다고 해서 사람을 화성에 보낼 수 있는 것은 아닙니다. 오히려 크게 만들어야죠. 우주에 상업, 연구, 국방에 쓰일 수 있는 대규모 기반 시설이 만들어지는 것, 그것이 미래입니다. 어쩌면 우주비행사들이 우주에서 거대한 시스템을 조립하는 기술을 지금보다 훨씬 더 갈고닦아야 할지도 모르죠. NASA가 그런 시설을 수리할 로봇들에게 투자해야 할지도 모릅니다. 아니면 국제우주정거장에 더 많은 투자를 해야 하는지도 모르고요. 아, 그러고 보니 이 모든 일을 해낼 수 있는 좋은 방안이 하나 있습니다."

마운틴의 연구소가 NASA의 세 연구센터와 합작으로 고안해낸 이 방안은 OpTIIX라고 불린다. '국제우주정거장 실험의 광학적 시험대 겸 통합', 즉 'Optical Testbed and Integration on ISS Experiment'를 복잡하게 줄인 명칭이다. 2015년 초에 ISS로 발사하는 안이 나와 있는 OpTIIX는 가볍고 유연한 분절구조의 반사경을 우주에서 조립하고 활발하게 보정하는 기술을 저렴한 비용으로 시험할 수 있는 장이 되어줄 것이다. OpTIIX의 1.5미터짜리 주반사경은 너비 50센티미터의 육각형 조각 여섯 개로 구성되며, 따로따로 움직일 수 있는 이 조각들의 원료는 기화된 금속을 원자 두께로 얇게 바른 탄화규소판이다. 이 주

반사경에 부딪힌 빛은 크기가 작은 부반사경으로 튕겨 나갔다가 '빠른 조종'이 가능한 일련의 제3 반사경으로 다시 반사된다. 이 제3 반사경들은 요동을 보정해서 영상 촬영과 파면 통제를 위해 카메라로 빛을 보낸다. 별 추적기와 자이로스코프가 주반사경을 가로지르며 격자 모양으로 쏘아진 레이저와 합세해서 망원경이 정확한 지점을 겨냥하게 하고 최적의 상태를 유지할 것이다. 이런 기술들 덕분에 OpTIIX는 시끄럽고 무겁고 제멋대로 날뛰는 우주비행사들이 타고 있기 때문에 언제든 흔들리고 요동칠 수 있는 ISS의 외부에 고정된 상태에서도 항성과 은하의 선명한 사진들을 보내줄 수 있을 것이다. 필요하다면 우주비행사들이 우주유영을 하면서 설비를 수리하거나 업그레이드할 수도 있지만, OpTIIX는 조립과 유지 보수가 모두 로봇에 의해 우주에서 이루어질 수 있도록 설계될 것이다.

"우리는 무거운 발사체와 기하학적인 분절구조를 이용한 접기라는 현재의 방법으로는 한계에 도달해 있습니다." 마운틴이 얼마 뒤 다시 전문가다운 태도로 돌아가서 이렇게 말했다. 그러고는 자신의 사무실 창밖을 지그시 바라보았다. 창턱에는 가족사진이 든 액자 다섯 개가 일렬로 놓여 있었다. 아침 안개가 희미한 겨울 태양에 밀려 날아가버린 뒤, 헐벗은 나무들과 잠에 빠진 풀들이 있는 쓸쓸한 풍경이 드러났다.

"지금 우리는 지상에서 우주망원경을 제작하고 시험한 뒤, 로켓에 들어갈 수 있는 크기로 접습니다. 로켓의 크기가 커지지 않는 한, 지금으로서는 더 큰 망원경을 설치할 수 없습니다. OpTIIX 같은 망원경은 점점 더 커다란 망원경을 제작할 수 있는 시대의 시작을 알리는 존재입니다. 생각해보면, 우리가 산꼭대기에 설치할 망원경을 지하에서 조립하고 실험한 뒤 수레에 싣고 산으로 올라가지는 않지 않습니까? 당연히 그렇게는 하지 않죠. 산 위에서 망원경을 조립합니다. 조립한 뒤에 조정하는 것도 산 위에서 가능하다고 생각하니까요. 능동광학 같은 기술 덕분에 우리는 망원경이 놓여야 할 장소, 즉 우주에서 망원경을 조립하고, 조정하고, 업그레이드할 수 있습니다. 로봇이나 우주비행사가 각자 또는 협력해서 망원경을 조립하는 모습을 상상해보세요. 거기서 계속 앞으로 나아가면 됩니다. 계속 앞으로. 그러다 보면 망원경을 거의 무한정 키울 수 있어요."

나는 마운틴에게 이 꿈이 이루어질 가능성을 어느 정도로 보느냐고 물었다. 그는 미간에 주름을 잡고 턱을 손으로 쓸었다. 낙엽이 바람에 날리는 것 같은 소리가 났다.

마침내 그가 입을 열었다. 미국인들이 우주과학 연구에서 더욱더 자금을 빼앗기로 결정할 수도 있을 것이라고. 마치 유리창에 유령처럼 비친 자신의 얼굴을 향해 말하고 있는 것 같았다. "우리는 연방 정부의 돈을 사용하고 있습니다. 그것도 엄청난 액수를요. 일단 그 돈이 사라지고 나면, 언젠가 반드시 돌아올 것이라고 믿을 이유가 없습니다. 시급한 다른 일들로 돈이 흘러가겠지요. 나도 그런 일에 딱히 반대하는 것은 아닙니다. 하지만 어떤 변화가 계속 이어질지 상상해볼 수는 있습니다. 지금까지 우리가 구축한 많은 능력들이 빠르게 사라질 겁니다. 하지만 과학과 기술에 대한 투자, 그리고 그 일부인 우주과학에 대한 투자야말로 이 나라가 계속 굴러가게 해주고, 중국이나 인도나 유럽 같은 곳의 경제가 발전하는 중에도 우리가 미래를 향해 나아갈 수 있게 해주는 요인이라는 주장도 가능합니다. 내가 보기에 가장 중요한 것은 지금 우리의 위치가 자연스러운 진화의 소산인지, 아니면 단순히 행운일 뿐인지의 여부입니다."

마운틴은 허블망원경을 비롯한 여러 훌륭한 관측 장비들의 황금시대가 운 좋은 이상 현상이라고 보았다. 순수한 기술 발전과 과학 발전뿐만 아니라 지정학적 요인들과 경제적 요인들도 여기에 영향을 미쳤다. 이 황금시대의 기원은 20세기 후반기를 형성한 여러 사건들, 즉 베이비 붐, 냉전, 우주 경쟁에서 찾을 수 있다. 천문학자들은 보기 드물게 중첩된 이 기회들을 잡아서 거의 신화적인 꿈의 시대를 만들어냈다. 기술의 경계선이 평범한 지구의 영역을 넘어서고, 과학의 지평이 우리가 알고 있는 우주의 가장자리까지 넓어진 빛나는 시대였다. 하지만 이제는 그 시대가 모두 끝나버린 것 같다.

"라이먼 스피처가 1947년에 허블망원경의 아이디어를 내놓았고, 우리가 마침내 허블망원경을 발사한 건 1990년이었습니다." 마운틴이 말했다. "하지만 우주셔틀이 없었다면, 국방부가 첩보위성을 개발하지 않았다면, 허블망원경을 현실로 만드는 데 수십 년이 더 걸렸을 겁니다. 나는 우리가 지금 그런 시대로 돌아가고 있다고 생각합니다. 우리는 허블망원경에 엄청난 돈을 썼고, 그 덕분에 다른 것들이 스스로 굴러가게 되었습니다. 콤프턴, 챈드라, 스피처 망원경이 생겼고, 완전히 새로운 기술도 등장했으니까요. 초저온 기술이 적용된 거대하고 놀라운 망원경 JWST도 있습니다. 이것이 이상 현상이었습니다. 베이비 부머들이 이루어낸 일이었습니다. 하지만 이제 베이비 부머들은 퇴장하고 있고, 우리는 돈을 거의 한 푼도 남기지 않고 써버렸습니다. 그리고 새로운 세대가 이 근본적인 변화 앞에 서 있습니다. 어려운 일입니다……. 프로젝트 예산이 10억 달러에 이르고 나면 순수 과학 이외의 다른 요소들이 무대로 나서는, 완전히 새로운 영역으로 들어가는 셈이라는 사실을 천문학자들은 알아차려야 합니다. 이제 과학은 필요조건이되 충분조건은 아닙니다. 당신과 내가 지금 여기서 이런 이야기를 나누고 있는 이유도 바로 그것입니다." 그는 창문에서 시선을 돌려 나를 바라보았다.

"지구가 어떻게 돌아가는지 소상하게 이해하고 우주 기술을 완전히 손에 넣는 것이 모든 관련자들에게 상당히 좋은 일이라는 점을 누군가가 반드시 설명해야 합니다. 지구가 아닌 다른 곳에서 생명체를 찾아내는 일이 인류에게 겸손을 가르쳐주고 좋은 영향을 미칠 수 있는 경험이라는 말도 해줘야 합니다. 어쩌면 그 발견 덕분에, 인류가 정신을 차리고 행동에 나서지 않으면 우리 손으로 모든 것을 망쳐버릴 수 있음을 온전히 깨닫게 될지도 모릅니다. 갈릴레오는 작은 망원경을 눈에 댔을 때 그 행동의 의미를 잘 몰랐지만, 그 행동으로 혁명의 고삐를 풀어놓았습니다. 우리도 또 다른 혁명을 목전에 두고 있는지도 모릅니다. 지금 우리는 지구의 시스템이 얼마나 복잡한지 조금씩 이해하고 있고, 그 복잡한 시스템을 통제해야 하는 문제를 눈앞에 두고 있습니다. 생물학과 천체물리학이 밀접하게 연결되어 있다는 사실을 이제야 알아차리고 있습니다. 모두 어려운 이야기들이지만, 인류가 살아남으려면 반드시 철저하게 이해할 필요가 있습니다. 그러지 않으면, 설사 다른 행성에서 독자적으로 생겨난 생명체를 발견하더라도 그것이 우리에게 몹시 불행한 일이 될 수도 있습니다. 생각해보세요. 우주 어디에나 생명체들이 살고 있는데 지능을 지닌 생물과 발전된 기술이 전

50억년 동안의 고독

혀 보이지 않는다면, 우리 것과 같은 사회들이 그리 오래 살아남지 못한다는 뜻이 아니겠습니까? 그들이 자멸했다는 얘기니까요. 만약 우리가 이 복잡한 이야기들을 모두 이해한다면, 반드시 같은 결말에 이르지 않을 수도 있을 겁니다. 그러니까 더 작은 것을 추구하면서 안으로만 눈을 돌리는 추세에 우리는 맞서 싸워야 합니다."

OpTIIX 개발 자금은 2012년 말에 모두 소진되었다. 1차 설계 검토를 성공적으로 마친 직후였다. 약 1억2천5백만 달러의 추가 자금이 지원되지 않는다면, OpTIIX는 결코 ISS에 도달하지 못할 것이다.

9장

빛을 없애는 방법

중요한 과학혁명들의 유일한 공통적 특성은, 인간이 우주의 중심이라는 기존의 신념을
차례차례 부숨으로써 인간의 교만에 사망 선고를 내렸다는 점이다.
_ 스티븐 제이 굴드

1996년에 NASA의 댄 골딘 국장이 앞으로 우주망원경들을 여러

대 배치해서 지구형 행성들의 사진을 찍겠다는 계획을 공개했을 때, 그 계획의 기반이 된 것은 〈인근 항성계 탐사를 위한 계획서〉라는 제목으로 발표된 단 하나의 연구 결과였다. 골딘이 이 연구를 의뢰한 지 겨우 몇 달 뒤에 태양과 비슷한 항성들 주위에서 처음으로 행성들이 발견되었고, 그 덕분에 골딘이 의뢰한 연구가 한층 더 급박하게 진행되었다. 이 연구는 세 팀이 100여 명이나 되는 외부 전문가들의 자문을 얻어 진행하는 형식으로 이루어졌으나, 연구 전반을 이끈 사람은 캘리포니아 주 패서디나에 있는 캘리포니아 공과대학과 NASA 제트추진연구소Jet Propulsion Laboratory, JPL 소속의 행성과학자이자 전기공학자인 찰스 엘라치였다. 엘라치는 당시 제트추진연구소의 우주과학과 지구과학 프로그램들을 감독하는 자리에 있었으며, 나중에 연구소장 자리에까지 올라갔다. JPL은 NASA 최고의 로봇 탐사선인 파이오니어호와 보이저호, 화성 착륙선, 로버, 궤도선, 갈릴레오호의 목성 탐사, 카시니호의 토성 탐사, 케플러우주망원경 등 수많은 프로젝트의 설계, 제작, 운영에 가장 깊숙이 참여한 연구소로서 우주과학자들 사이에서는 전설적인 존재다. JPL과 엘라치는 태양계외행성 붐이 일자, 이것이 연구소를 더욱 성장시키고 위상을 높일 기회라고 생각했다. NASA의 우주망원경들을 운영하는 곳은 우주망원경연구소였지만, 우주망원경의 개발과 제작은 JPL과 산하기관의 책임이 될 터였다. 만약 새로운 망원경이 가까운 항성 주위에서 유망한 행성들을 찾아낸다면, JPL이 태양계 너머의 행성으로 보낼 로봇 탐사선을 처음으로 제작하게 될 가능성이 있었다.

엘라치와 연구 팀들은 〈인근 항성계 탐사를 위한 계획서〉를 발표할 때 저 유명한 '블루 마블' 사진 등을 참조했다. 블루 마블 사진이란, 아폴로 17호의 우주비행사들이 1972년에 달을 향해 가던 중 4만5천 킬로미터 거리에서 지구를 찍은 사진을 말한다. 이 사진에는 정글, 사바나, 사막으로 뒤덮인 아프리카 전체와 건조한 아라비아반도, 얼음으로 뒤덮인 남극대륙 대부분이 드러나 있다. 짙은 파란색 바다를 배경으로 때로는 소용돌이 같고 때로는 연기 같은 하얀 구름이 도드라져 보이고, 인도양에서 사이클론이 소용돌이치는 모습도 보인다. 이 블루 마블 사진은 지구가 우주에서 고독하고 연약한 오아시스 같은 곳임을 사람들에게 보여줌으로써, 1970년대의 환경 운동에 힘을 실어주었으며, 역사상 가장 널리 알려진 사진 중 하나가 되었다. 〈인근 항성계 탐사를 위한 계획서〉 연구 팀들은 다른 항성의 주위를 도는 행성의 모습을 이렇게 자세히 보여주려면 과연 어떤 우주망원경이 필요할

50억년 동안의 고독

지 생각해보았다. 그리고 계산 결과를 보고서는 정신이 번쩍 들었다. 지름이 최소한 5천 킬로미터인 반사경이 필요했던 것이다. 다시 말해서, 미국 본토와 대략 비슷한 크기의 반사경이 있어야 한다는 뜻이다. 인류가 대형 소행성을 극도로 매끈하게 다듬고 광을 내서 반사경으로 만드는 기술을 갑자기 개발해내지 않는 이상, 그렇게 거대한 반사경을 손에 넣는 것은 요원한 일처럼 보였다. 게다가 설사 그런 반사경을 만들 수 있다 하더라도, 항성의 빛을 100억 분의 1로 억제하는 문제 또한 엄청난 기술적 난제였다.

다행히 물리법칙이 이 두 가지 문제에 대해 한 가지 해결책을 제시해 주었다. 항성 표면에서 방출된 빛은 행성의 대기에 반사되거나 감지기에 흡수될 때 입자처럼 행동한다. 하지만 우주 공간을 여행할 때나 망원경의 반사경을 가로지를 때는 파장과 비슷한 행태를 보인다. 광자들이 빗방울처럼 반사경에 퐁퐁 떨어지는 것이 아니라, 지속적인 파면이 반사경 표면에 부딪침과 동시에 구석구석 퍼져나가는 모습을 상상해보면 된다. 이처럼 빛이 파동 같은 성질을 지닌 덕분에, 천문학 용어로 '간섭계법'이라는 신기한 기법이 가능해진다. 말하자면, 10미터짜리 반사경을 만드는 대신, 1미터짜리 반사경 두 개를 기준선에 10미터 간격으로 배치한 뒤 두 반사경에서 반사된 빛을 모아 10미터짜리 반사경의 해상도를 지닌 사진을 만들어내는 방법이다. 항성처럼 아주 먼 곳에서 퍼져 나오는 빛의 파면은 서로 연결된 작은 반사경 여러 대의 표면에 공평하게 떨어질 수 있다. 그래서 그 반사경들이 커다란 반사경 한 대처럼 기능할 수 있게 되는 것이다. 1미터짜리 반사경을 로스앤젤레스와 뉴욕에 각각 한 대씩 설치한 뒤 컴퓨터로 광선을 연결시켜

동기화하면, 5천 킬로미터의 기준선과 대륙 크기 반사경의 해상도를 지닌 간섭계망원경이 생긴다. 하지만 이 두 반사경의 집광 능력은 여전히 1미터짜리 반사경 두 개의 한계를 벗어나지 못하며, 두 반사경의 동기화 또한 지구의 곡률 및 자전, 그리고 지구를 덮은 대기의 방해를 받을 것이다. 즉 태양계외행성의 고해상도 사진을 얻을 수 있을 만큼 광자를 모으는 것이 전적으로 불가능하다는 뜻이다. 하지만 우주에서는 간섭계가 대기 위에 존재하므로 밤낮이 바뀌는 것과 상관없이 관측을 계속할 수 있다. 중력과 행성의 곡률도 영향을 미치지 못하기 때문에, 이론적으로는 크기를 얼마든지 키울 수 있다. 반사경을 여러 대 설치하면 민감도를 높일 수 있고, 기준선의 길이를 조절해서 해상도를 높일 수도 있다.

또한 각각의 반사경이 수집한 빛의 파동들을 하나로 모아서 한 파동의 골이 다른 파동의 마루와 정확히 겹쳐지게 배치하는 것도 가능하다. 그러면 연못 표면에서 위상이 다른 잔물결들이 서로를 상쇄하듯이, 이 파동들도 서로를 없애버린다. 이런 파괴적인 간섭은 사진에 검은 그림자 띠를 드리울 것이다. 이 그림자가 항성의 밝은 빛을 완전히 없애버릴 만큼 어둡기 때문에, 희미하게 반짝이는 행성을 볼 수 있게 된다. 태양 자체를 중력렌즈로 사용하는 방법을 제외하면, 간섭계망원경은 태양계외행성의 블루 마블 사진을 얻는 데 가장 희망적인 방법이었다.

엘라치와 연구 팀들은 TPF에 이 개념을 적용하기로 하고, 적외선 영역에 최적화된 설계를 했다. 가시광선 영역에서는 항성과 행성의 밝기 차이가 100억 배인 반면, 적외선 영역에서는 겨우 1천만 배이기 때문이

50억년 동안의 고독

다. 그들은 목성의 궤도 너머에서 초저온 냉각법이 적용된 1.5미터짜리 반사경 네 대를 75미터 기준선에 설치하는 방안을 생각했다. 목성의 궤도 너머에는 태양계가 형성될 때의 흔적인 우주먼지가 비교적 적어서 가까운 항성에서 오는 빛이 산란되거나 변형될 위험이 적다. 만약 반사경들을 더 가까운 곳에 설치한다면, 우주먼지의 영향을 상쇄하기 위해 반사경의 크기를 3미터로 늘려야 했다. 그들이 TPF-I라고 부른 이 망원경이 블루 마블처럼 선명한 외계 지구의 사진을 보내주지는 못하겠지만, 가장 가까운 항성 1천 개 주위에 존재하는 항성계들의 '가족사진'은 찍을 수 있을 터였다. 이때 각각의 행성은 TPF-I 감지기에 픽셀 하나로 표현된다. 이 픽셀의 색깔을 조사하면 그 행성에 바위가 많은지, 바다가 표면을 덮고 있는지, 두툼한 가스층이 행성을 감싸고 있는지에 대한 힌트를 얻을 수 있다. 또한 빛을 스펙트럼으로 분해하면, 대기 중의 이산화탄소, 수증기, 그리고 생명체의 존재를 가늠하게 해주는 메탄과 산소를 감지할 수 있다. 여러 달 또는 여러 해에 걸쳐 픽셀의 밝기 변화를 추적하면 행성에 존재하는 대륙, 바다, 만년설 등의 위치는 물론 계절도 파악할 수 있다. 엘라치와 연구 팀들이 구상한 이 간섭계망원경이 성공을 거둔다면, 장차 편대비행과 레이저통신을 이용해서 기준선이 수천 킬로미터에 이르는 대형 간섭계망원경을 만드는 것도 가능해질 것이다. 이런 망원경이라면 생명이 살 수 있는 외계 행성의 사진을 블루 마블 수준으로 찍는 것이 가능할지도 모른다. 연구팀은 TPF-I를 실제로 구축하기 전에, 우주 간섭계 미션SIM을 먼저 발사해서 길을 닦기로 했다. SIM은 7개의 작은 반사경을 커다란 대에 설치해서 최대 10미터의 기준선을 제공해줄 예정이었다. 이 정도면 인근 항성 100여 개의 생명체 가능구역에 질량이 지구와 비슷한 행성이 존재할 때 나타나는 요동을 충분히 조사할 수 있었다.

NASA는 골딘의 열정과 클린턴 정부의 암묵적인 지원에 힘입어 재빨리 SIM에 청신호를 보내고, TPF-I 계획을 확정하기 위해 실무 팀들을 소집했다. 하지만 두 프로젝트 모두 커다란 난관에 부딪혔다. SIM은 초기에 강력하게 지속된 자금 지원 덕분에 핵심적인 이정표들을 모두 무사히 넘어갔지만, 2000년대 중반이 되자 JWST와 부시가 주창한 컨스털레이션 프로그램의 비용이 풍선처럼 부풀어 오르면서 SIM의 지원금이 찔끔거리는 수준으로 줄어들었다. 그리고 천문학자들은 대체로 관심을 보이지 않았다. SIM의 기술이 지나치게 전문화되어 있어서 천문학계 전반에 이득이 될 것 같지 않았기 때문이다. 심지어 행성 사냥꾼들 중에도 SIM을 불필요한 것으로 보고, 이 단계를 뛰어넘어 훨씬 유능한 TPF를 직접 구축하는 쪽을 바라는 사람이 많았다. 그래서 SIM은 계속 규모가 축소되고, 발사도 계속 지연되면서 예산만 낭비하는 꼴이 되었다. 그렇게 5억 달러가 넘는 돈이 들어간 뒤인 2010년에 SIM은 조용히 취소되고, 거의 완성 단계였던 비행 하드웨어는 폐물이 되거나 다른 목적에 쓰이게 되었다.

TPF-I가 직면한 문제는 다른 것이었다. 실무 팀들은 기술적인 난관을 깊이 파고드는 과정에서 처음에 예상했던 비용과 발사 시기가 어떻게 손을 쓸 수 없을 만큼 지나치게 낙관적이었음을 깨달았다. 따로따로 떨어져 있는 반사경들을 모두 초저온 기술로 냉각하는 일은 어려울 뿐만 아니라 비용도 많이 들었다. 긴 대 위에서 반사경들을 회전시켜 방향을 맞추는 데 필요한 바퀴들은 구조물 전체에 진동을 일으켜 관측 결과를 망쳐버릴 가능성이 있었다. 따라서 유럽우주국이 자체적으로 개발한 TPF-I 설계(암호명 '다윈')를 포함해서 새로운 설계들이 제안되었다. '다윈'은 긴 대를 버리고 여러 반사경들이 자유로이 비행하면서 빛을 모으게 함으로써 진동 문제를 해결했다. 각각의 반사경이 모은 빛은 중앙으로 보내져서 하나로 합쳐졌다. 이 프로젝트를 실현하려면, 초저온 냉각 방식이 적용된 우주선 한 대가 아니라 대여섯 대가 필요했다. 이들이 우주 공간에서 센티미터 수준의 정밀도로 편대비행을 해야 하기 때문에 작업의 복잡성과 필요한 추진제 양이 급격히 늘어났다. 구조가 복잡하고 초저온 기술이 적용된 JWST의 비용이 걷잡을 수 없이 늘어난 것을 보면, 처음에 예상했던 TPF-I의 비용 15억 달러도 풍선처럼 늘어날 것으로 예상되었다. 2001년에 JPL은 TPF-I의 잠정적인 발사 시기를 2014년 이전으로 잡는 것은 불가능하다는 결론을 내렸다. 그리고 이 프로젝트를 기획한 사람들은 더 저렴한 대안을 찾아 헤맸다. 초저온 기술이 적용되지 않은 망원경 하나로 같은 효과를 내는 방안이 가장 이상적일 터였다.

일반적인 생각으로는, 간섭계망원경을 가능하게 해준 빛의 파동 같은 움직임이 바로 하나의 대형 망원경으로 지구형 외계 행성의 사진을 찍을 수 없게 만드는 요소였다. 외계의 지구형 행성이 항성에 비해 1백억 분의 1의 비율로 배출하는 광자들을 가시광선 파장에서 포착하려면, 반드시 빛을 엄격하게 통제해서 항성의 압도적인 광휘를 제거해야 한다. 하지만 별빛이 한 대의 반사경에 닿으면 잔물결처럼 흐르다가 얼어붙어 웅덩이를 이루고, 반사경 표면의 지극히 작은 홈 주위에서 번쩍이는 얼룩이 된다. 수학적으로 완벽한 반사경, 그러니까 순전히 컴퓨터 시뮬레이션이나 학자들의 꿈속에만 존재하는 반사경이라 해도 이런 문제에서 벗어날 수 없다. 아주 멀리 점처럼 보이는 항성에서 온 빛이 이상적인 원형 반사경에 부딪칠 때 반사경 가장자리에서 분산되어 일련의 동심원으로 둘러싸인 밝은 원반을 이루기 때문이다. 항성의 사진에서 생명이 살 수 있는 행성이 존재할 것으로 예상되는 바로 그 부위에 많은 원반, 잔물결, 고리, 얼룩 등이 나타나는 경향이 있었다. 이것들의 밝기는 관측 목표인 항성에 비해 보통 약 1백 분의 1에 불과했으나, 그래도 작은 바위 행성의 희미한 빛보다는 약 10의 8제곱 배나 되므로 행성을 찾아내는 일이 완전히 불가능하지는 않다고 하더라도 대단히 힘들다고 보아야 했다. 21세기가 밝아올 무렵 이것이 학계의 정설이었고, 최신 광학 교과서에도 같은 내용이 실려 있었다. 하지만 이것은 완전히 틀린 생각이었다.

망원경 한 대로 이루어진 TPF 구축의 열쇠는 코로나그래프라는 장치였다. 이론적으로는, 이 장치로 항성의 빛이 분산돼서 만들어진 원반과 고리를 없앨 수 있다. 프랑스의 천문학자 베르나르 리오가 1930년에 태양을 둘러싼 뜨거운 성운 같은 코로나를 관찰하려고 발명한 코로나그래프는 원치 않는 별빛을 막기 위해 망원경의 반사경 앞에 설치한 차단물을 말한다. 코로나그래프가 작용하는 모습을 보고 싶다면, 직접 만들면 된다. 오른손 엄지로 하늘에 떠 있는 태양을 가려 이글거리는 태양 빛이 대부분 눈에 닿지 못하게 막는 것이다. 코로나그래프의 원리도 이것과 똑같다. 하지만 태양을 완벽히 가리더라도 소량의 햇빛이 여전히 엄지 가장자리 주위로 분산되는 것을 알 수 있다. 왼손 엄지를 오른손 엄지 바로 뒤에 놓아서 추가 방벽을 세우면 분산된 빛

50억년 동안의 고독

중 일부를 막을 수 있다. 리오도 자신의 코로나그래프에 비슷한 장치를 했다. 일련의 '동공' 렌즈, 반투명한 '마스크', 원반 형태의 불투명한 '차단막'을 설치해서 첫 번째 차단물 가장자리에서 분산된 빛을 조금씩 더 빼앗은 것이다. 리오의 장치는 밝기가 태양에 비해 1백만 분의 1밖에 안 되는 코로나 사진을 찍는 데 적합했다. 하지만 가시광선 영역에서 외계의 지구형 행성 사진을 찍기 위해 별빛을 100억 분의 1로 차단하기에는 분산되어 망원경으로 유입되는 빛이 너무 많았다.

  2001년에 하버드-스미소니언 소속의 천문학자인 웨슬리 트롭과 마크 커치너는 점점 복잡해지는 TPF-I 프로젝트에 대해 생각하던 중 새로운 코로나그래프를 생각해냈다. 간섭계 원칙을 드러내놓고 이용해서 별빛을 억누를 수 있는 장치였다. 트롭과 커치너는 서로를 지워버리는 나선형 또는 막대형의 간섭무늬를 코로나그래프의 마스크에 겹쳐 놓고 차단막의 모양을 조심스럽게 비틀면 별빛 차단율을 99.999999999퍼센트까지 높이는 동시에 남은 별빛을 코로나그래프 중앙의 어두운 그림자와 멀리 떨어진 외곽으로 유도할 수 있음을 알게 되었다. 이 방법을 이용하면 별빛을 차단하고, 상쇄하고, 감지기 외곽으로 밀어버릴 수 있었다. 그러면 가까운 행성의 희미한 빛이 아무런 방해를 받지 않고 통과해서 그림자 안에 상으로 맺힐 터였다. 이 방법은 엄격히 통제된 실험실에서 거의 아무런 문제도 없이 효과를 발휘했다. 그래서 트롭과 커치너의 코로나그래프가 곧장 생산에 들어갔지만, 마스크들이 항성의 스펙트럼 전체가 아니라 소수의 파장에서만 최고의 효과를 발휘했다. 트롭과 커치너가 이 코로나그래프를 붙들고 있던 그 시기에 프린스턴대학교 천문학과의 데이비드 스퍼겔은 마스크와 동공 렌즈를 완전히 다른 방식으로 배열해서 별빛을 극단적으로 차단하는 방법을 독자적으로 고안해냈다.

JPL과 NASA는 이런 연구에 주목해서 코로나그래프를 이용한 TPF인 TPF-C의 연구에 자금을 지원하기 시작했다. TPF-C는 적외선 영역보다는 가시광선 영역에서 활동하며 행성을 찾게 될 망원경이었다. 곧 대략적인 구조가 완성되었다. 8미터짜리 대형 반사경을 지닌 망원경 내부에 별빛을 억제하는 코로나그래프를 한 개 이상 설치하는 구조였다. 통짜로 된 주반사경은 유선형 로켓 안에 들어갈 수 있게 원형이 아니라 달걀형으로 만들어질 예정이었다. JWST처럼 분절된 반사경은 파면 일탈 현상을 너무 많이 만들어내기 때문에 지극히 민감한 코로나그래프와 어울리지 않았다. 트롭, 커치너, 스퍼겔의 획기적인 아이디어가 나온 뒤, 코로나그래프 설계에 관한 다양한 방안들이 계속 제시되었다. 미로처럼 새긴 홈을 이용해서 별빛을 약화시키는 방법, 나선형 소용돌이 네트워크로 비트는 방법, 미로처럼 얽힌 마스크와 렌즈로 빛의 위상을 바꿔 분산시키는 방법 등이었다. 하지만 원치 않는 빛의 일부가 새어 나오는 현상은 여전히 막을 수 없었다. 이처럼 광자들이 망원경의 다른 부분으로 물결처럼 흩뿌려지는 정도를 '무효화 정도order of the null'라고 불렀다.

빛을 더 많이 무효화하려면 완벽한 대칭을 이룬 빛의 파면을 코로나그래프로 유도해서 통과시켜야 했다. 망원경의 방향 조정에 손톱만 한 실수만 있어도 별빛이 거의 알아볼 수 없을 만큼 미세하게 새로운 경로로 움직여 반사경의 불완전한 부분들 주위를 어른거리며 빛의 무효화를 방해할 터였다. 따라서 TPF-C의 방향 조정에는 허블망원경에 비해 다섯 배가 넘는 정확도가 필요했다. 반사경 표면 어디에든 규소 원자 하나의 지름보다 작은 흠만 있어도 불완전한 파면이 망원경을 타고 폭포처럼 쏟아져서 빛의 무효화가 무위로 돌아갈 수 있었다. TPF-C의 반사경들은 허블망원경에 비해 약 100배나 매끈해야 했다. 이처럼 정밀한 조정 능력과 매끈한 표면을 실현하고 유지하려면 진동 억제, 능동광학, 반사경 제작 분야에서 많은 비용이 들어가는 획기적인 발전이 있어야 했지만, 그래도 TPF-I의 비용에 비하면 저렴할 것 같았다. TPF-C는 TPF-I에 비해 성능과 민감도가 조금 떨어질 것이며, 생명이 살 수 있는 행성을 찾기 위해 탐색할 수 있는 항성의 숫자도 더 적을 것이다. 하지만 저렴한 비용 덕분에 NASA와 JPL 예산 담당자들의 지지를 얻었다. 그래서 해가 갈수록 TPF-C가 우세해지고, TPF-I의 운세는 기울어갔다.

이런 변화를 알아차린 JPL은 2005년에 트롭에게 TPF-C의 프로젝트 담당자 겸 NASA의 태양계외행성 연구 프로그램 책임자라는 자리를 제안했다. 약 50명으로 구성된 팀을 이끌면서 매년 거금 5천만 달러의 예산으로 TPF를 예정된 시기에 발사할 수 있도록 최선을 다하는 것이 그가 할 일이었다. 이 제의를 받아들이면 매사추세츠 주를 떠나 반대편 끝에 있는 캘리포니아로 이주해야 했다. 그는 당시 일흔 살에 가까운 나이였으므로, 매사추세츠 주를 떠나면 오랜 친구들 또한 잃게 될 것임을 알고 있었다. 그래도 트롭은 JPL의 제안을 받아들이기로 금방 마음을 정했다. 희생을 치를 만한 가치가 있다고 보았기 때문이다. 만약 모든 것이 계획대로 잘 풀린다면, 그는 아마 10년도 안 돼서 TPF 팀을 이끌게 될 터였다. 즉 쏟아져 들어오는 관측 결과를 보면서 생명이 살 수 있는 먼 행성들에서 온 빛을 연구할 수 있다는 뜻이었다. 과거와 현재와 미래를 통틀어 모든 사람 중에 처음으로 지구와 태양계 너머에서 생명을 찾아낼 소수의 행운아 중 한 사람이 될지도 모르는 일이었다. 트롭은 불의 발견 이후 인류가 가장 커다란 도약을 하는 데 중대한 역할을 할 수 있을 것이라고 생각했다. 그래서 곧 햇볕 밝은 패서디나에 도착해 작은 임대 아파트에 짐을 풀었다.

　TPF-C와 TPF-I의 운명이 갈리던 중에 항성의 빛을 억누르는 세 번째 방법이 등장했다. 주로 스퍼겔의 연구를 바탕으로 그의 프린스턴대학 동료인 제레미 캐스딘과 콜로라도대학의 웹스터 캐시가 고안해낸 방법이었다. 세 사람은 모두 TPF-C의 반사경이 극단적인 초정밀성을 요구한다는 점에 우려를 품었다. 그래서 코로나그래프를 망원경 내부에 설치해 관측 결과를 오염시키는 별빛을 안으로 끌어들이는 대신, 코로나그래프를 자유로이 날아다니는 별도의 우주선 형태로 제작해서 망원경 외부에 설치하는 방안을 내놓았다. 이 코로나그래프는 흩어진 별빛이 망원경 안으로 조금도 들어오지 못하게 막아줄 터였다. 그들은 이 코로나그래프에 '스타쉐이드'라는 이름을 붙였다. 시뮬레이션으로 성능을 검토해본 결과, 별빛을 분산시켜 무효화하기에 가장 이상적인 형태는 꽃잎이 많은 해바라기와 비슷했다. 특별히 제작된 장치들이 많이 필요하고 제한된 파장에서만 작용할 수 있는 TPF-I와 TPF-C의 별빛 억제 방법과는 달리 스타쉐이드는 종류를 막론하고 모든 망원경에 짙은 그림자를 드리우는 단순한 방법을 통해 스펙트럼에서 더 넓은 영역을 조사할 수 있게 해주었다. 바이오시그너처를 찾기 위한 수색 폭이 넓어진다는 뜻이다. 스타쉐이드를 설치한 망원경에는

TPF-I 같은 초저온 냉각장치도, TPF-C 같은 초정밀 통짜 반사경도 필요 없었다. 커다란 범용 반사경을 갖춘 우주망원경이기만 하면 되었다. NASA가 계획한 JWST도 예외가 아니었다.

하지만 스타쉐이드를 제작해서 운영하는 것은 결코 쉬운 일이 아니었다. TPF-C의 초정밀 기기들 중 많은 부분이 그저 별도의 우주선으로 옮겨질 뿐이기 때문이다. 대부분의 설계에서 스타쉐이드의 지름은 50~100미터였으며, 가장자리는 거미줄처럼 얇고 면도칼처럼 날카로웠다. 표면은 빛의 반사를 방지하기 위해 검게 코팅했다. 이런 모양의 스타쉐이드가 우주망원경 앞쪽 5만~15만 킬로미터 거리에 떠 있을 예정이었다. 참고로 지구와 달 사이의 거리는 평균 약 38만 킬로미터다. 따라서 스타쉐이드의 그림자가 망원경에 정확히 떨어지게 하려면 대단히 뛰어난 조종 능력이 필요했다. 스타쉐이드는 우주에서 자동으로 펴져서 밀리미터 이하의 정밀도로 그 거대한 몸체를 유지하면서 동시에 작은 고출력 엔진을 이용해 목표물들 사이에 머무르거나 회전할 수 있어야 했다. 민첩한 TPF-C가 몇 초 또는 몇 분 만에 겨냥을 바꿀 수 있다면, 스타쉐이드는 며칠 또는 몇 주가 걸렸다. 조사할 수 있는 항성도 TPF-C보다 적지만, 총비용은 낮아질 가능성이 있었다. 스타쉐이드는 나중에 TPF-O('O'는 차단물을 뜻하는 'occulter'에서 온 것)라고 불리게 되었다. 하지만 비교적 늦게 등장한 탓에 NASA의 프로젝트 기획자들 사이에서 몇 년 동안 '등외'로 취급되었다.

NASA, JPL, 기타 관련 연구소들은 거의 10년 동안 중점적으로 연구를 진행한 끝에 TPF-I, TPF-C, TPF-O라는 세 가지 중요 기술을 가려냈다. 각각 생명이 살 수 있는 행성의 사진을 찍을 수 있는 기술이었다. 부족한 것은 프로젝트의 결정권을 쥐고 있지만 정치적인 색채도 지니고 있는 NASA 고위층의 명령과 자금 지원이었다. 그러다 마침내 2004년에 그런 명령이 내려와서 많은 사람에게 기쁨을 안겨주었다. 비록 조지 W. 부시 대통령이 발표한 2004년 NASA 전망의 보조 자료 속에 파묻힌 단 한 줄에 지나지 않았지만, 어쨌든 명령은 명령이었다. 부시 대통령이 달은 물론 화성에까지 우주비행사를 보내는 프로젝트를 다시 시작하자면서 컨스털레이션 프로그램을 제안한 것이 바로 이 2004년 전망을 통해서였다.

트롭은 2012년 여름에 나와 이야기를 나누면서 그 당시의 분위기를 그리워했다. TPF 기획 초기의 꿈들은 이미 오래전에 꽁꽁 얼어붙어버렸다. 트롭은 키가 크고 조용한 사람이었으며, 상냥한 파란색 눈과 금발, 그리고 점점 하얗게 세고 있는 염소수염이 대조를 이루었다. 그는 마침 JPL의 새로운 사무실로 옮겨 가기 위해 한창 이사 준비를 하던 중이었다. 그는 여전히 NASA의 태양계외행성 탐사 프로그램 책임자였다. 책상 주위에 늘어선 파란색 서류 상자에는 트롭이 반세기 동안 과학자로 일하면서 모은 책, 논문, 서신 등이 들어 있었다. 모두 쌓으면 높이가 87미터나 되는 그 자료들 중 대부분이 7년간 JPL에서 일하며 생겨난 TPF 관련 자료들이었다. 그는 자료의 분량을 43미터 높이로 줄이는 중이었기 때문에, 외계 생명체를 망원경으로 탐색하는 계획과 관련된 최근 자료 중 상당 부분이 쓰레기통으로 들어갔다. 그가 상자 한 곳에서 접힌 종이 한 장을 꺼내 금테 안경을 쓴 눈으로 살펴보았다. 캘리포니아 공과대학의 천문학 교수인 찰스 베이치먼이 보낸 편지였다. 베이치먼은 엘라치의 〈인근 항성계 탐사를 위한 계획서〉에

50억년 동안의 고독

참여한 핵심 인물 중 한 명이며, 과거에 TPF 프로젝트 담당자를 지낸 적도 있었다.

"이건 2004년 4월에 작성된 겁니다. 내가 여기 오기 1년하고 2개월 전이죠." 트롭이 말했다. "찰스답지 않게 유난히 쾌활한 내용이었습니다. 나도 소속되어 있던 TPF 연구 실무 팀원들에게 보낸 겁니다." 그가 목을 가다듬고 편지를 읽기 시작했다. "TPF와 관련해서 짜릿한 새로운 성과가 있었음을 여러분에게 알리고 싶습니다. 대통령은 NASA의 새로운 전망의 일환으로 다음과 같이 지시하셨습니다. '첨단 망원경으로 다른 항성 주위에서 지구형 행성들과 생명이 살 수 있는 환경을 탐색하시오.'" 트롭은 작게 한숨을 내쉬고는 편지를 책상에 내려놓았다. "우리는 지금까지 8년이 넘도록 대통령의 이 한마디에 의지하고 있습니다."

NASA와 JPL은 부시의 분명한 지지를 믿고 대담한 결정을 내렸다. 적외선 TPF-I와 광학 TPF-C 중 하나를 선택하지 않고 둘을 모두, 그것도 가까운 시일 내에 발사하기로 한 것이다. NASA와 JPL은 TPF-C를 무려 2014년까지 제작해서 발사한 뒤, 유럽우주국과 협력해서 2020년 전에 TPF-I를 제작해 발사할 예정이었다. 과학적인 측면에서 두 프로젝트의 시너지 효과는 탄탄했다. 가시광선 영역과 적외선 영역에서 모두 스펙트럼을 관찰한다면, 행성에 생명이 살 수 있는지 여부와 실제로 생명이 살고 있는지 여부에 대해 훨씬 더 믿을 만한 결과를 얻을 수 있을 터였다. 베이치먼이 2004년에 보낸 편지는 이것이 "NASA의 새로운 전망의 일환으로 TPF 계획을 진행시킬 기회"라는 점과 "과학 연구와 기술적인 측면, 정치적인 의지, 예산 등이 이 계획을 지원할 준비를 갖췄다는 것이 NASA 본부의 판단"이라는 점을 설명하는 비공식적인 발표문 역할을 했다.

행성 사냥꾼들과 대중은 잔뜩 들떠서 법석을 떨었다. 하지만 다른 분야의 천문학자들은 분개했다. NASA가 순전히 태양계외행성만을 찾기 위해 값비싼 우주망원경을 한 대도 아니고 두 대씩이나 만들기로 했기 때문이었다. 그 과정에서 NASA는 다양한 우주과학 연구 프로그램들을 조정하는 여러 고위급 위원회와 연구그룹에 한 번도 공식적인 자문을 구한 적이 없었다. 비판적인 사람들은 TPF 두 대를 제작하느라 더 가치 있고 시급한 연구, 예를 들면 암흑에너지의 성질 파악, 중력파 감지, 고에너지 X선으로 활발한 은하핵 관찰 같은 연구들을 진행할 돈이 한 푼도 남지 않을 것이라고 주장했다. 그들은 공개적으로 목소리를 높이지는 않았지만, 속으로는 부글부글 끓고 있었다. 트롭이 2005년 JPL에 도착했을 무렵, 신랄한 비판과 아우성 때문에 이미 JPL의 높은 포부가 지상으로 끌어내려지고 있었다.

"고전적인 천문학자들은 행성 연구를 그리 달가워하지 않았습니다." 트롭이 언제나 그렇듯이 대수롭지 않다는 듯 담담하게 말했다. "태양계외행성 연구는 더했죠. 별과 은하만 바라보는 천문학자들은 대개 행성 이야기에 인상을 찌푸리는 것 같습니다. 천체물리학, 빅뱅, 은하의 진화, 항성 주위에 원반처럼 모인 우주먼지의 진화를 연구하는 것만으로 충분하다고 생각하는 사람들이 많습니다. 그 사람들은 그 먼지 원반에서 행성이 만들어지는지 궁금해하지 않습니다. 그 행성들이 기거나 뛰어다닐 수 있는 생물들을 만들어내는지에 대해서도 감히 의문을 품지 않습니다. 생물학이나 생명체처럼 복잡한 주제와 관련된

328

일들을 생각하는 것이 뭔가 자기들의 품위에 어울리지 않는다고 보기 때문이죠."

트롭이 JPL에 와서 발견한 것은, 아주 가까운 시일 안에 TPF 두 대는 고사하고 한 대라도 발사할 수 있게 주위에서 충분한 도움을 얻는 것이 쉽지만은 않을 것이라고 냉철하게 받아들이는 분위기였다. "다들 동시에 두 계획을 모두 진행할 수는 없을 것이라고 확신하는 분위기였습니다. 편지에 적힌 것처럼 빠른 시일 안에 가능할 것이라고 보지도 않았고요." 그가 설명했다. "하지만 그건 괜찮았습니다. 그냥 열심히 연구해서 과학적인 보고서를 쓰고, 기술적인 문제들을 해결하고, 모든 사람을 참여시키면 되니까요. 어쩌면 예정보다 몇 년쯤 시간이 더 걸릴 수도 있겠지만, 그뿐이라고 생각했습니다. 하지만 나는 그 뒤로 과학이 전부가 아니라는 것을 깨닫고 경악했습니다. 사실 과학은 아마 가장 하찮은 요소라고 해야 할 겁니다. 사람들은 과학을 위해 최선이라고 생각하는 것을 지원하는 것이 아니라, 자신에게 직접적인 이득을 안겨주는 것을 지원합니다. 요즘 천문학계가 추구하는 것은 천문학자들의 완전고용입니다."

TPF 두 대를 한꺼번에 제작하는 데에 수십억 달러가 훌쩍 넘는 비용이 들어갈 것이라는 사실이 분명해지자, 미국 천문학계에서 이 계획을 드러내놓고 지지하던 사람들의 목소리가 점점 줄어들었다. NASA는 천문학계와 천체물리학계의 서로 다른 요구와 유인우주비행 계획의 예산 부담 사이에서 균형을 잡으려고 애쓰면서 쉬운 선택을 할 수밖에 없었다. 2006년 2월에 NASA는 과학 연구 예산에서 약 30억 달러를 떼어 몇 번의 우주셔틀 비행과 부시의 컨스털레이션 프로그램을 지원했다. 생명체를 찾기 위해 신속히 우주망원경을 제작하는 계획은 사실상 취소되었고, 공식적으로는 NASA의 수많은 무기한 기술 개발 프로젝트 중 하나로 강등되었다. 찔끔찔끔 지원되는 자금 때문에 웅대한 비전이 죽어버리는 망각의 땅으로 떨어진 것이다. NASA는 내부 방침과 예산에 큰 변화가 일어나지 않는 한, TPF라는 이름을 붙일 수 있을 만한 망원경의 제작을 최소한 2030년대 중반까지 미루기로 한 것 같았다. 그러는 중에도 지구형 행성일 가능성이 높은 외계 행성들은 계속 발견되었다. 트롭이 익숙한 환경을 버리면서까지 추구했던 획기적인 프로젝트는 그가 JPL에 도착한 지 1년도 채 되지 않아 가루가 되어버렸다. 내가 그에게 죽기 전에 TPF 프로그램이 실행될 것 같으냐고 묻자, 그는 낙관주의를 유지하는 것이 자신이 수행해야 할 직무 중 하나가 되었다고 우울한 기색을 잘 감추지 못한 채 대답했다.

"나는 의기소침해질 수가 없습니다. 그랬다가는 이 일을 하는 것이 아주, 아주 우울해질 겁니다. 하지만 성당을 지을 때도, 반드시 그 일을 시작한 사람이 죽기 전에 성당을 완공해야 하는 것은 아닙니다. 대개 200년쯤 걸리는 일이었으니까요. 하지만 지금 우리가 지으려는 것은 중세의 성당이 아닙니다. 그에 비하면 우리 일은 쉬운 편인 것 같습니다. 만약 일이 2004년의 그 편지에 적힌 것처럼 풀렸다면, 우리에게 그런 자금이 지원되었다면, 우리는 두 망원경을 대략 예정대로 발사할 수 있었을 겁니다. TPF-C는 발사가 가까울 것이고, TPF-I는 아마 2010년대 말에 발사되겠죠. 내가 2004년 이후 새로이 알게 된 것 중에 이런 생각을 근본적으로 바꿔놓을 만한 것은 하나도 없습니다. 하지만 기술적인 면에서는 이것이 결코 쉬운 일이 아닙니다. 지금까지 내가 살아오면서 해온 모든 일과 비교해 봐도 아주 어려워요. 이 일에 종사하는 다른 사람들도 모두 똑같은 소리를 할 겁니다. 하지만 지금 우리에게는 생명이 살 수 있을 것처럼 보이는 태양계외행성의 빛을 관찰할 수 있는 방법이 벌써 여섯 가지나 있습니다. 실험실에서 이미 증명된 방법들이에요. 기술적인 부분을 올바르게 다듬을 시간이 필요하기는 하지만, 새로운 것을 발명할 필요는 없습니다. 그저 초점면에 작은 유리 조각이 들어간 커다란 반사경을 제작해서 대형 로켓에 실어 보내고, 그 뒤편에 변형이 가능한 반사경 몇 개를 설치하기만 하면 되는 일입니다!"

나는 그렇게 간단한 일이라면 NASA만이 해답은 아니지 않느냐고 물었다. 정부가 후원해주지 않더라도 민간 부문에서 자금을 지원받는 것이 해결책이 될 수 있지 않을까?

트롭은 고개를 저었다. "민간 부문에는 이렇게 엄청난 일에 돈을 쓸 만한 동기를 지닌 사람이 전혀 없습니다. 여윳돈이 있는 사람이라도 이런 장기 계획에 투자하는 것은 거의 불가능한 일이에요. 그래서 정부가 하는 겁니다. 달에 사람을 보내기로 결정한 것은 NASA가 아닙니다. 케네디 대통령이 결정했어요. 의회와 행정부가 NASA에게 이래라저래라 지시를 내리는 상황이기 때문에, 의회나 정부의 누군가가 이 계획에 강한 관심을 갖고 태양계 너머에서 처음으로 생명체를 발견하는 것이 모든 역사를 통틀어 딱 한 번밖에 있을 수 없는 일임을 깨달아야 합니다. 우리가 일을 망치고 싶겠습니까? 그랬다가는 이 계획이 더 이상 앞으로 나아가지 못하게 될 텐데요? 정치 쪽에서 이것이 NASA와 이 나라에 중요한 일이라는 결론을 내려주기만 하면 됩니다. 만약 그런 신호가 떨어진다면, 우리는 전혀 헤매지 않고 정확한 방향으로 연구를 진행할 수 있을 겁니다. 그것이 나의 최종적인 결론이에요."

나는 2011년 5월 말에 트롭을 처음 만났다. 케임브리지의 MIT 캠퍼스에 있는 저 유명한 미디어랩의 꼭대기 층에서 열린 소규모 학술회의에서였다. '향후 40년의 태양계외행성 연구'라는 제목이 붙은 이 학술회의는 MIT의 천체물리학 교수이자 행성 연구자인 새라 시거가 최근 얼마 동안 소란을 겪은 행성 연구 분야의 과거와 앞으로의 문제를 해결할 방안을 생각해보기 위해 기획한 것이었다. 해결 방안은 TPF가 될 수도 있고, 아직 상상할 수 없는 다른 형태가 될 수도 있었다. 시거는 케플러망원경의 관측 결과를 이야기하고, TPF의 흥망성쇠에서 JPL이 수행한 역할을 옹호할 발표자로 트롭을 초대했다. 그 밖에도 많은 저명인사들이 초대되었다. 맷 마운틴은 저렴한 TPF-O를 옹호하는 발표자로서, 스타쉐이드가 어떻게 해서 JWST에 비해 10분의 1도 안 되는 관측 시간으로 인근의 소수 항성 주위를 도는 작은 바위 행성의 스펙트럼을 만들어낼 수 있는지 설명할 예정이었다. 그는 JWST에 스타쉐이드를 설치한다면 약 7억 달러의 비용이 들 것이라고 추정했지만, NASA는 이미 내리막길에 들어선 우주과학의 대표 주자를 궤도로 쏘아 올리기 위해 기존 예산보다 단 한 푼이라도 돈을 더 쓸 생각은 전혀 없을 것 같았다. 존 그런스펠드도 그 회의에 참석했다. 이미 NASA로 돌아갈 준비를 하고 있는 것처럼 보이던 그는, 미국의 우주비행사들이 지구에서 먼 우주 공간에서 행성을 수색하는 망원경을 조립하고 수리하는 것 같은 힘든 임무에 열성을 보이고 있음을 암시했다. 그의

50억 년 동안의 고독

내면에 자리 잡고 있던 치올콥스키가 겉으로 나와, 행성 한 곳에서만 살아가는 생물들은 멸종할 수밖에 없다고 단언했다. 그리고 생명이 살 수 있는 최초의 외계 행성에 대한 확실한 증거가 2025년 7월 21일에 NASA의 우주망원경에서 나올 것이라고 낙관적인 예언을 했다. 그날은 인류가 처음으로 달에 발을 내디딘 날의 56주년 기념일이었다.

시거는 그 학술회의에서 이상적인 촉매 역할을 했다. 40세 생일을 코앞에 둔 비교적 젊은 나이였으므로 앞으로 40년 동안 태양계외행성 연구의 전선을 지킬 시간과 열정이 충분했다. 게다가 젊은 나이인데도 벌써 그 분야에서 가장 많은 성과를 거두고 존경받는 사람 중 하나였다. 그녀는 원래 우주론을 파고들어 우주가 처음 형성되던 시기의 모습을 밝혀내기 위해 천체물리학계에 발을 내디뎠다. 그러다 태양계외행성 붐이 시작되자 빠르게 방향을 바꿨다. 하버드대학에서 천문학자 디미타 새슬로프의 지도로 대학원 공부를 하던 1990년대 중반부터 시거는 뜨거운 목성형 행성의 대기 구조와 그 변화에 대한 최초의 상세한 이론적 모델링을 시행했다. 당시 많은 천문학자들은 여전히 뜨거운 목성형 행성이 별의 변이성과 사람들의 소망이 낳은 환상에 불과하다고 생각했다. 어떤 사람들은 시거와 새슬로프의 연구가 어리석을 정도로 위험하다고 생각하기도 했다. 하지만 1999년 이전에 그녀는 하버드에서 박사 학위를 땄고, 다른 천문학자들이 멋쩍은 듯 그녀의 뒤를 따라잡았다. 뜨거운 목성형 행성이 실제로 존재한다는 사실을 마침내 대부분의 사람들이 받아들인 것이다. 시거의 모델은 관측 연구의 황금률이 되었다. 시거는 이에 상응해서 또 한 번 앞으로 치고 나아가, TPF와 비슷한 망원경을 만들지 않아도 항성을 통과하는 뜨거운 목성형 행성의 대기를 조사할 수 있다고 설명했다. 새슬로프와 공동으로 저술한 글에서 그녀는 행성 대기권 상층부를 휩쓸고 지나가는 별빛이 지구를 향해 스펙트럼 정보를 보내줄 것이므로, 천문학자들이 기존의 지상망원경과 우주망원경을 이용해서 그 정보를 파악할 수 있다고 지적했다. 그러면서 특히 나트륨의 흔적을 찾아보라고 추천했다. 가시광선 파장대의 스펙트럼에 나트륨이 확실한 흔적을 남길 것이라는 계산 결과 때문이었다. 당시는 항성을 통과하는 행성이 아직 발견되기 전이었다. 2년쯤 뒤 한 연구 팀이 허블우주망원경을 이용해서 새로 발견된 뜨거운 목성형 행성이 항성을 지나가는 모습을 관찰했다. 시거의 예측대로, 그들은 나트륨의 스펙트럼선을 찾아냈다. 외계 행성의 대기가 처음으로 감지된 것이다. 그 뒤로 세월이 흐르는 동안 시거는 점차 외계 행성의 생명체들을 찾는 쪽에 더욱 비중을 두게 되었다. 이 분야에서 그녀는 생명이 살 수 있을 것 같은 행성의 환경을 파악하는 방법과 관련해 획기적인 성과를 거뒀다. 그녀는 자신이 죽기 전에 TPF가 실제로 발사된다면, 그 프로젝트를 이끌고 싶다는 희망을 결코 숨기지 않았다.

시거는 미디어랩에서 열린 학술회의를 기획할 때 후세를 생각했으므로 회의 내용을 비디오로 녹화하고 자료를 온라인에 올리는 일에 세심하게 신경을 썼다. 자리에 앉은 과학자, 공학자, 기자 앞에 개회 인사를 하려고 올라온 그녀의 모습은 호리호리하고 인상적이었다. 장례식에 가는 사람처럼 검은색 A라인 치마와 재킷에 같은 색의 무릎 높이 부츠를 신었다. 엄숙한 얼굴 주위에는 검은 머리가 어깨 길이로 드리워져 있었고, 피처럼 붉은 스카프가 목을 감쌌다. 언제나 그렇듯이 그녀의 말투는 활기 있고 강철처럼 강렬했다. 일부 동료들은 그녀의 말투에 당혹하기도 했지만, 그녀가 사람을 꺼리거나 인정머리가 없는 사람이라서 그런 말투를 쓰는 것은 아니었다. 그녀의 머리는 언제나 핑핑 돌아가면서 다른 사람들이 상상할 수도 없을 만큼 빠른 속도로 예리하게 정보를 처리했다. 사람들과의 상호작용을 수학 연산처럼 대하는 태도, 갑자기 열성적으로 선언하듯 말하는 것, 계산된 매력, 이모든 것에 그 사실이 반영되어 있었다. 그녀가 연단에서 말을 하면서 강당에 모인 사람들을 눈으로 훑었다. 하지만 가장 강조하고 싶은 부분을 말할 때는 잠시 말을 멈추고 상대를 꿰뚫어버릴 듯한 다갈색 눈으로 카메라를 향해 똑바로 시선을 돌려 미래 세대의 불특정 다수를 향해 말을 걸었다.

그녀는 미국 정부의 예산 위기와 태양계외행성 붐이 점점 힘을 잃는 상황 앞에서 지금처럼 계속 새로운 발견들이 이루어지게 할 방법을 의논해보기 위해 이 학술회의를 마련했다고 말했다. "태양계외행성 연구자가 대부분인 이 자리의 우리들은 앞으로 수백 년, 수천 년 뒤 사람들이 우리 시대를 되돌아보며 우리를 지구형 행성을 처음으로 발견한 사람들로 기억해줄 것이라고 생각하고 있습니다. 크기나 질량이 지구와 비슷한 행성을 말하는 것이 아닙니다. '지구'와 비슷한 행성을 말하는 겁니다." 40세 생일이 가까웠으니 인생을 절반쯤 산 그녀는 이제 그런 발견들이 당연한 결론으로 이어질 것이라는 생각은 하지 않는다고 말했다. "그래서 여러분을 이 자리에 모셨습니다. 지금 이 회의를 녹화하고 있는 이유도 그것입니다. 우리가 뭔가 강렬한 흔적을 남기고 싶으니까요. 우리는 개개인이 아니라 하나의 집단으로서, 지구형 행성들의 미래를 창조해낸 사람들로 기억되기 직전까지 와 있습니다. 그래서 지금 이 자리에 모인 겁니다."

비록 생명이 살 수 있을 것 같은 행성을 탐색하는 데에 이 분야의 수명이 달렸다는 데에는 모두들 동의했지만, 그런 탐색을 실시하는 방법에 대해서는 의견들이 첨예하게 대립한다는 점이 금방 확실해졌다. 앞으로 통일된 방안을 마련하는 일이 지난할 것 같았다. 시거의 오랜 친구이며 행성 사냥에 나선 하버드대학 교수인 데이비드 샤보노가 군중 속에서 일어나 TPF 같은 계획을 추진할 필요가 없다고 주장했다. 그는 시거의 기법을 이용해서 최초의 외계 행성 대기를 탐지해낸 연구 팀을 이끈 적이 있었다. 그가 입은 밝은 노란색 티셔츠에는 'TrES-4보다 크게'라는 표어가 적혀 있었다. 자신이 2007년에 동료들과 함께 발견한 행성을 가리키는 말이었다. 항성 표면을 통과하던 이 행성은 워낙 가볍고 크게 부풀어 있어서 발사나무(가볍고 단단해서 구명 용구 등에 이용되는 나무 - 옮긴이)처럼 물 위에 둥둥 뜰 것 같았다.

항성을 통과하는 괴짜 행성들이 샤보노의 전문 분야 중 하나였다. 그는 2000년에 항성을 통과하는 행성을 처음으로 동료들과 함께 발견해서 명성을 얻었다. 태양과 흡사한 항성 HD 209458 주위를 도는 뜨거운 목성형 행성이었다. 2009년 이후로 그는 'm지구'('mEarth'라고 쓰고 '머스'라고 읽는다) 프로젝트에 많은 시간을 쏟았다. 지름이 0.4미터인 작은 망원경들을 지상에 배치해서 가까운 적색 왜성들 앞을 통과하는 슈퍼지구를 찾아보자는 계획이었다. 가까운 적색 왜성들은 M-왜성이라고도 불린다. 우리 지구에 비하면 슈퍼지구는 크기가 큰 편이고, M-왜성은 우리 태양에 비해 작은 편이기 때문에 생명이 살 수 있을 것 같은 모든 항성계 중에서도 이 둘이 짝을 이룬 항성계를 관찰하기가 가장 쉽다. 또한 특징을 파악하는 데 비용이 가장 적게 들 것 같은 항성계이기도 했다. 샤보노는 항성을 통과하는 그런 행성들이 시거를 비롯한 여러 사람들이 제안한 스펙트럼 분석법에 특히 적합할 것이라고 말했다. 수십억 달러가 드는 TPF 같은 망원경을 건설할 필요는 없었다.

그렇게 질량이 큰 행성들은 지구와는 크게 다른 환경을 지니고 있을 것이다. 대기도 지구보다 훨씬 두껍고, 지상의 풍경은 강력한 중력장에 짜부라진 모습일 가능성이 높기 때문이다. 사실을 확인해줄 실제 데이터가 없는 상태에서 학자들은 자그마한 우리 지구처럼 슈퍼지구에도 기후를 안정적으로 유지해주는 지각 판 같은 것이 존재할지 여부를 두고 열띤 논쟁을 벌였다. M-왜성의 슈퍼지구 표면에 액체 형태의 물이 존재하려면, 슈퍼지구가 작고 희미한 항성에 위험할 정도로 가까이 있어야 했다. 그러면 항성의 영향으로 생겨난 기조력tidal forces이 행성의 자전에서 에너지를 조금씩 빼앗아가기 때문에 많은 행성들이 항상 같은 면으로 항성을 향하게 된다. 지구에서 달의 한 면만을 볼 수밖에 없는 것과 같은 이치이다. 이런 행성에서 항성의 빛을 잔뜩 받는 반구는 항상 뜨겁다 못해 타죽을 지경일 것이고, 반대편 반구는 항상 밤이 지속될 것이다. 그리고 두 반구 사이에는 항상 황혼 상태가 유지되는 곳이 가느다란 리본처럼 존재할 것이다. 기조력에 묶여버린 대기는 그 구성 성분에 따라 완전히 밤의 반구로 밀려나 꽁꽁 얼어버릴 수도 있고, 아니면 낮의 반구에 고집스레 남아서 뜨겁고 추운 두 반구 사이에 그치지 않는 강풍을 일으킬 수도 있다. 설사 이런 곳에 생명이 살 수 있는 환경이 존재한다 해도 M-왜성의 슈퍼지구가 지구형 외계 행성 중 상위권을 차지할 것 같지는 않았다.

하지만 샤보노는 이런 문제점과 불확실성을 그리 중요하게 생각하지 않았다. 항성을 통과하는 행성을 연구해도 근처 외계 행성에 대해 알 수 있는 것이 지극히 적다는 사실 역시 마찬가지로 중요하게 생각하지 않았다. 그에게 중요한 것은 M-왜성을 통과하는 슈퍼지구를 우리가 한 세대 이상 기다릴 필요 없이 비교적 이른 시일 안에 저렴한 비용으로 발견해서 연구할 수 있다는 점이었다. 그의 이러한 주장은 태양계외행성을 연구하는 몇몇 학자들 사이에서 점점 힘을 얻고 있던 생각, 즉 태양과 흡사한 항성의 생명체 가능구역에서 지구만 한 크기의 행성 사진을 직접 찍는 일이 너무 어렵기 때문에 사실상 고려할 가치도 없다는 생각을 요점만 뽑아 정리한 것이었다. 예산의 황무지에서 고생하는 천문학자들을 지탱해준 것은 TPF 대신 그보다 작고 기능도 떨어지는 여러 망원경들을 지상과 우주에 설치하는 방안이었다. 샤보노가 m지구를 들고 나온 것처럼, 이런 주장을 펼치는 학자들은 대부분 엄청난 성공을 거둔 케플러망원경에서 영감을 얻어 가까운 항성을 통과하는 행성을 찾아 연구하자는 안을 내놓았다. 2년 뒤에는 NASA도 이런 제안을 받아들여 비용이 많이 들지 않는 TESS Transiting Exoplanet Survey Satellite를 2017년에 발사하기 위해 2억 달러의 예산을 배정했다. TESS는 NASA가 쏘아 올린 케플러망원경의 후임으로서, 지구로부터 수백 광년 이내에 있는 항성 주위에서 항성 앞을 통과하는 행성들을 찾기 위해 전방위 탐색을 실시할 것이다.

샤보노는 한층 더 날을 세워, 우리 태양계로부터 약 30광년 이내에 태양과 흡사한 항성은 20개뿐이지만 M-왜성은 거의 250개나 된다고 지적했다. 작고 차가운 항성에 질량이 작고 궤도가 가까운 행성들이 많이 존재하는 것 같다고 암시해주는 케플러망원경의 관측 결과를 바탕으로 그는 태양으로부터 기껏해야 20광년 이내에 있는 "M-별들 주위에" 지구에 있는 우리가 행성의 항성 통과 장면을 관찰하기에 "딱 맞는 위치에 (생명이 살 수 있을 것 같은) 천체들이 분명히 있을 것"이라고 단언했다. 그러고는 TPF 계획을 밀어붙이는 것이 잘못이라면서 자금 부족과 "발견율을 감안할 때 시야를 너무 좁게 만들어주는 일에 인생의 20년을 바치는 것은 어리석은 짓"이라는 점을 이유로 들었다. 그는 젊은 천문학자들이 어떤 결과가 나올지 불확실한 일에 그렇게 긴 시간을 투자하려 하지도 않을 것이고, 투자해서도 안 된다고 보았다. 그는 TPF나 ATLAST 같은 계획들은 앞으로 수십 년 동안 점차 시들어서 죽어갈 것이며, 진정 지구와 흡사한 행성에 대한 지식은 여전히 우리 손에 들어오지 않을 것이라고 주장하면서 그것이 당연한 결과라고 말했다.

짧은 휴식 시간 뒤, 미국 행성 사냥꾼들의 대표 주자인 제프 마시가 앞으로 척척 걸어 나가 샤보노의 주장을 은근히 비판했다. 대형 우주망원경이 필요 없다는 그의 주장이 잘못되었으며 비생산적이라는 것이다. 그는 먼저 양손을 주머니에 깊이 꽂아 넣고는, 평소와 달리 바닥을 지그시 내려다보며 불안한 듯 양발로 체중을 번갈아 옮겼다. 그는 케플러망원경의 성과에 들떴지만, 지난 10년 동안 이렇다 할 발전이 없었고 미래의 전망도 어두워지고 있다는 점에 화가 난다고 말했다. 그는 케플러망원경의 성과를 통해 TPF 같은 망원경이 "반드시 필요하다"는 사실을 알 수 있다고 주장했다. 케플러망원경의 관측 결과를 통해 가까운 항성 주위에 항성 앞을 통과하지는 않지만 생명이 살 수 있을 것 같은 행성들이 많이 존재한다는 사실을 짐작할 수 있기 때문이었다. 대형 망원경이 없다면, 이런 행성을 자세히 조사하기는 어려울 것이다. 그는 특히 여러 대의 작은 렌즈로만 얻을 수 있는 고해상도를 약속하는 TPF-I는 "천체물리학의 유일한 미래"인데도 "NASA가 모른 척 지나가버렸다"면서, 회의실 안에 분노를 퍼뜨렸다. 그가 비난하는 대상은 NASA뿐만이 아니었다. 가신처럼 굴면서 리더십에 심각한 문제를 드러낸 우주과학계도 문제였다. 그의 주장대로라면, NASA와 JPL이 마치 간섭계처럼 작용하면서 태양계외행성 연구자들을 이간질해 그들이 서로 경쟁하고 충돌하며 자멸을 향해 가게 만든 것 같았다. 그 결과 모두 함께 꿈꾸던 TPF가 천문학의 어두운 변방으로 밀려나고, 천문학의 가까운 미래에도 짙은 그림자가 드리워졌다는 것이다.

"이것이 내가 고통스러울 정도로 잘 알고 있는 역사입니다." 그는 1999년에 TPF 최초 기획 팀에서 일했던 과거를 회상하며 이렇게 말했다. "2000년에 NASA 본부는 우리에게 손가락을 흔들어대며 반드시 TPF-I를 만들어야 한다고 말했습니다. 또한 우리 모두 우주생물학과 분자생물학 강의를 들어야 한다는 말도 했지요……. 그런데 2002년경에 NASA는 우리에게 간섭계가 아니라 코로나그래프를 만들라고 했습니다. 둘을 모두 만들 돈이 없으니 반드시 코로나그래프를 만들어야 한다는 겁니다! 그런데 2004년이 되자 놀랍게도 NASA 본부는 우리가 둘 다 만들어야 한다고 발표했습니다! 가시광선 영역에서는 코로나그래프로, 적외선 영역에서는 간섭계로 간다고요." 그는 성

50억년 동안의 고독

난 표정으로 고개를 절레절레 저었다. "두 가지 형태의 TPF를 모두 만들 수 있는 돈이 어디서 갑자기 생겼는지 알 수 없었습니다. 우리는 마구 휘둘리고 있었어요. 몇 해 동안 코로나그래프와 간섭계 설계……이 두 가지 설계가 서로 경쟁을 벌이며 싸웠습니다. 몇 년 동안 상당히 안 좋은 일들이 벌어졌던 것 같습니다……. 그러다가 차단막 아이디어가 등장하더니 정말이지 그 분야 전체에 그림자를 드리웠습니다!" 청중은 웃음을 터뜨렸다. 마시의 간단한 말장난 때문이라기보다는, 수많은 불편한 진실을 들으면서 느낀 긴장을 해소하기 위해서였다.

마시는 분위기를 조금 누그러뜨리면서, TPF의 실패로 인해 NASA에 대한 자신의 믿음이 워낙 크게 흔들렸기 때문에 이제는 NASA가 감당할 수 없는 계획들 중 일부를 더 민첩하게 움직일 수 있는 민간 부문에 완전히 외주를 주어야 하는 것이 아닌가 하는 생각이 든다고 분명히 말했다. TPF 외에도 앞으로 반세기 동안 NASA가 위대하고 가치 있는 일을 하나 더 수행할 것이라는 꿈이 아직 그에게 남아 있기는 했다. 그는 이 꿈에 치올콥스키의 열정을 실어 오바마 대통령에게 직접 밝혔다. "일어나서 이렇게 발표해주십시오. 이번 세기가 끝나기 전에 우리가 삼성계인 알파 켄타우루스에 탐사선을 보내 그곳의 행성, 혜성, 소행성 사진을 최대한 빨리 얻을 것이라고, 그곳까지 가는 데 수백 년 또는 1천 년이 걸린다 해도 탐사선을 발사할 것이라고 말씀해주십시오……. 알파 켄타우루스에 가는 것은 아주 위대한 일이 될 겁니다. 유치원생부터 고등학생에 이르기까지 모든 아이들의 시선을 끌 것이고, 우리 사회의 모든 부문과 의회 등도 이 계획에 관심을 보일 겁니다. 정말로 운이 좋다면 이 일이 전기 충격처럼 NASA를 되살릴 겁니다……. 물론 그런 계획은 당연히 일본, 중국, 인도, 유럽이 참여하는 국제적인 프로젝트가 되어야 합니다……. 알파 켄타우루스 탐사계획은 과학적인 발전뿐만 아니라 외교적인 응집도 가능하게 할 겁니다."

청중 몇 명이 다시 웃음을 터뜨렸다. 이번에는 쓰디쓴 냉소였다. 정치적으로 미국은 지나치게 양극화되어 있으며, 경제적으로는 빚더미 속에 무릎까지 푹 빠져 있었다. 대통령은 고사하고 미국의 정치가가 오래전 TPF 프로젝트를 재앙으로 밀어 넣은 것과 똑같은 희망적인 생각만 믿고 거센 맞바람을 맞아가며 별에 탐사선을 보내는 데 자신의 정치적 자본을 조금이라도 쓰겠다고 나설 리가 없었다.

얼마 뒤 시거가 다시 청중 앞에 섰다. 그녀는 원래 미리 준비한 발표를 할 예정이었지만, 원고를 대부분 무시해버리고 샤보노와 마시의 말이 불꽃을 당긴 논쟁에 주의를 돌렸다.

"우리는 우주로 나가 가장 가까운 항성들을 조사해보고 싶습니다." 시거가 모두 동의하는 공통의 토대를 확립하기 위해 같은 말을 반복했다. "앞으로 수천 년이 흐른 뒤 사람들은 우주여행에 나서면서 우리가 가장 가까운 항성들 주위에서 지구와 비슷한 행성들을 발견했음을 기억해줄 겁니다……. 저는 NASA를 사랑한다고 말하고 싶습니다. NASA 덕분에 제가 아주 훌륭한 경력을 쌓을 수 있었으니까요. 하지만 NASA가 앞으로 40년 안에 TPF 계획을 추진하지 못할 가능성이 높다는 사실을 부정할 수 없습니다. 날이 갈수록 그 사실이 분명해집니다. 지금 이 방에 있는 여러분은 제가 지구형 행성을 찾는 계획의 열렬한 지지자라는 사실을 모두 알고 있을 겁니다. 저는 그 계획을 실행에 옮기고 싶습니다. 제가 죽기 전에 TPF가 완성되기를 바랍니다…….

그리고 지금까지는 그리 크게 걱정하지 않았습니다." 아주 짧은 찰나의 순간, 그녀의 시선과 목소리에 슬픔이 갑자기 배어들었다.

시거는 MIT의 종신 교수라는 자신의 지위에서 엄청난 안정감을 얻고 있음을 인정했다. 그 자리 덕분에 그녀는 위험이 큰 만큼 커다란 성과를 기대할 수 있는 연구를 시행할 기회를 얻었다. 아니, 기회라기보다 거의 의무에 가까웠다. 그녀는 자신이 죽기 전에 NASA가 TPF를 완성할 것이라는 확신이 점점 약해지면서 다른 길을 생각해볼 수밖에 없었다. 특히 유망해 보이는 길이 하나 있었다. 최근에 선을 보인 차세대 우주여행 업체들이었다. 첨단 기술을 지닌 그 신생 업체들은 높은 발사 비용이라는 커다란 장벽을 기어이 극복하겠다는 일념으로 로켓과 우주공항을 직접 만들고 있었다. 스페이스X, 블루 오리진, XCOR 같은 이름을 지닌 이 기업들의 백만장자 CEO들은 페이팔, 아마존, 인텔 같은 기업으로 거액을 벌어들인 사람들이었다. 시거는 이 신생 기업들이 NASA와는 달리 이윤이 남고 앞으로도 지속될 수 있는 인류의 우주 진출을 마침내 이뤄낼지도 모르겠다고 생각했다. 그들은 TPF 같은 우주망원경의 발사 비용을 줄이고 발사를 앞당기는 데 필요한 새로운 시너지 효과를 일으켜서 쉽사리 손에 잡히지 않는 목적을 이룰 강력한 수단이 되어줄 수 있었다. 그렇게 된다면, 생명이 살고 있는 다른 행성들의 빛이 지금 그녀 앞에 모여 있는 사람들의 삶과 경력 속으로 들어올 터였다. 그녀가 이 학술회의에 친구들과 동료들을 불러 모은 것은 행성 연구 분야의 미래를 의논하기 위해서일 뿐만 아니라, 이 분야에 잠시 안녕을 고하기 위해서이기도 했다. 태양계외행성에 대한 연구는 계속하겠지만, 지속성이 있는 상업적인 우주여행 산업의 등장을 도와야 한다는 중대한 일이 그 연구의 새로운 경쟁자로 자리를 잡을 터였다. 이 놀라운 발표에 사람들이 웅성거렸다.

"이제부터 저는 그렇게 할 생각입니다." 시거가 단호하게 말했다. "여러분들 중 대다수가 최근 학술회의에서 저를 본 적이 없을 겁니다. 그리고 앞으로도 저를 자주 보지 못할 겁니다. 이 일에 전력을 기울일 생각이니까요. 만약 제가 소행성과 화성 연구에 힘을 쏟는 것을 보더라도, 제가 그 주제에 특별히 관심이 있는 것은 아니라고 생각해주세요. 제가 원하는 것은 우주여행 업계에 최대한 도움을 주는 것입니다." 그녀는 발사 비용 추정치를 열거했다. NASA의 우주셔틀을 타고 궤도에 도달하는 비용은 약 1억 달러였다. 반면 그보다 단순한 구조를 지닌 러시아의 소유즈 로켓을 이용하면 겨우 1천만 달러밖에 들지 않았다. 상업적인 업체들은 이 발사 비용을 어쩌면 백만 달러 수준으로 떨어뜨릴 수 있을지도 모른다. "TPF를 완성하고 싶다면 그 업체들이 성공해야 합니다. 1백억 달러 수준으로는 그 일을 결코 해낼 수 없을 테니까요. 하지만 우리가 업체들을 도와서 그 금액을 내리는 데 성공한다면, 그 일을 해낼 수 있을 겁니다."

시거의 발표가 끝난 뒤 사람들은 복도로 나가 삼삼오오 짝을 지어서 커피를 마시며 대화를 나눴다. 나는 생명체를 찾는 우주망원경을 제작하려는 노력이 1990년대의 인간 게놈 해독 경쟁과 비슷하다고 한 생화학자가 천체물리학자에게 말하는 것을 들었다. "그 일을 해낼 수 있는 기술을 지닌 여러 집단들이 서로를 쓰레기통에 처넣고 있었습니다." 생화학자가 말했다. "게다가 정부 기관들, 연구소들, 제약 회사들이 모두 자신의 목적을 위해 독자적으로 그 일을 추진했지요. 이렇게 정부와 업계가 뒤섞여 경쟁을 벌인 덕분에 모든 사람이 목표를 향해 밀려갔습니다……. 중국이 생명이 살 수 있는 행성을 최초로 발견해서 온통 중국어 이름을 붙여주자는 생각을 하게 만들 방법을 찾아낼 필요가 있습니다."

커피와 차가 준비된 탁자 옆에서는 한 공학자가 과학자에게 광속의 10퍼센트 속도로 움직이는 로봇 탐사선을 알파 켄타우루스로 보내면 일이 간단하다고 말하고 있었다. 핵잠수함에 쓰이는 원자로를 하이 임펄스 전기추진시스템에 연결하기만 하면 된다는 것이다. "지금의 기술로도 해낼 수 있습니다!" 공학자가 외쳤다. "우리가 죽기 전에 그 탐사선이 보내온 사진을 볼 수 있을 거예요!" 과학자는 그저 정중하게 고개를 끄덕일 뿐이었다. 마치 공학자가 머릿속으로 계산을 할 때 몇 가지 중요한 변수를 잊어버렸다고 말하는 듯했다.

그날 저녁 학술회의가 공식적으로 막을 내린 뒤 몇몇 참가자들이 미디어랩에서 시거의 연구실로 자리를 옮겼다. MIT의 빌딩 54, 즉 케임브리지에서 가장 높은 건물인 그린 빌딩 17층에 있는 방이었다. 시거의 초대로 몇몇 사람들이 안테나와 하얀 레이더 돔이 점점이 흩어져 있는 옥상으로 올라가 불빛이 깜박이는 보스턴 시내와 찰스 강의 차분한 수면 위를 떠가는 돛단배를 바라보았다. 마운틴, 시거, 그런스펠드가 풍경에 감탄하며 조용히 가벼운 이야기를 나눴다. 트롭은 한동안 조용히 서서 일몰을 지켜보았다. 마시는 거대한 레이더 돔 밑에서 포즈를 취하며 사진을 몇 장 찍고는 내려가버렸다. 그는 대개 가벼운 이야기만 나눴지만, 상대가 다그치면 NASA의 곤란한 처지에 관한 이야기로 다시 돌아가곤 했다.

"NASA는 정말 커다란 곤경에 처해 있습니다." 그가 나중에 내게 말했다. "그 모든 기반 시설과 전문 지식을 갖고도 민간 부문을 능가하지 못할 것 같습니다. 관료적인 자체 구조를 극복하지 못하니까요. NASA가 어떻게 TPF에 등을 돌릴 수 있겠습니까? 나는 NASA 자체를 비난하고 싶지 않습니다. 어쩌면 사실은 NASA의 잘못이 아닐 수도 있어요. 그저 우리가 굉장한 일들을 하려고 할 때 부딪히는 난관에 지나지 않는 건지도 모릅니다. 위대하던 로마도 무너졌습니다. 사람들은 완벽하지 않습니다. 도저히 믿을 수 없을 만큼 비극적인 실수를 저지르기도 해요……. 그것은 그냥 우리의 본성입니다. 그런 것 같아요." 그가 빈손을 들어 올려 엄지손가락과 집게손가락을 쌀알을 집으려는 젓가락 모양으로 만들었다. "우리와 개미 사이의 거리는 겨우 이 정도입니다. 나는 그렇게 생각해요. 어떤 면에서는 우리가 꿀벌 집단처럼 움직이기도 합니다. 그게 자연이에요. 하지만 집단을 붕괴시키는 장애라는 것도 존재합니다."

다시 그린 빌딩 안으로 들어온 뒤에도 토론은 계속되었다. 사람들이 시거의 주위에 모여서 붕붕 떠들어댔다. 그녀는 이 임시 벌집의 여왕벌이었다. 나는 그 그룹의 가장자리에 서서 그녀가 우주여행에 대해 다시 이야기하는 것을 들었다. "우리가 과연 태양계를 떠날 수 있을지 모르겠습니다. 내가 아는 것은, 그런 선택의 여지가 있는 편이 좋다는 겁니다."

10장

불모의 땅을 향해서

인간은 사회에서 어떠한 사물을 배울 수 있을 것이다.
그러나 영감은 오직 고독에서만 얻을 수 있다.
_ 괴테

빛의 막이 점점 커지면서 우리 태양계를 에워싼다. 그 빛의 근원은 태양이다. 빛의 막은 완벽한 공 모양이 아니라, 모래시계처럼 가운데가 잘록한 모양이다. 우리 은하의 나선형 은하면에 존재하는 가스와 우주먼지의 두툼한 층이 그 잘록한 부분에서 빛을 일부 꺼뜨린다. 은하면의 위아래에는 빛을 가로막는 부스러기들이 비교적 적기 때문에, 태양의 광막이 밖을 향해 잔물결을 일으키면서 빛의 속도로 계속 퍼져나간다. 이 광막은 우리에게서 초당 30만 킬로미터의 속도로 퍼져나가고 있지만, 은하와 은하 사이의 광활한 허공을 퍼져나가는 속도는 아주 느리기 때문에, 46억 광년 거리에서 팽창이 멈출 가능성이 있다. 이 광막의 가장자리는 우리 태양의 탄생을 알린 첫 핵융합반응 속에서 가장 먼저 폭발해 나온 광자들로 이루어져 있다. 그 뒤를 따르는 우리 태양계의 역사는 행성들이 반사하는 빛, 굴절되거나 가려진 별빛 속에 암호처럼 기록되어 있다. 이 광자 확산의 끝은 아마도 지금으로부터 약 60억 년 뒤에 시작될 것이다. 이미 오래전에 부풀어 올라서 박동하는 적색거성이 되어버린 우리 태양이 지니고 있던 수소와 헬륨을 마침내 모조리 태워버리는 것이 그 무렵이다. 그 뒤에는 바싹 타버린 행성들, 이온 가스로 이루어진 섬세한 성운, 별의 잔재, 하얗게 타고 남은 탄소와 산소의 재가 남는다. 타고 남은 태양의 잔재가 억겁의 세월에 걸쳐 서서히 식으면서 희미한 빛조차 가위로 실을 자르듯이 까맣게 꺼져버리고, 아주 오래전의 빛만 남아 영원 속에서 메아리칠 것이다.

광자에 실려 있는 태초와 선캄브리아기의 메아리(행성의 형성, 지구에 생명이 등장하는 순간, 지구 대기의 산소 증가, 육지 습격)는 이미 오래전 우리 은하를 떠나 주변의 은하들, 은하성단들, 초은하단들을 휩쓸고 있다. 우리와 가장 가까운 나선은하인 안드로메다은하에 있는 1조 개의 별 중 한 곳에서 누군가가 지금 우리를 관찰한다면, 그의 눈에 보이는 것은 250만 년 전 지구의 모습일 것이다. 호모사피엔스의 선조들이 아프리카의 사하라사막 이남에서 조잡한 석기의 제작 기술을 갈고 닦던 시기이다. 우리 은하와 가까운 곳을 지나가는 왜소 은하인 대마젤란성운에서 보이는 지구는 빙하가 자꾸 넓어지던 기원전 16만 년의 모습이다. 그때 우리 조상들은 빙하가 물러나면서 아프리카에서 다른 곳으로 이주할 준비를 하고 있었다. 우리 은하 안에서는 광자에 새겨진 메아리들이 훨씬 현실과 가깝다. 6천5백~1만 광년 떨어진 카리나성운의 파란색 초거대 별들과 산개성단들에서 보이는 지구는 농업이 자리를 잡고, 메소포타미아, 이집트, 인더스 계곡에 청동기 문명이 꽃을 피우던 시기의 모습이다. 탈레스, 데모크리토스 등 고대 그리스인들이 살던 시대에 지구에서 출발한 빛은 지금 2천5백 광년이 조금 넘는 거리에 자리한 크리스마스트리 성단에서 갓 태어나 이글거리는 별들과 은근하게 빛나는 분자 구름을 휩쓸고 있다. 태양과 비슷한 항성인 HR 8799 주위를 도는 거대 행성들의 하늘에 떠 있는 지구는 전파를 이용한 통신이 처음 시작되고 내연기관이 다듬어지던 시기의 지구이다. 우리가 처음 텔레비전 전파를 쏘아 올린 1930년대의 빛은 얼음처럼 차가운 파란색 별 레굴루스〔사자자리의 일등별 – 옮긴이〕를 지나고 있고, 1969년 아폴로 11호의 달 착륙을 알린 뉴스는 늙어가고 있는 노란색 별 카펠라〔마차부자리의 일등별 – 옮긴이〕에 이제 막 도착했을 것이다. 우주에서 누군가가 실제로 이런 빛과 전파를 수신했는지는 알 수 없다. 어쩌면 지구처럼 지나간 역사를 생중계해주는 곳은 우리가 관측할 수 있는 우주 안에 오로지 지구뿐인지도 모른다.

가장 가까운 별에서 태양계의 탄생과 성장 과정을 고속 촬영 영상처럼 짧게 압축한 동영상으로 돌려본다면 으스스한 기분이 들 것이다. 수소 분자로 이루어진 커다란 검은 구름에서 먼저 별 하나가 형성되더니, 획획 정신없이 돌아가는 행성들이 그 뒤를 잇는다. 외곽의 거대한 행성들은 일단 궤도에 자리를 잡은 뒤 비교적 굼뜨게 움직이며 소용돌이치는 가스에 감싸인 채 수십억 년 동안 조용했다. 가장 안쪽에 있는 수성은 마그마 바다가 식어서 굳은 뒤에는 그보다도 더 조용하다. 나머지 내행성 세 개는 각각 구름, 바다, 육지로 이루어진 청록색 보석 같은 모습이지만, 금성이 순식간에 증기의 장막에 휩싸여 익어버리고, 화성은 시들시들하다가 얼어버린다. 이 영화에서 지구는 대부분 가장 변화가 심한 신기한 행성으로 등장한다. 방황하는 대륙들, 밀려왔다 밀려가는 빙하, 폭발하는 산들, 확 밀려오는 파도, 무성한 식물들의 모습이 만화경처럼 이어진다. 영화가 끝나기 몇 초 전 마침내 지금의 모습이 나온다. 지구에는 밤에도 전깃불이 환하게 켜지고, 인공위성들이 후광처럼 반짝인다. 새로운 모습으로 변신한 지구는 태양계 전역을 향해 포자 같은 금속 덩어리들을 몇 개 발사한다. 그들 중 다섯 개가 목성에 접근하다가 태양계를 탈출할 수 있는 속도를 얻어 휙 날려간다. 태양계 너머의 은하와 우주에 있는 미지의 영역을 향해 가는 것이다. 파이오니어 10호와 11호, 보이저 1호와 2호, 그리고 명왕성으로 향하는 뉴호라이즌호, 이들은 인류가 이제 막 만들기 시작한 우주탐사선으로, 모두 NASA가 발사했다.

1990년 2월 14일, 그 탐사선들 중 가장 빠른 속도로 가장 멀리까지 나아간 보이저 1호가 무려 60억 킬로미터가 넘는 먼 거리에서 마지막으로 지구를 향해 카메라를 돌렸다. 명왕성의 궤도보다 멀고, 태양계의 황도면보다 높은 곳이었다. 보이저 계획에 참여한 칼 세이건 등 여러 사람의 고집으로 이 우주선은 아폴로호의 상징적인 '블루 마블' 사진을 이번에는 10만 배나 먼 곳에서 재현하려 했다. 그렇게 먼 곳에서는 넓게 분산되는 태양 빛 때문에 지구가 거의 보이지 않지만, 보이저 1호의 사진을 자세히 살펴보면 1픽셀도 안 되는 작고 고독한 하늘색 점이 우리 행성임을 알 수 있다.

세이건은 이 지구 사진을 '창백한 푸른 점'이라고 부르며, 자신의 베스트셀러 저서에도 같은 제목을 붙였다. 그린뱅크회의 이후 수십 년 동안 그는 우주과학을 실천하고 대중화하는 일에서 정점에 올라 행성 대기에 관한 중요한 연구를 수행했으며, 엄청난 인기를 얻은 텔레비전 미니시리즈 〈코스모스〉를 제작했다. 그는 프랭크 드레이크를 비롯한

여러 협력자들과 함께 보이저 1호와 2호에 실어 먼 별로 보낼 LP 음반
을 구성하기도 했다. 구리, 알루미늄, 금으로 만들어진 이 레코드 사본
이 두 우주선의 측면에 고정되었다. 자석 카트리지, 바늘, 그림으로 표
현한 지시 사항 등이 갖춰져 있어서 언제든 소리를 재생할 수 있는 상
태였다. 텅 빈 우주 공간에서 이 레코드들은 태양이나 지구보다 더 오
래도록 살아남을 것이다. 이들이 혹시 다른 항성계와 마주칠 가능성
은 희박하다. 혹시라도 누군가가 이 레코드들을 발견하고 수거하는
일이 벌어진다면, 그들은 우주를 여행할 수 있을 만큼 엄청나게 발전
된 문명을 지니고 있을 가능성이 높다. 운이 좋다면, 우리의 먼 후손
이 그 레코드들을 발견하게 될지도 모른다. 보이저호의 레코드는 허영
에 가까울 만큼 유토피아적인 내용을 담고 있어서 범죄, 전쟁, 기근, 질
병, 죽음 같은 어두운 이야기는 전혀 언급되지 않았다. 이 레코드들에
는 또한 지미 카터 대통령과 유엔 외교관들의 메시지, 54개국 언어로
녹음한 인사말, 지상의 즐거운 장면들을 담은 사진 118장이 들어 있
다. 바람 소리와 빗소리, 심장박동과 웃음소리, 키스 소리와 로켓을 발
사할 때의 소리, 뇌파검사 소리와 고래의 노랫소리도 들어 있다. 바흐
와 베토벤, 모차르트와 스트라빈스키, 페루의 팬파이프, 자바의 가믈
란, 척 베리가 전자기타로 연주한 〈조니 B. 굿〉도 있다. 이 레코드들은
지구의 속삭임이며, 누군가에게 발견되었을 때쯤에는 이미 알 수 없는
미래의 형태로 진화했거나 오랜 결점 때문에 이미 스러졌을 지구인들
이 남긴 황금 같은 기억이다.

　해가 갈수록 냉담하고 무심한 모습이 드러나는 이 우주에서 지구에
묶여 살아가는 보잘것없는 영혼들에게 멀고 먼 곳에서 보이저호가 바

라본 지구의 모습과 우리가 그 우주선에 실어 보낸 메시지는 희망, 끈기, 지혜의 상징이 되었다. 우리의 모습이 그곳에 선량한 천사처럼 순수하고 고귀하게 표현되어 있다고 생각하게 된 것이다. 세이건은 한 에세이에서 창백한 푸른 점에 관한 소회를 밝히면서 "햇빛 속에 붙들린 먼지 한 점"이라는 시적인 표현을 썼다. "우리의 기쁨과 고통이 모두 모여 있는 곳"이자 "우리가 사랑하는 사람들, 우리가 아는 사람들, 이름을 들어본 사람들, 지금까지 존재했던 모든 사람들이 수명을 다할 때까지 살다간" 곳이었다. 세이건은 사람들 사이의 분열과 지정학적 갈등이 우주적인 관점에서 볼 때 얼마나 어리석은 짓인지를 그 사진이 상징적으로 보여준다고 생각했다. "보잘것없는 우리의 존재, 광활한 우주를 생각해보면, 우리를 우리 자신에게서 구해줄 도움의 손길이 어딘가에서 뻗어 나올 것이라고는 짐작할 수 없다." 그는 이렇게 썼다. "지구는 지금까지 알려진 바로는 생명을 품고 있는 유일한 행성이다. 적어도 가까운 시일 안에는, 우리가 옮겨 갈 수 있는 곳이 하나도 없다……. 지구는 우리가 반드시 지켜야 할 곳이다."

이 에세이의 앞부분에서 세이건은 인류가 집으로 삼을 수도 있는 다른 행성을 미래에 찾아내는 일이 얼마나 어려운지를 언급했다. 그는 창백한 푸른 점이 오랜 우주여행 끝에 도착한 우주선에서 바라본 지구의 모습과 비슷할 것이라고 보았다. 1세대 TPF 우주망원경을 통해 지구를 바라본 모습도 역시 그럴 것이라는 말은 하지 않았지만, 그런 생각이 그의 머리를 스치고 지나가기는 했을 것이다. 세이건은 우리의 고향인 지구가 연한 푸른색을 띠는 것은 생명의 근원인 바다와 수증기로 이루어진 구름 때문이라는 것을 우리가 경험으로 알 수 있겠지만, 외계의 관찰자라면 보이저호가 보내온 단 한 장의 스펙트럼 없는 사진만으로 그런 사실을 추측해낼 수 있을 것 같지는 않다고 썼다. 더 자세한 조사가 필요하리라는 것이다.

우리가 그런 조사를 할 기회는 보이저 1호가 보낸 역사적 사진으로부터 10개월 뒤에 찾아왔다. 1990년 12월 8일에 세이건은 목성을 향해 가고 있던 우주선 갈릴레오호를 이용한 일련의 지구 관측을 총괄하고 있었다. 그와 갈릴레오 팀은 지구를 마치 새로 발견된 외계 행성처럼 조사한 끝에 지구가 생명이 살 수 있는 곳임을 훌륭하게 확인했고, 곧 이어 지구 생물들과 기술의 존재를 탐지해냈다. 모두 먼 우주에서 관측한 결과에 순전히 기본적인 원칙들을 적용해서 얻은 성과였다. 그들은 적외선으로 지구의 기온을 측정하고, 극지방의 만년빙, 바다, 구름이 물로 이루어져 있음을 확인했다. 또한 산소가 듬뿍, 메탄이 살짝 들어 있어 열역학적 평형을 한참 벗어난 대기에서 생명의 증거를 발견했다. 식물이 가득한 대륙에서도 마찬가지였다. 이곳에서 우주로 반사된 빛의 스펙트럼에는 빛을 흡수하는 엽록소와 광합성의 흔적이 들어 있었다. 지구 표면에서 방출되는 협대역 전파의 강력한 펄스는 기술 문명의 존재를 암시했다. 이런 증거들을 모두 모아서 내린 결론은 반박의 여지가 없었다. 지구의 대부분이 문자 그대로 생물들로 뒤덮여 있으며, 그 생물들 중 누군가가 전 지구에 걸친 원거리 통신네트워크를 구축할 만큼 똑똑하다는 것. 나중에 세이건과 연구 팀은 갈릴레오호의 장비들로 달도 조사했다. 그 결과 생물들이 살고 있는 지구와 달리, 달은 황량하게 죽어 있는 바위에 불과하다는 당연한 사실이 밝혀졌다. 세이건의 갈릴레오호 관측 결과가 언뜻 보기에는 그저 평범하고 지나치게 구미에 맞는 것처럼 보일지 모르지만, 사실은 근접 비행을 하는 탐사선이나 먼 곳에서 빛을 모아 관측하는 망원경으로 다른 행성을 연구할 때 적용할 수 있는 기준을 제공해주었다.

세이건이 그 뒤에 수행한 연구를 자세히 살펴보면, 그가 자신이 살아 있는 동안 생명이 살 수 있는 외계 행성이 발견될 경우를 대비해서 그런 행성들을 관측하고 연구할 방법을 체계적으로 준비하고 있었다는 결론을 내릴 수밖에 없다. 하지만 그의 의도가 정말로 무엇이었는지 이제 확인할 길은 없다. 그가 골수 관련 병으로 2년 동안 투병하다가 1996년 12월에 예순두 살의 나이로 일찍 세상을 떠났기 때문이다. NASA의 댄 골딘 국장이 TPF를 제작하겠다는 계획을 발표한 지 겨우 몇 달 만이었다. 세이건은 마지막 순간에도 어느 모로 보나 평생 그랬던 것처럼 예리하고 유연한 정신을 유지했다. 만약 골딘이 처음 발표한 대로 TPF가 2006년에 발사되었다면, 그 망원경이 근처 항성 주위의 창백한 푸른 점들을 발견하기 시작할 때 세이건의 나이가 일흔두 살이었을 것이다. 그러니 그가 조금 더 살았다면, 우주에 대한 인류의 이해가 또 한 번 크게 도약하는 것을 앞장서서 이끄는, 권위 있는 원로 역할을 할 수 있었을 것이다. 하지만 세이건은 세상을 떠났고 TPF도 결국 NASA의 쓰레기통에 처박혔기 때문에, 그가 보이저호와 갈릴레오호로 지구를 관측해서 연구한 것들이 앞으로도 오랫동안 살아 있는 외계 행성을 연구한 최고의 자료로 남을 가능성이 높다.

세이건이 멀리서 본 지구를 샅샅이 연구하던 1990년에 새라 시거는 토론토대학 1학년으로 수학과 과학의 입문 강의를 들으며 눈물겹게 발버둥 치고 있었다. 그녀는 의사의 길을 버리고 모발 이식 사업을 시작한 아버지에게 의대 진학을 위한 예비 과정을 밟겠다고 말했다. 아버지는 그녀에게 피부과처럼 돈 잘 벌고 비교적 스트레스가 적은 과를 전공하라고 조언해주었다. 하지만 시거는 아버지의 기대를 배반하고 이내 물리학과 천문학으로 주의를 돌렸다. 어렸을 때부터 그녀는 밤하늘에 호기심을 느꼈다. 식구들과 밤에 자동차를 타고 달릴 때, 왜 달이 계속 따라오는 것처럼 보이는지 궁금했기 때문이다. 얼마 뒤 시거의 아버지는 '별 파티'에 딸을 데려갔다. 그곳에서 아마추어 천문학자가 달의 궤도를 설명해준 뒤, 망원경으로 달을 관찰할 수 있게 해주었다. 그리고 열 살이 되어 캐나다의 숲 속으로 캠핑을 갔을 때, 밤에 텐트에서 나와 도시의 불빛이 전혀 없는 곳에서 맑은 하늘을 올려다본 순간, 세상을 바라보는 그녀의 시각이 극적으로 넓어졌다. 그렇게 많은 별들을 올려다보면서 자신이 밟고 있는 지구가 저 위에 한없이 넓게 펼쳐진 하늘과 이어져 있음을 생전 처음으로 느낀 것이다. 열여섯 살 때에는 어느 대학의 오픈하우스 행사에 참석했다가, 별과 행성 등 지구 너머에 있는 모든 것을 연구하는 일을 직업으로 삼는 특권을 지닌 사람들이 있다는 사실을 알게 되었다.

"내 평생 가장 짜릿했던 순간 중 하나입니다." 시거는 내게 이렇게 말했다. "이걸 직업으로 삼을 수 있다고? 나는 집으로 달려가서 이런 이야기를 아버지에게 했습니다. 하지만 아버지는 그 어느 때보다 엄격한 설교를 늘어놓으며 내 뜻을 꺾으려고 했죠. '너한테 타고난 재주가 있기는 하지만, 남자한테 기대지 않고 자신을 부양하는 능력을 갖춰야 해!'라고요. 아버지는 내가 독립적인 사람이 되기를 바랐기 때문에, 그런 길을 택하는 것이 바람직하지 않다고 생각했습니다." 시거의 아버지는 실용성을 중시했지만, 딸에게는 포부를 크게 잡고 그것을 이루는 모습을 상상해보라고 몇 번이나 말했다. 그렇게 하지 않으면 성공을 기대할 수 없다는 것이었다.

그런 충고를 들었어도, 시거는 처음에 천문학을 향한 길을 걸을 때 이렇다 할 초점이나 방향이 없었다고 자주 말했다. 항성의 이글거리는 중심부 주위에서 혼란스럽게 튕겨 나오는 광자와 같았다. 그녀는 아버지를 달래기 위해 먼저 물리학에 전념했다. 물리학을 공부하면 학계에서든 학계가 아닌 곳에서든 취직 가능성이 높아진다고 생각했기 때문이다. 하지만 물리학을 공부할수록 흥미가 줄어들었다. "나는 모든 것을 방정식으로 완벽하게 설명할 수 있다고 믿었습니다. 하지만 어림셈이 만연한다는 것을 알게 되었지요. 벌써 3~4년 동안 열심히 공부했는데, 왜 내가 즐겁지도 않은 일에 노력을 기울이며 평생 고생해야 합니까?"

졸업이 다가오자 그녀는 모험을 하기로 결심하고, 대학원 천문학과에 지원했다. 포부를 크게 잡기로 한 그녀가 선택한 학교는 하버드였다. 그녀가 스물두 살이던 1994년 가을의 일이다. 놀랍게도 하버드는 1995년 2월에 그녀에게 입학 허가뿐만 아니라 소액의 지원금까지 제의했다. 온타리오에서 친구들과 크로스컨트리 스키를 즐기다가 이 소식을 들은 그녀는 제의를 받아들이고, 가을에 토론토를 떠나 하버드에 입학하기로 계획을 세웠다. 따라서 여름에는 가을을 기다리는 것 말고 별로 할 일이 없었으므로 북쪽으로 캠핑을 가기로 했지만 혼자 여행하기는 싫었다. 그래서 가끔 카누를 같이 타는 마이크 웨브릭에게 연락했다. 그는 자동차와 야외 활동을 좋아하는 활기찬 서른 살 청년이었다. 푸른 눈과 건장한 어깨를 지닌 웨브릭은 마치 해병대원 같았다. 긴 다리는 튼튼했고, 팔뚝의 근육은 시거의 허벅지만 했다. 그는 군인처럼 짧게 머리를 깎았고, 갸름한 얼굴은 언제나 며칠 동안 수염을 깎지 않은 것처럼 보였으며, 조용하고 상냥하며 똑똑한 사람이라는 평을 듣고 있었다. 두 사람이 처음 만난 것은 온타리오에서 시거가 하버드의 입학 허가 소식을 들은 그날이었다. 이 두 가지 이유 때문에 그녀는 나중에 그날을 인생에서 가장 운수가 좋았던 날이라고 불렀다.

웨브릭과 시거는 캐나다 북서부 깊숙한 곳까지 카누를 타고 간다는 야심 찬 계획을 세웠다. '황무지'라고 불리는 그곳은 나무의 북방 한계선 너머에 있는 위험한 툰드라였다. 길도 없고 워낙 황량한 곳이라, 제2차 세계대전 이후에야 비로소 지도가 만들어졌을 정도였다. 두 사람은 먼저 토론토에서 4일 반 동안 차를 몰고 북쪽 서스캐처원 주의 숲으로 들어갈 예정이었다. 그곳의 호수에서 북쪽으로 뻗은 도로가 끝났다. 거기서부터는 카누를 타고 20일 동안 북쪽으로 더 깊숙이 들어가 카스바 호수 로지까지 갔다. 그곳에는 작은 활주로를 갖춘 전진기지가 있어서 필요한 물건들을 보충할 수 있었다. 그러고는 다시 카누를 타고 나무의 북방 한계선을 넘어 황무지로 들어갔다. 황무지에 다녀오는 데에만 40일이 걸리는 길이었다. 두 사람은 40일 뒤 카스바로 돌아와 남쪽으로 가는 비행기를 탈 예정이었다. 웨브릭은 하얗게 부서지는 물속에서 노를 젓는 솜씨가 일품이었으므로 강과 바다에서 인도자 역할을 맡았다. 시거는 필요한 물건들을 꾸린 짐과 웨브릭의 빨간색 카누를 수로와 수로 사이의 육지에서 운반하는 일을 도왔다. 두 사람은 여름 해빙이 끝날 시기인 6월 24일에 토론토를 떠났다. 북부의 가을이 시작되는 8월 말에 돌아올 예정이었다.

여행 전 몇 주 동안 비가 거의 내리지 않는 건조한 날씨가 이어졌다. 토론토를 떠날 때 두 사람은 이런 날씨가 계속될 거라고 낙관했다. 그러면 진창으로 변한 땅이나 물에 젖은 물건들 때문에 고생할 위험이 줄어들 터였다. 하지만 날씨가 건조하면, 번개 때문에 숲과 평원에 화재가 발생할 위험도 그만큼 높아졌다. 길이 끝나는 지점에서 두 사람은 호수와 그 주위의 숲이 짙은 연기에 휩싸여 있는 것을 발견했다. 그래도 두 사람은 노를 저어 어둠 속으로 들어가서 강어귀를 통과했다. 연기가 자욱한 곳을 지날 때는 잠시 노를 멈추고 티셔츠를 물에 적셔 얼굴에 묶었다. 두 사람은 카누에서 식사를 하고, 북극 이남의 여름 태양이 떠 있는 20시간 중 대부분을 노를 저으며 보냈다. 등 뒤에서 바람이 불어올 때는 잠시 휴식을 취하면서 비닐 방수포를 임시 돛으로 이용했다. 커다란 바위가 가득한 급류와 깎아지른 폭포를 피해서 돌아가느라 많으면 하루에 열다섯 번까지 짐을 들고 육지를 이동했다. 그럴 때면 검은 파리와 모기가 덤불 속에서 떼 지어 몰려나와 두 사람을 공격했다. 해가 지면 두 사람은 천막을 치고 피곤에 지친 나머지 꿈도 꿔지지 않는 깊은 잠에 곯아떨어졌다.

50억년 동안의 고독

시거와 웨브릭은 조용조용 나누는 대화에서 위안을 얻었다. 황무지의 거칠고 자유로운 아름다움도 위안이 되었다. 두 사람은 캐나다 순상지楯狀地(선캄브리아대의 암석이 방패 모양으로 지표에 넓게 분포하는 지역 - 옮긴이)의 선캄브리아기, 시생대, 원생대 바위들 위를 걸었다. 그곳은 지상에서 가장 오래된 암석이 노출되어 있는 곳이다. 원래 높은 산이었으나 40억 년에 걸친 풍화작용 덕분에 완만하게 변해버린 언덕 기슭을 짐을 끌고 지나가기도 했다. 그곳은 빙하가 마지막으로 확장되던 시기에 빙상의 무게 때문에 표면이 깨끗이 갈리고 짓눌린 지역이다. 빙하가 녹은 물이 흐르던 개울과 강은 곳곳이 퇴적물로 막힌 채 빙상 밑으로 혈관처럼 흘렀다. 그래서 빙하가 물러간 뒤 에스커, 즉 빙상 밑의 구불구불한 물길을 따라 분홍색 화강암 자갈과 모래가 쌓여 두둑해진 지형이 남았다. 에스커는 케틀(빙하가 물러나거나 대량의 빗물이 빠져나가면서 생긴 얕은 물. 퇴적물이 가득하다 - 옮긴이) 호수들 사이와 주위로 구불구불 이어졌다. 이곳의 호수들은 오래전 북극으로 물러나던 빙하에서 커다란 얼음 조각이 떨어져나오면서 생긴 유령 같은 웅덩이다. 땅은 지금도 서서히 솟아오르면서 위치를 잡는 중이다. 수만 년 전에 사라진 무거운 얼음에 눌렸던 땅이 1년에 1센티미터씩 다시 올라오고 있는 것이다. 저 멀리 끊임없이 타오르는 불길에서 나온 연기 기둥이 사방의 지평선에 늘어서 있었다. 두 사람은 카스바까지 가는 20일 동안 다양한 야생 생물을 보았지만, 사람은 한 명도 만나지 못했다.

7월 중순에 시거와 웨브릭은 카스바 호수 로지에 도착했다. 섬들이 점점이 들어선 망망한 물의 서쪽 끝에 자리한 이곳에서 두 사람은 필요한 물건을 구하고, 로지 관리인들과 즐거운 시간을 보낸 뒤 다시 호수를 지나 황무지가 있는 북쪽으로 향했다. 날이 갈수록, 앞으로 나아갈수록 나무들이 처음에는 듬성듬성해지다가, 그다음에는 발육 부진처럼 보이다가, 나중에는 아예 사라져버렸다. 대신 바닥에 카펫처럼 깔린 이끼, 추위를 잘 견디는 풀, 밝은색 지의류 등이 나타났다. 나무의 북방 한계선 바로 위에서는 처음으로 순록을 만났다. 녀석은 마치 다른 행성에서 온 손님을 보듯이 두 사람을 바라보았다. 나무가 없으니 끊임없이 불어오는 바람이 구불구불한 구릉들을 거침없이 타 넘어 분지의 강과 호수를 지나갔다. 바람 때문에 카누의 속도가 느려졌을 뿐만 아니라, 한낮에 땅으로 올라와야 할 때도 많았다. 시거는 때로 바람 부는 물가에서 천체물리학 교과서를 꺼내 보기도 했다. 저 아래 다른 세상에서 하버드가 그녀를 기다리고 있었다. 그녀와 웨브릭이 한참 동안 이야기를 나눌 때도 있었다. 마치 두 사람만을 위해 창조된 우주에 오로지 두 사람만 존재하는 것 같았다.

그들이 계획한 여정의 북쪽 끝에 도착했을 때 하늘에는 안개가 끼어 있었다. 나무의 북방 한계선에서 200킬로미터도 넘게 올라왔는데도 불길이 헤집고 있는 남쪽 숲의 연기가 계절에 어울리지 않는 이상한 바람을 타고 그곳까지 올라왔다. 나무 한 그루 없는 야산 꼭대기에서 두 사람은 돌무덤 다섯 개를 발견했다. 옛날 이누이트 족의 무덤이자, 시거와 웨브릭이 카스바를 떠난 뒤 처음으로 만난 인간의 흔적이었다. 썩은 고기를 먹는 동물들의 짓인지 도굴꾼의 짓인지는 모르겠지만, 하여튼 돌 몇 개가 옆으로 밀려나 흩어져 있어서 녹슨 금속과 나무로 된 부장품이 드러나 있었다. 햇볕에 하얗게 바랜 작은 두개골도 보였다. 시거는 사진을 한 장 찍었다. 무덤의 주인이 어떻게 생긴 사람이었는

50억년 동안의 고독

지, 어떻게 죽었는지, 왜 이렇게 세상과 동떨어진 곳을 거처로 삼았는지 궁금했다. 시거는 두개골에서 시선을 들어 주위의 산들을 둘러보았다. 연한 색 풀과 여름 야생화가 한없이 펼쳐져 있었다. 정적을 깨뜨리는 것은 지평선에서 지평선까지 잔물결처럼 밀려가는 바람의 속삭임뿐이었다. 헤아릴 수 없이 많은 호수의 차고 맑은 물속에 하늘이 은색과 파란색 원으로 고여 있었다. 그 순간 시거는 이렇게 한없이 고독한 곳을 거처로 정한 사람의 심정을 이해했다.

다시 남쪽으로 내려온 두 사람은 시거가 '에스커 영역'이라고 부른 곳에 들어섰다. 모래가 섞인 분홍색 둔덕들이 이중, 삼중으로 복잡하게 꼬이고 겹친 모양으로 한없이 펼쳐져 있는 것 같았다. 둔덕 사이의 계곡에는 작은 호수나 숲이 있었다. 아름다웠지만, 그곳을 가로지르다 보니 기운이 쪽 빠졌다. 하루하루 흘러가는 시간이 흐릿해지고, 지형은 과속 방지턱이 일정한 간격으로 늘어선 고독한 고속도로처럼 이어졌다. 사방이 에스커였다. 그다음엔 호수, 그다음엔 숲, 그다음엔 에스커, 그다음엔 호수. 바위가 가득하고 물이 말라붙은 개울, 에스커, 호수……. 두 사람은 말없이 노를 젓다가 몇 시간씩 짐을 끌고 육지를 걸었다. 이제는 오래전 밀려오고 밀려가던 빙하가 만들어낸 땅의 리듬에 익숙해져 있었다. 말은 필요 없었다. 두 사람은 마치 서로의 마음을 읽는 것처럼 하나가 되어 움직였다. 먼 북쪽에서 보낸 마지막 며칠 중 어느 날 저녁에 시거는 가문비나무로 둘러싸인 능선 꼭대기에 혼자 서서 낮게 가라앉는 햇빛 속에서 파란 호수와 분홍색 에스커를 가만히 바라보았다. 두 사람이 있는 곳은 다른 세상이었다. 밝지만 슬픈 도시와 항상 바삐 서두르는 사람들에게서 멀리 떨어져 있기 때문에 더욱더 현실처럼 느껴지는 세상. 어쩌면 언젠가 해안이 물에 잠기는 바람에 도시와 사람들이 극지방 쪽으로 밀려나 여기까지 야금야금 다가올지도 모른다. 하지만 지금 이 땅은 비어 있었다. 한 달이 넘도록 다른 사람은 한 명도 보지 못했다. 그래도 두 사람은 외롭지 않았다. 배가 고프면 음식을 먹고, 졸리면 자는 단순한 생활을 하면서도 단 한 번도 더 많은 것을 바라지 않았다. "우리는 둘이 함께하는 생활에 아주 만족하고 있었기 때문에 외부의 물건이나 사람에 대한 심리적, 정서적 갈망을 전혀 느끼지 못했다." 시거는 나중에 이렇게 썼다. "그 여행은 우리의 완벽한 삶이 되었다."

8월 28일에 카스바에서 비행기에 오른 시거는 비행기가 활주로에서 떠올랐을 때 풀밭과 침엽수림 사이로 아무렇게나 구불구불 흐르는 작은 강들과 바람에 밀린 호수를 내려다보며 그리움을 느꼈다. "60일 만에 '현실' 생활이 너무나 희미하게 멀어져서 불가능한 것처럼, 견딜 수 없는 것처럼 보였다." 그녀는 이렇게 회상했다. "여행 중에 느낀 고독, 광활한 황무지, 자유롭지만 거부할 수 없는 생활 방식, 계속 변하는 풍경, 더할 나위 없는 길동무는 정말이지 그 무엇으로도 이길 수 없는 조합이었다." 그녀는 자신이 사랑에 빠진 것은 이 황량하고 외진 땅만이 아님을 깨달았다. 그녀는 웨브릭도 사랑하고 있었다. 여행에서 돌아온 직후 그녀는 그에게 케임브리지로 가서 함께 살자고 청했다. 그는 주저 없이 승낙했다.

하버드에 입학한 뒤 시거는 처음에 우주론에 주력했다. 구체적으로 말하자면, 빅뱅 이후 1백만 년이 흐르기 전에 발생한 '재결합

50억년 동안의 고독

recombination'의 물리적 원리에 관심이 있었다. 당시 우리 우주는 아직 뜨겁게 팽창하는 플라스마 덩어리에 불과했다. 전자와 양성자가 불투명한 안개처럼 모여 있을 뿐, 원자도, 분자도, 별도, 은하도 없었다. 수십만 년 동안 이 플라스마는 점점 식으면서 팽창해서 마침내 중대한 변신을 했다. 온도가 충분히 내려가자 전자들이 핵과 '재결합'해서 원자를 이룬 것이다. 그야말로 번쩍하는 순간에 태초의 플라스마에서 원자들이 튀어나와 팽창하던 플라스마 안개를 수소와 헬륨으로 이루어진 투명한 구름으로 바꿔놓았다. 그때 걷잡을 수 없이 쏟아져 나온 빛이 지금도 우주 전체에서 반사되고 있다. 우리의 감지기에 그 빛은 하늘의 모든 방향에서 빛나는 마이크로파 복사로 잡힌다. 온도는 절대온도 3도가 채 되지 않는다. 시거가 이 재결합을 연구하고 있을 때, 뜨거운 목성형 행성들이 처음으로 조금씩 발견되기 시작했다. 시거는 지도 교수인 디미타 새슬로프를 찾아가 태양계외행성 쪽으로 방향을 바꿀 길이 있느냐고 물어보았다. 그녀가 보기에는 그쪽이 더 흥미로운 것 같았다. 새슬로프는 뜨거운 목성형 행성의 대기 모델링 쪽으로 그녀를 이끌었다. 재결합 시기와 마찬가지로 이 분야의 계산에도 고온 수소와 헬륨의 역학이 부분적으로 관련되어 있기 때문이었다. 이것이 씨앗이 되어 이로부터 시거의 박사 학위 논문과 학자로서 그녀의 일생을 결정한 초기 연구들이 나왔다. 그 연구는 태양계외행성의 대기를 처음으로 감지해내는 성과로 이어졌다.

한편 웨브릭은 고등학교 과학 교과서와 수학 교과서를 집필하고 편집하는 일을 하면서 나름대로 성공을 거뒀다. 시거가 하버드에 있는 동안 두 사람은 시간이 날 때마다 도시를 벗어나 시골로 떠났다. 그리고 시거가 박사 학위 논문을 완성한 1998년에 결혼했다. 이듬해에 두 사람은 뉴저지 주 프린스턴으로 이사했다. 시거가 그곳의 고등연구소에 5년 기한의 특별연구원으로 취직했기 때문이다. 고등연구소는 아인슈타인이 말년을 보낸 곳이기도 하다. 시거는 그곳에서 또 다른 멘토 역할을 해준 천체물리학자 고故 존 바콜의 격려로 근처 프린스턴대학에서 태양계외행성에 관심이 있는 여러 학자들을 만나 NASA가 내놓을 예정인 TPF 망원경으로 태양계외행성의 대기와 표면 특징을 파악할 수 있는 방법과 개념을 개발하기 시작했다.

어느 날 그런 모임이 끝난 뒤 프린스턴의 데이비드 스퍼겔이 영감을 얻어 TPF-C의 기술적인 기둥이 된 코로나그래프 아이디어를 생각해냈다. 또 다른 모임이 끝난 뒤에는 프린스턴의 천문학 교수인 에릭 포드와 에드윈 터너, 그리고 시거가 먼 거리에서 보이는 창백한 푸른 점의 밝기 변화만으로 지구형 외계 행성에 대한 정보를 얻어내는 뛰어난 방법을 고안해냈다. 그들은 먼저 행성이 멀리 있는 관찰자를 향해 산란시켜 보낼 수 있는 별빛의 양을 계산하기 위해 모델을 개발했다. 그러고는 시험 삼아 지구를 관측하는 위성 데이터로 모델을 돌려보았다. 가상의 창백한 푸른 점을 관찰자의 위치에 따라 다양한 각도로 돌려본 결과, 밝기만으로도 현재 관측하는 지점이 행성의 어느 지역인지 알 수 있었다.

예를 들어 적도를 내려다본다면 비교적 밝은 대륙인 남북 아메리카가 매일 시계처럼 정확하게 시야에 들어왔다. 널따란 대서양과 태평양이 양편에 길고 검게 붙어 있어 마치 샌드위치 같은 모양이었다. 이런 패턴을 반복해서 관측한 결과 하루의 길이를 알 수 있었다. 자전 속도가 이미 분명히 밝혀져 있으므로, 시거, 포드, 터너는 바다와 육지의 비율뿐만 아니라 숲, 초원, 사막, 빙상 같은 더 섬세한 특징들도 파악해보려고 시도할 수 있었다. 그들은 빛을 반사하는 밝은 구름이 관측 결과를 혼란스럽게 만들지 않을까 걱정했지만, 구름이 나타나고 흩어지는 방식을 예측할 수 있음을 알게 되었다. 구름은 바다와 육지의 접촉 면에서 자주 나타나고, 광활한 대양이나 건조한 내륙에서는 그리 자주 생기지 않았다. 시거를 비롯한 세 사람은 뜨거운 모래가 내뿜는 밝고 강력한 근적외선으로 구름이 없는 사하라사막을, 항상 담요처럼 덮여 있는 구름으로 식물이 무성한 아마존 분지를 구분하는 법을 터득했다. 가끔 밝기가 갑자기 치솟는 것은 빙상, 호수, 바다가 있다는 암시였다. 그들의 매끈한 표면이 거울처럼 햇빛을 반사하기 때문이었다. 또한 시간만 충분히 주어진다면, 다양한 식생, 구름, 얼음의 반사율을 날씨와 계절에 따라 구분하는 것도 가능할 것 같았다. 우주에 8~16미터짜리 반사경을 쏘아 올려 행성의 스펙트럼을 얻지 않아도, 멀리서 흐릿하게 흔들리는 작은 빛의 점 하나만으로 이 모든 정보를 알아낼 수 있었다. 물론 세 사람은 시험 대상으로 삼은 지구에 대해 이미 많은 것을 알고 있었다. 정말로 멀리 떨어진 지구형 외계 행성에서 미지의 환경을 조사해 그런 특징들을 세세히 밝혀내는 것은 훨씬 힘든 일이 될 것이다. 하지만 이 기법은 비교적 작은 2~4미터짜리 우주망원경으로도 지구와 가장 가까운 몇몇 항성들 주위의 지구형 행성들에 대해 대략적인 지도를 작성할 수 있을지 모른다는 희망을 주었다. 시거는 계속 이 연구를 밀고 나아가 항성을 통과하는 행성들의 초정밀 관측 결과로 행성의 자전이나 대기 구성 같은 특징들을 찾아내는 법에 관한 논문들을 쏟아냈다.

특별연구원 기간이 절반쯤 지났을 때 시거는 다음 일자리를 찾기 시작했다. 하지만 급속히 성장하는 태양계외행성 분야에서 그녀가 선도적인 위치를 차지하고 있는데도 여러 군데에서 그녀에게 정중한 거절의 뜻을 표했다. 그들은 지구형 행성을 찾을 것이라는 시거의 낙관이 결코 현실이 되지 못할 것이라고 믿는 듯했다. 하지만 카네기연구소는 예외였다. 그녀는 2002년에 그곳에서 일자리를 제의받고, 바콜의 축하를 받으며 고등연구소를 떠나 웨브릭과 함께 워싱턴으로 이주했다. 카네기연구소에서 그녀는 NASA의 TPF 기획에 더욱 깊숙이 참여했으며, 처음으로 지구물리학의 어려움을 느꼈다. 그녀는 외계 행성의 표면과 대기뿐만 아니라 깊숙한 내부까지(전체 구성 또는 화산활동과 지각 판 이동의 가능성 같은 것들) 이론과 관측으로 파악하는 방법을 연구하기 시작했다. 행성의 항성 통과가 열쇠였다. 행성의 반지름과 크기를 측정할 수 있기 때문이었다. 여기에 시선속도RV에서 산출한 질량 추정치를 곁들이면 행성의 밀도를 얻을 수 있었다. 시거는 다른 사람들과 더불어 다양한 구성의 행성들에 대해 질량-반지름의 관계를 이용하는 법을 개발했다. 그리고 이를 통해, 예를 들면 지구와 같은 크기의 행성들 중 순수한 물로 이루어진 곳과 주로 탄소나 철로 이루어진 곳을 행성 사냥꾼들이 구분할 수 있는 방법을 추정해보았다. 나중에 중간 크기의 행성들이 더욱 많이 발견되면서 이 연구가 몹시 중요해졌다. 이런 행성들이 항성을 통과할 때 밀도를 계산해본 결과, 이른바 슈퍼지구들 중 많은 것이 사실상 '미니 해왕성'임이 밝혀진 것이다. 즉 투명하고 얇은 공기층을 지닌 바위 행성이라기보다 수소와 증기로 이루어진 불투명하고 두툼한 대기층을 지닌 가스 행성이라는 뜻이었다.

이제 막 싹을 틔운 태양계외행성학의 떠오르는 선두 주자로서 시거는 중요한 학술회의, 모임, 세미나 등에 연사로 자주 초청되었다. 따라서 웨브릭과 함께 황무지를 여행하며 쉬는 시간은 점점 줄어들었다. 2003년에는 일과 휴식을 막론하고 여행을 하는 시간이 급격히 줄어들었다. 시거가 첫아들을 낳았기 때문이다. 아들의 이름은 맥스라고 지었다. 둘째 알렉스는 그로부터 2년 뒤에 태어났다.

2006년 가을 무렵, NASA가 TPF의 플러그를 뽑으면서 태양계외행성학의 운도 쪼그라들었지만 시거의 별은 계속 높이 솟아올랐다. MIT가 곧바로 종신 교수직을 주겠다며 카네기연구소에 있는 그녀를 유혹한 것이다. 어떤 학자에게든 이것은 평생 사용할 수 있는 황금 티켓을 주겠다는 것과 마찬가지였다. 게다가 시거처럼 젊고 이제 아이를 낳은 지 얼마 되지 않은 연구자한테는 특히 귀한 티켓이었다. 시거와 웨브릭은 담보대출을 받아 매사추세츠 주 콩코드에 훌륭한 고택을 구입했다. 월든 호수에서 별로 멀지 않은 낡은 집이었다. 1월부터 MIT에서 강의를 시작하게 될 시거는 자신의 성공이 기뻐서 친정에 갔을 때 아버지에게 이 소식을 알렸다. 아버지는 얼마 전 말기 암 진단을 받고 열심히 투병 중이었지만, 건강이 급격히 쇠퇴하고 있다는 것을 모두 알고 있었다. 시거는 천문학에 도박을 건 자신의 결정이 성과를 거뒀다고 말했다. 겨우 서른다섯 살의 나이에 세계 최고의 대학 중 한 곳에서 종신 교수직을 보장받았으니 말이다. 그녀는 자신이 기대할 수 있는 최고의 결과를 얻었다고 아버지에게 말했다. 하지만 아버지는 딸을 대견하게 생각할 것이라는 기대와 달리 얼음처럼 차가운 눈으로 그녀를 뚫어지게 바라보며 차가운 강철 같은 목소리로 천천히 말했다. "무엇이 됐든 네가 이것이 너의 최선이라고 말하는 소리는 듣고 싶지 않다. 너 자신의 부정적인 생각으로 스스로 한계를 짓지 마. 세상에는 그보다 훨씬 더 나은 일자리가 얼마든지 있다. 넌 언젠가 그 자리도 얻을 수 있을 거야, 틀림없이." 이 대화를 나누고 얼마 되지 않아 아버지가 세상을 떠났다. 그는 마지막 순간까지 언제나 포부를 크게 세우라고 시거를 밀어붙였다.

MIT에서 시거는 그 어느 때보다 포부를 크게 잡고 여러 연구집단들을 모아 다양한 연구를 추진했다. 그녀의 전문 분야를 이론에서 관측, 공학, 기획 관리까지 넓히기 위해서였다. 장차 TPF의 조종간을 잡고 싶다면, 이 네 가지 부문에서 모두 경험을 쌓을 필요가 있었다. 개인적으로도 직업적으로도 그녀는 미래에 초점을 맞췄다. 날이 갈수록 자라나는 아들들은 점점 아버지를 닮아가는 것 같았다. 웨브릭은 아들들에게 카누를 젓는 법, 낚싯대에 미끼를 다는 법, 불을 피우는 법을 가르쳤다. 시거는 눈을 휘둥그렇게 뜬 아들들에게 태양과 달의 기원, 지구와 다른 태양계 행성들의 역사, 모래알처럼 많은 항성들 주위에서 새로 발견된 행성들의 이야기를 들려주었다. 장남인 맥스는 논리와 숫자를 좋아했다. 어쩌면 수학자가 될 것 같기도 했다. 알렉스는 퍼즐과 게임을 좋아했으며, 부모를 닮아 야외 활동에 흥미를 보였다. 아마도 예술가, 발명가, 삼림 전문가 중 하나가 될 것 같았다. 시거는 아들들이 자라서 성인이 될 무렵이면 NASA가 TPF 계획을 다시 추진하게 될지도 모른다고 생각했다. 그때까지 그녀는 아이들을 키우면서 새로운 전문 지식을 터득해 준비를 갖출 예정이었다. 웨브릭의 삶과 하나로 합쳐진 그녀의 삶은 그녀가 기대하거나 계획했던 것보다 더 커다란 꽃을 피우고 있었다.

2009년 9월에 웨브릭이 가끔 아랫배에 통증을 느꼈다. 이렇다 할 이유 없이 찾아오는 통증이었다. 처음에 그는 별로 걱정하지 않았다. 정기적으로 운동을 하고, 건강식품을 먹고, 담배도 피우지 않으니 무슨 일이 있겠나 싶었던 것이다. 하지만 통증이 몇 주 동안 간헐적으로 계속되자 그는 의학 웹사이트에 자문을 구했다. 확실한 결론은 얻을 수 없었다. 11월 중순이 되자 통증이 더욱 심해져서 그는 친구들에게 조언을 구했다. 친구들은 이런저런 병명을 늘어놓았다. 맹장염, 담낭염, 과민성대장증후군, 궤양, 게실염, 탈장, 크론병……. 어느 것도 그의 증상과 정확히 일치하지 않았다. 시거는 병원에 가보라고 그를 설득했다. 의사는 대충 이리저리 찔러보더니 별로 심각한 병이 아닌 것 같다고 말했다. 그 뒤 두 달 동안 그는 몇 번 통증과 구토를 겪으면서 식중독일 것이라고 생각했다. 그러다 2010년 1월 중순에 그 어느 때보다 증상이 심해져서 결국 응급실로 실려 갔다. CT 촬영, 대장내시경, 조직검사 결과 무서운 사실이 밝혀졌다. 암 덩어리로 보이는 커다란 혹이 그의 소장을 대부분 막고 있었던 것이다. 사실 그는 증상이 크게 나타나지 않아서 진단을 받지 못했다 뿐이지 오래전부터 크론병을 앓고 있었다. 그로 인한 만성 염증이 결국 암으로 이어진 것이다.

웨브릭은 2월 초에 종양과 주위 조직을 절제하는 수술을 받은 뒤, 공격적인 화학요법 치료를 여러 번 받았다. 그는 예전에 황무지를 여행하면서 생명이 위험한 상황에 처했을 때 그랬던 것처럼 침착하고 의연한 태도를 잃지 않았다. 심지어 7월에는 아이다호 주의 급류에서 카누를 탈 만큼 몸이 좋아지기도 했다. 하지만 10월에 암이 재발해서 다른 곳으로 전이되더니 급속히 자라기 시작했다. 시거는 의학 문헌을 뒤지고 이 분야의 최고 전문가들에게 자문을 구하면서 바삐 움직였다. 혹시 미국이 아닌 다른 곳에서 새로운 실험적인 치료법을 시험할 수 있지 않을까? 유럽으로 가서 대담한 임상 시험에 참여할 수 있지 않을까? 전문가들은 부드럽게 고개를 저었다. 희망이 별로 없다는 것이었다. 시거는 웨브릭에게 모든 일을 그만두고 세계 여행을 하며 아직 시간이 있을 때 그가 하고 싶은 일을 모두 해보자고 말했다. 말만 하면 떠날 수 있다고. 그는 지금의 생활을 바꾸고 싶지 않고 집이 가장 편안하다고 말했다. 아직 시간이 있다고 생각했기 때문이다.

그런 와중에도 시거는 일을 멈출 수 없었다. 슬픔으로 인해 넋을 놓고 무너질 수는 없었다. 그녀는 아이들을 돌봐줄 사람을 구하고, 통증을 완화하는 치료를 해줄 수 있는 간호사를 찾았다. 아버지가 암에 무너지는 것을 지켜보았기 때문에 그녀는 지금 웨브릭의 모습이 폭풍 전의 고요와 같다는 것을 알고 있었다. 가끔 저녁에 그녀는 근처의 월든 호수까지 산책을 했다. 초월주의자인 랠프 월도 에머슨과 헨리 소로가 100년도 더 전에 그토록 귀하게 여겼던 떡갈나무와 히코리의 달큰한 냄새, 고요한 호수는 전혀 변하지 않았다. 그녀는 언젠가 이 월든 호수의 어두운 하늘 아래 서서 밝은 빛의 점을 가리키며 아들들 또는 손주들에게 그 별에 지구와 아주 흡사한 행성이 있다고 말해주는 날이 반드시 올 것이라고 자신에게 다짐했다. '너희가 저 별을 바라볼 때마다 저기에서도 누군가가 너희를 마주 바라볼지 몰라.' 그녀는 이렇게 말해줄 생각이었다. 이런 생각이 그녀에게 위안이 되었다. 자신이 아

50억 년 동안의 고독

주 크면서도 동시에 한없이 작은 존재인 것 같은 느낌도 들었다. 그녀는 포기하지 않고 견디면서 더 강해지겠다고 마음을 다잡았다. 근처 항성들을 탐사하는 데 참여하고, 지구와 비슷한 행성들을 수색할 것이다. 그런 순간에는 그녀를 에워싼 죽음과 상실의 기운이 쪼그라들어 시야를 훨씬 넘어서는 광대한 풍경 속의 작디작은 점이 되어버렸다.

"사람들은 내게 자주 말한다. '거기서는 자네가 외로워서 사람들이 옆에 있었으면 하는 생각이 들 것 같네. 눈이나 비가 오는 날이나 밤에는 특히 그렇겠지.'" 소로는 월든 호숫가에서 보낸 2년간의 생활을 기록해서 1854년에 발표한 고전 《월든》에서 이렇게 썼다. "그럴 때면 나는 이런 대답을 하고 싶다는 생각이 든다. 우리가 사는 이 지구는 우주의 한 점에 불과하다네. 저 먼 별에서 가장 멀리 떨어져 사는 사람들의 거리가 얼마나 될까? 그 별의 폭을 우리가 가진 장비로는 제대로 알아낼 수 없는데. 그러니 내가 왜 외로움을 느껴야 한단 말인가? 우리 지구는 우리 은하 안에 있지 않던가? 자네의 말은 내가 보기에 가장 중요한 문제인 것 같지 않네. 과연 어떤 공간이 사람과 사람을 따로 떨어지게 하고 외로움을 느끼게 할까?"

2011년 3월 무렵 웨브릭은 시간이 얼마 남지 않았음을 느꼈다. 그래서 현실적으로 해야 하는 일들을 정리한 3쪽짜리 목록을 만들었다. 집과 자동차 관리에 대한 조언, 친척들과 생명보험 담당 설계사의 연락처……. 시간이 무섭게 흘러갔다. 마치 삶의 시작을 백미러로 언뜻 보는 것 같았다. 걸을 수 있는 마지막 날, 일어나 앉을 수 있는 마지막 날, 말할 수 있는 마지막 날, 몸을 움직일 수 있는 마지막 날. 그는 고비가 닥칠 때마다 언제나 그렇듯이 강인하게 싸웠지만, 죽음은 가만히 기다려주지 않았다. 집에서 그를 돌보는 간호사들이 점점 더 많은 장비들, 긴 튜브, 삑삑 신호음을 내는 모니터를 들여왔다. 병원 침대도 빠지지 않았다. 시거가 기획한 '향후 40년의 태양계외행성 연구' 학술 회의(그녀는 여기서 TPF의 완성을 위해 연구 방향을 바꾸겠다고 선언했다)가 시작되기 겨우 며칠 전부터 식구들이 임종을 앞둔 그를 밤새 지키기 시작했다. 밤이면 시거는 웨브릭과 나란히 침대에 누워 몸을 둥글게 말고 의식이 가물가물한 그에게 말을 걸었다. 그를 사랑한다고, 그 덕분에 그녀의 인생이 영원히 바뀌었다고, 모든 게 다 잘될 터이니 마음 놓고 가도 된다고 속삭였다. 그의 영향으로 자신의 꿈을 이루기 위해, 세상을 바꾸기 위해 위험을 무릅쓸 용기를 얻었다는 말도 했다. 웨브릭은 희미한 미소를 지었다. "아냐." 그가 고개를 저으며 말했다. "내가 없어도 당신은 해냈을 거야."

시거의 마흔 번째 생일 이틀 뒤, 마이크 웨브릭은 시거가 지켜보는 가운데 집에서 평화롭게 숨을 거뒀다. 두 사람이 함께해온 긴 여행이 끝났다.

그리고 7개월 뒤 나는 찰스 강을 굽어보는 시거의 17층 연구실에 와 있었다. 그녀는 맞은편의 빵빵한 빨간색 의자에 앉아 커다란 창문으로 쏟아지는 밝은 아침 햇빛 속에 눈부시게 빛나고 있었다. 그녀의 등 뒤에는 바닥에서부터 천장까지 벽을 가득 채운 칠판에 난해한 기호들과 도표들이 잔뜩 적혀 있었다. 시거는 야심 찬 새 프로젝트를 한창 추진하는 중이었다. 생명이 살 수 있는 다양한 외계 행성의 여러 바이오시그너처를 정량화하기 위한 프로젝트였다. 그녀는 편안하고 좋아 보였다. 그래서 그렇게 보인다고 말해주었다.

"고맙습니다." 그녀의 미소가 점점 희미해졌다. "기분이 아주 안 좋아요. 조금 우울합니다."

웨브릭이 세상을 떠난 뒤 1개월 동안의 기억이 흐릿하다고 시거는 말했다. 그녀는 콩코드에서 남편을 잃은 사람들의 소규모 모임을 찾아내 가끔 어울리며 서로의 사연을 나눴다. 두 아들과 함께 마음을 추스르기 위해 여러 번 여행을 다녀오기도 했다. 플로리다에서는 NASA의 로켓 발사를 지켜보았고, 뉴햄프셔와 하와이에서는 산행을 했으며, 남서부에서는 야영을 했고, 워싱턴에서는 스미소니언을 구경했으며, 유럽을 여행했다. 그녀는 또한 일에 전에 없이 자신을 쏟았다. 다른 선택의 여지가 별로 없는 것 같았다.

두 아들을 제외하면, TPF야말로 시거의 꿈이고 목표였다. "그 꿈에 도달하는 길은 세 가지입니다." 그녀가 강한 눈빛으로 나를 바라보며 말했다. "하나는 NASA, 즉 정부를 통하는 길이죠. 나는 앞으로 연구에서 중요한 인물이 되기 위해 필요한 자리를 차지할 겁니다. 두 번째 방법은 민간 부문을 통하는 겁니다. 세 번째 방법은 내가 돈을 아주 많이 벌어서 내 힘으로 자금을 대는 것이고요."

그녀는 각각의 방법에 대해 체계적인 준비를 해왔다면서 내게 자세히 설명해주었다. 그녀가 조종간을 잡은, MIT와 드레이퍼연구소의 공동 프로젝트 '태양계외행성 위성ExoplanetSat'이 서로 연결되어 있는 그녀의 계획들 중 핵심을 차지하고 있었다. 이미 개발이 상당히 진행된 이 위성은 기껏해야 빵 한 덩이 크기로 황금색을 띤 금속 직사각형 상자 형태의 '나노 위성'이었다. 그 안에는 소형 망원경, 접고 펼칠 수 있는 태양전지판, 정밀한 방향 조종과 지상 통신을 위한 소형 기기들이 가득 들어 있다. 이 위성의 개발 목표는 오로지 태양계 인근에서 태양과 비슷한 별 하나를 끊임없이 관찰해 그 항성을 지나가는 행성이 있는지 흔적을 찾아보는 것이었으므로, 지구보다 아주 조금 더 큰 행성을 충분히 감지할 수 있는 능력을 갖추고 있었다. 처음 태양계외행성 위성을 개발해서 발사하는 데는 약 5백만 달러가 들겠지만, 그 뒤로는 같은 설계를 조립라인에서 베끼기만 하면 되기 때문에 개당 50만 달러에 제작할 수 있었다. 지구궤도에 올리기 위해 설계된 기계치고는 그야말로 껌처럼 싼 값이었다. 이 위성들은 최소 1~2년 동안 저궤도에서 활동할 예정이었다. 크기가 워낙 작기 때문에 다른 위성들처럼 별도의 발사체는 필요하지 않았다. 다른 짐을 실은 로켓에 덤으로 얹혀가는 것으로 충분했다. 시거의 궁극적인 꿈은 이런 저비용 나노 위성들을 여러 대 발사해서 가장 가깝고 가장 밝은 항성들을 조사해, 생명이 살수 있는 행성이 항성을 통과하는 현상을 관찰하는 것이었다. 위성의 첫 모델 발사는 NASA의 나노 위성 관련 프로그램의 일부로서 빠르면 2013년으로 예정되어 있었다.

시거가 태양계외행성 위성의 성공을 통해 공학 부문의 지식과 프로젝트 관리 경험을 얻게 되면, 장차 NASA가 자체 계획에 참여할 사람을 구할 때 매력적인 장점이 될 것이다. 또한 그녀가 자신의 힘으로 더 야심 찬 우주선을 개발하려 하는 경우 그 경험이 디딤돌이 되어줄 수도 있었다. 그녀가 말한 두 번째 방법, 즉 민간을 통하는 방법에는 자금 마련이 필요했다. 설계를 단순화하고 크기도 줄인 TPF를 발사해서 인근의 태양과 흡사한 항성 100개 주위에서 행성을 찾아보려면 돈이 필요하기 때문이다. 이 망원경으로 생명이 살 수 있는 행성의 스펙트럼을 수집하기는 힘들겠지만, 시거가 젊었을 때 선구적으로 개발한 광도 측정법을 통해 특징을 파악할 수 있을 것이다. 시거는 이 두 번째 방법을 위해 이미 스콧 갤리허라는 강력한 파트너를 찾아두었다. 50대의 기술 전문가인 그는 수십 년 전 골드만삭스의 금융연구소 기술그룹을 공동으로 설립한 인물이다. 시거와 갤리허는 힘을 합쳐 얼마 전 비영리재단인 넥스테라재단을 설립했다. 행성을 찾을 수 있는 민간 우주망원경 프로젝트를 추진하기 위해서였다. 하지만 아직은 재단의 세세한 부분을 다듬는 중이었다.

"넥스테라의 목표는 태양과 비슷한 인근의 별들을 조사하는 것 이상도 이하도 아닙니다." 시거가 내게 말했다. "어쩌면 그 망원경으로는 창백한 푸른 점들을 찾는 것이 고작일지도 모르죠. 하지만 다음 세대의 학자들이 그 행성들의 스펙트럼을 수집할 것이고, 심지어 그곳에 가는 방법까지 찾아낼지도 모릅니다. 전통적인 방법은 아니지만 가능성이 있습니다……. 요점은 최적의 기술을 찾기 위해 관련 자료를 한없이 뒤지는 일을 하지 않겠다는 겁니다. 우리는 그냥 TPF 아이디어가 처음 등장한 이래로 꾸준히 발전해온 기술 하나(별빛을 억누르는 기술)를 선택한 뒤 거기에 무게를 실어줄 겁니다. 그러다 실패하면 손을 떼는 것이고요. 모험을 꺼리면 안 됩니다. 당신이 그동안 우주망원경연구소 사람들을 만나서 이야기를 나눴다는 걸 압니다. 그 사람들도 모두 내 친구인데, 이 방안을 지지하고 있습니다. 하지만 실제로 이 방안을 채택하지는 않았죠. 연방 정부에서 자금을 지원받을 때는 이런 모험을 할 수 없으니까요. 그래서 크고 복잡한 기계를 만들겠다는 계획이 그다지 효율적이지 못한 겁니다. 하지만 민간 벤처기업이라면, 자기 돈으로 자신이 원하는 대로 일을 추진할 수 있습니다. 위험 부담도 자기 몫이고요. 그러면 더 작고, 더 저렴하고, 더 특화된 기계를 만들 수 있습니다."

그럼 세 번째 방법은요? 내가 물었다. 내가 아직 모르는 '빨리 부자 되는 방법'이라도 있습니까?

시거가 빙긋 웃었다. "소행성에서 광물을 캐는 겁니다. 농담처럼 들리겠지만 나는 아주 진지합니다. 만약 앞으로 30년, 40년 뒤에 그 일이 실현된다면 나는 이미 나이가 너무 많아서 TPF를 운영할 수 없겠죠. 하지만 적어도 개인적으로 그 일을 추진할 돈은 손에 넣을 수 있을 겁니다." 시거는 신생 벤처기업인 플래니터리 리소시즈와 과학 자문 계약을 맺었다. 이 회사는 내가 시거와 대화를 나눈 지 두 달 뒤에 공개적으로 데뷔했다. 이 회사의 공동 창업자는 새로이 부상하고 있는 민간 우주여행 업계에서 영향력이 큰 두 기업가 에릭 앤더슨과 피터 디어맨디스였다. 투자자들 중에는 구글의 에릭 슈미트와 래리 페이지, 우주여행을 다녀온 억만장자이자 소프트웨어 개발자인 찰스 시모니 등이 있었다. 자문으로는 시거 외에 할리우드의 영화제작자이자 심해탐험가인 제임스 캐머런, 전직 미 공군 참모총장 T. 마이클 모즐리 장군이 참여했다. 사업 계획은 기본적으로 아주 간단했다. 지구 근처의 소행성에서 가치 있는 자원을 찾아내 채굴하는 것이다. 많은 소행성에 백금을 비롯한 여러 희귀 금속이 매장되어 있을 것으로 추측되는데, 그 가치는 기존 시장가격으로 수조 달러에 이른다. 만약 이 기업이 모든 어려움을 뚫고 성공을 거둔다면, 핵심 인물들은 순수익으로 수십억 달

50억년 동안의 고독

러를 손에 쥘 수 있을 것이다.

플래니터리 리소시즈는 먼저 소형 우주망원경을 제작해서 발사할 계획을 세웠다. 소행성을 원격 '시굴'하는 한편, 공공기관과 개인에게 망원경을 빌려주는 사업도 할 예정이었다. 다음 단계는 저렴한 행성 간 통신네트워크를 구축하고, 민첩한 로봇 탐사선들을 가장 유망한 소행성으로 보내 더 자세히 조사하게 한 뒤 자원을 캐는 것이었다. 물과 여러 휘발성 물질들을 가공해서 로켓 연료로 사용한다면, 궤도에 연료 저장소를 만들 수 있었다. 유료 고객을 상대하는 우주 주유소가 생기는 셈이다. 백금족원소들은 지구로 수입되면 컴퓨터 관련 기기와 재생에너지 관련 시장이 엄청나게 확대될 것이다. 행성 간 통신네트워크와 저렴한 행성 간 우주선 기술을 제3자에게 허가해주는 데에서도 추가 수입을 올릴 수 있었다. 시거는 나노 위성 연구를 하면서 얻은 지식은 물론 MIT 연구자들과의 친분, 원거리 광도 측정법과 스펙트럼 관측법에 대한 지식을 이용해서 소형 망원경과 궤도통신시스템 구축에 자문을 제공할 예정이었다. 그녀는 지구의 경제권을 태양계 전체로, 그리고 언젠가는 그 너머까지 확대시키려는 광범위한 전략에서 이 벤처기업이 일부를 차지한다고 보았다.

"사람들은 지금 (우주과학이) 사치스러운 분야로 여겨진다는 사실을 잊어버리고 있습니다." 그녀가 말했다. "빈곤 퇴치, 에이즈나 암 치료법 개발, 지구온난화 방지처럼 반드시 해야 할 일로 여겨지지 않죠. 그러니 정부가 우리 대신 연구를 추진해줄 것이라고 기대할 수 없습니다. 아마 우리가 우리 힘으로 해내야 할 겁니다. 따라서 상업적인 우주산업이 기세를 얻는다면 우리에게는 이로울 뿐입니다."

나중에 그녀는 자신의 계획 중에서 더 구체적이지만 역시 상당히 미래 지향적인 부분을 내게 공개했다. 바로 MIT의 여러 고등 연구집단에서 그녀가 멘토 역할을 하고 있는 젊은 연구자들이었다. 그들 중 다이애나 발렌시아, 렌유 후, 브라이스 드모리, 블라다 스타멘코비치는 유럽, 아시아, 남미 출신으로 이미 자기 분야에서 떠오르는 별로 대접받고 있었다. 베키 젠슨-클렘, 크리스토퍼 퐁, 메리 넙, 맷 스미스는 미국에서 자라 MIT 대학원과 학부에 재학 중인 학생들로서 일찌감치 두각을 나타내고 있었다. 이들은 각자 태양계외행성 연구와 우주선 제작을 향한 시거의 노력에서 중요한 역할을 하고 있었다. "그 친구들은 내게 마치 가족과 같습니다." 시거가 내게 그들을 소개해준 뒤 이렇게 말했다. "그 친구들도 후세에게 물려줄 유산의 일부예요. 그 친구들은 자라서 하늘로 날아오를 겁니다. 그리고 태양계외행성의 대기와 내부에 관해 위대한 차세대 연구 결과를 잔뜩 남기겠죠……. 설사 내가 바이오시그너처를 찾아내지 못한다 해도, 아마 그 친구들이 해낼 겁니다."

저녁에 우리는 케임브리지에서 기차를 타고 콩코드에 있는 시거의 집으로 향했다. 아늑하게 벽을 세운 포치와 나무에 둘러싸인 커다란 뒤뜰이 있는 널찍한 3층집이었다. 시거의 두 아들이 거실 바닥에 엎드려 놀다가 우리에게 인사했다. 갈색 머리의 두 아이는 맨발로 엎드려 레고를 조립하기도 하고, 색칠하기 책에 색을 칠하기도 했다. 아이들을 봐주던 사람이 인사를 하고 나갔다. 시거는 가까이에 쌓여 있는 종이 더미에서 색인카드 몇 장과 딱딱한 종이 한 장을 꺼냈다. 그녀가 아이들과 함께 만든 게임이었다. 종이에는 손으로 쓴 굵은 글씨로 '외계 폴리'라고 적혀 있고, 그 밑에는 긴 줄기 끝에 눈이 달린 괄태충 모양의 외계인이 웃고 있었다. 이 게임에서는 산책로나 공원 부지 대신 글리제 581의 행성들이나 알파 켄타우루스의 행성들을 살 수 있었다. 주사위를 굴리다 말이 웜홀에 걸리면 판 위의 어느 곳이든 갈 수 있었다. 아니면 외계인에게 납치되어 UFO에 실리는 곤욕을 치를 수도 있었다. 시거는 저녁 준비를 해야겠다며 양해를 구하고는, 수레국화처럼 파란색 타일이 장식된 부엌에서 구운 닭고기, 필라프, 아티초크의 부드러운 속으로 상을 차렸다. 그동안 나는 아이들과 거실에 남아 있었지만, 아이들은 어머니의 일에 대해 이야기하거나 외계 폴리 게임을 하는 것에 거의 관심을 보이지 않았다.

"〈스타워즈〉 좋아하세요?" 아이들이 거의 한목소리로 지저귀듯 말했다. 내가 고개를 끄덕이자 아이들은 의미심장한 시선을 교환했다. 둘째 알렉스가 근처 소파로 달려가서 쿠션 사이에 끼어 있던 장난감 광선검 세 개를 꺼내더니 타박타박 돌아와서 내 손에 하나를 불쑥 내밀었다. "어디 막아봐라, 다스베이더!" 맥스가 칼을 들어 올리며 외쳤다. 저녁 식사 전과 후에 두 번 치러진 40분 동안의 피투성이 싸움에서 나는 시스 훈련에도 불구하고 젊은 제다이들의 손에 몇 번이나 죽어 거듭 내장이 파이고, 팔다리가 잘렸으며, 목이 베어졌다. 아이들의 가느다란 팔과 형광색 플라스틱으로 만든 광선검이 정신없이 이리저리 휘둘러졌다. 결국 두 아이는 잠자리에 들 시간이 한참 지난 뒤에야 마지못해 2층 침실로 올라갔다. 시거와 나는 아래층에 남아 적포도주를 마시며 이야기를 나눴고, 시거는 그 틈에 빨래를 해치웠다.

그녀는 자신이 동료들과 함께 매일 밝혀내고 있는 숨 막히는 사실들보다 허풍이 잔뜩 들어간 우주 영화가 아들들에게 더 인기가 있는 것이 이상한 모양이었다. "아이들이 왜 그렇게 〈스타워즈〉를 좋아하는지 혹시 아세요?" 그녀가 얼마 뒤 내게 물었다.

사실 나도 몰랐지만 민담 속의 문화적 원형이라느니, 조지프 캠벨의 '영웅의 여행'이라느니, 이국적이면서도 친숙한 구석이 있어서 마음이 놓이는 생물들과 변방에 대한 영원한 환상이라느니 하는 이야기를 중얼거렸다.

"그럴지도 모르죠." 시거가 놀리는 듯한 표정으로 말했다. "나도 사실 잘 몰라요. 사람들의 행동에 대해서요." 순간적으로 나는 대화의 가닥을 놓쳤다. 시거가 전에 했던 이야기를 떠올렸기 때문이다. 맥스가 외계 행성에서 지구를 찾아온 방문객 행세를 하고, 알렉스는 우주 비행사가 되어서 어머니가 발견할 지구형 행성들을 탐험할 것이라고 선언했다는 이야기. 내 어린 시절도 생각해보았다. 어렸을 때 나는 커서 혜성을 방문하거나 갑자기 UFO에 실려 다른 은하로 여행하는 상상을 했다. 아이들은 모두 무한한 가능성의 영역에 속해 있으므로 다른 행성, 다른 삶을 꿈꾼다. 자신이 특별한 존재가 되어서 다른 행성으로 옮겨 가 사는 꿈을 꾸기도 한다. 유년기의 끝에 그런 꿈들이 희미해지는 것이, 미처 실현되지 못하고 묻혀버린 잠재력 때문인지 가혹한 현실 때문인지는 잘 모르겠다.

"내가 죽기 전에 사람들이 태양계외행성으로 여행하는 걸 볼 수 없으리라는 건 확실히 알고 있어요." 시거가 말했다. "그래도 그 행성들을 조사하는 건 가능하죠. 그 이후에 일어날 일은 솔직히 내가 뭐라고 말할 수 있는 영역이 아니에요. 만약 어떤 문명이 가장 가까운 별에 가고 싶어서 자원을 동원하는 것이 가능할까요? 그 정도는 우리도 할 수 있다고 생각해요." 그녀는 세탁기의 빨래가 끝났다면서 내게 양해를 구하고 자리를 떴다. 그리고 세탁기에 새로운 빨래를 넣은 뒤 곧 다시 돌아와 바이오시그너처에 대한 자신의 새로운 연구 이야기를 꺼냈다.

그녀는 영국의 생화학자인 윌리엄 베인스와 함께 지구와 아주 다른 가상의 행성들을 그럴듯하게 만들어내서 그곳에 존재할 수 있는 생물들의 종류, 대기 중에 나타날 수 있는 바이오시그너처의 종류를 밝혀내려고 애쓰는 중이었다. 그녀와 베인스는 지구형 행성은 드물더라도 행성에 사는 생물들은 그렇지 않을 것이라는 시각에서 다양한 예상 시나리오를 구성하고 싶어했다.

그녀는 먼저 산소가 없는 '점액 행성'을 언급했다. 바다에는 갖가지 식물들이 잔뜩 엉켜 있고, 생물들은 메탄이나 황화수소를 배출하며, 항성에서 멀리 떨어졌는데도 대기를 감싼 가스들이 온실효과를 일으키는 이 행성의 생물들은 물을 분해해서 에너지를 얻는 것이 아니라 수소와 질소가 결합해 암모니아가 생성되는 반응에서 에너지를 얻었다. 숨이 막힐 만큼 두꺼운 대기에 둘러싸인 따뜻한 바다 행성에서는 거칠게 요동치는 바다에서 생성된 부글거리는 에어로솔 깊숙한 곳에 생물들이 살고 있을 것이라고 했다. 어스름한 푸른색을 띤 이 행성에서 생물들은 정확히 똑같은 밀도로 뒤섞인 공기와 물 사이에서 자유로이 헤엄치고 날아다닐 수 있었다. 장차 완성될 TPF 망원경에 이런 것들이 어떻게 나타날지 알아내려면, 행성 하나가 아니라 수백만 개의 표면과 대기를 시뮬레이션으로 돌려볼 필요가 있었다. 각각의 행성은 열역학적으로 다른 환경을 갖고 있어야 했으며, 이것이 바이오시그너처의 생성과 가시성에 영향을 미칠 터였다. 시거의 연구가 으레 그렇듯이, 몇몇 비판자들은 그녀의 새로운 연구가 너무 미래적이라서 쓸모가 없다고 생각하는 것 같았다. 어쩌면 아예 존재하지 않을 수도 있고, 관측하는 데 필요한 망원경이 아예 만들어지지 않을 수도 있는 행성의 바이오시그너처를 식별하기 위해 그렇게 애를 쓸 이유가 무엇인가?

"이 연구는 모두 우리가 나중에 불분명한 관측 결과를 해독할 수 있게 준비하는 작업입니다." 그녀가 포도주를 홀짝거리며 반박했다. "게다가 우리가 예상한 일들 중 일부는 곧 현실이 될 겁니다. 먼저 가까이에 있는 조용한 M-왜성을 지나가는 슈퍼지구를 볼 수 있게 될 겁니다. 대기가 두꺼워서 뚱뚱해 보이는 그 항성들을 (제임스 웹 우주망원경이나) 심지어 지상망원경으로도 조사할 수 있게 될 테니까요. 하지만 그 뒤로 지구의 쌍둥이를 찾을 수 있는 기회가 무한히 생기는 것은 아닙니다. 우리가 죽기 전에 발사된 망원경들은 아마 가장 가까이에 있는 100여 개 정도의 항성들밖에 볼 수 없을 거예요. 그것뿐입니다. 그러니 그 안에 지구의 쌍둥이가 없다면, 우리가 어떻게 바이오시그너처 가스들을 알아보겠습니까? 그래요, 이렇게 기본 원칙을 바탕으로 광범위한 분석을 하지 않는다면 알아볼 수 없을 겁니다. 슈퍼지구의 대기를 처음 언뜻 보는 것만으로도 아주 기가 죽어버릴 거예요."

나는 그녀가 곡선으로 휜 길에서 남보다 앞서 나아가 더 먼 곳을 보는 식으로 줄곧 연구를 진행해왔음을 지적했다. 그녀는 어떤 미래를 예상하고 있을까? TPF라는 꿈이 연기된 지금, 태양계외행성 붐을 유지할 수 있는 방법이 무엇일까? 나는 20년간 팽창해온 이 분야가 예전

닷컴 기업들처럼 붕괴를 앞두고 있는 것이 아니냐는 의견을 내놓았다.

시거는 포도주를 길게 한 모금 마시고, 손가락으로 포도주 잔의 기둥을 빙글빙글 돌리며 생각에 잠겼다. "나는 '향후 40년' 회의를 통해서 생각을 분명히 정리했습니다." 그녀가 말문을 열었다. "이 분야를 구축한 사람들은 거친 개척자들이었습니다. 거칠고 호전적이며 커다란 모험을 기꺼이 감수하고 기준을 높게 잡은 사람들이 아니라면 이 분야에 들어오지 않는다는 선택 효과가 작용한 결과였죠. 하지만 이제는 워낙 많은 사람들이 유입되고 있기 때문에 그런 기준이 꼭 지켜지지는 않습니다. 수많은 사람들이 아주 사소한 차이만 있을 뿐 기본적으로 똑같은 연구를 하고 있는 것처럼 보이죠. 우리가 근처의 항성들을 조사해야 한다는 데에는 모두 동의하지만, 최선의 방법에 대해서는 아직 의견 일치가 이루어지지 않았습니다." 그녀는 변변찮은 이론 연구와 별로 도움이 되지 않는 관측 결과가 점점 지나치게 많아지고 있다고 탄식했다. "항성을 통과하는 뜨거운 목성형 행성이 우리에게 몇 개나 더 필요할까요? 더 필요할 수도 있고 아닐 수도 있습니다. 나는 그 질문에 최선의 답을 내놓을 수 있는 사람이 아니에요."

하지만 그녀는 의견 일치가 이루어지지 않은 데에도 나름대로 장점이 있다고 말을 이었다. "태양계외행성 분야는 확실히 닷컴 거품과 조금 비슷합니다. 하지만 이건 100년짜리 거품이에요. 그만큼 오래갈 거라는 얘깁니다. 천문학에서는 언제든 새로운 기술과 새로운 망원경이 생기면 새로운 분야가 열린다는 말이 항상 진실입니다. 초정밀 분광기와 시선속도의 경우가 바로 그랬죠. 케플러망원경과 행성의 항성 통과도 마찬가지고요. 나는 이런 현상이 파도와 같다고 생각합니다. 시선속도가 지금은 조연 역할을 하고 있지만, 대부분의 항성에서 지구형 행성이 발견된다면 다시 부상할 수도 있어요. 지금은 케플러망원경과 행성의 항성 통과가 물결을 주도하고 있죠. 나중에 또 다른 물결이 밀려올 겁니다. 직접 촬영이라는 파도, TPF라는 파도 말입니다. 이 물결들은 모두 서로 겹치지만, 각각 다른 시기에 시작되었기 때문에 단계가 다릅니다……. 거품이 오랫동안 지속되는 건 모든 물결이 한꺼번에 몰려오지 않는다는 이유 때문입니다. 만약 우리가 엄청난 돈을 쏟아 이 기술들을 한꺼번에 실행한다면, 전부 다 타서 없어져버릴 겁니다. 하지만 새로운 물결들이 점진적으로 열리고 있기 때문에 물결은 계속 이어질 겁니다. 우리가 지구의 쌍둥이처럼 보이는 행성을 발견해서 직접 사진을 찍은 뒤에는 사람들이 그 행성들의 대기와 표면을 더 높은 해상도로 찍고 싶어할 겁니다. 그래도 거품이 영원히 유지될 수는 없겠죠. 그건 맞습니다."

그녀는 잔을 다 비우고 시간을 확인했다. 저녁 11시가 넘은 시각이었다. 나는 케임브리지로 돌아가려면 늦기 전에 기차를 타야 했다. 하지만 내가 떠나기 전에 보여주고 싶은 것이 있다고 그녀가 말했다. 우리는 2층으로 올라가 침대에 잠들어 있는 맥스와 알렉스를 지나쳐서 책꽂이와 소파가 있는 작은 서재로 들어갔다. 시거가 벽장을 열어 누렇게 변한 사진 액자 몇 개를 꺼내더니 소파 위에 늘어놓았다. 웨브릭의 모습이 담긴 사진이 대부분이었다. 급류에서 카누를 끄는 모습, 커다란 에스커 꼭대기에서 바위에 양다리를 벌리고 올라앉은 모습, 하루 종일 산행을 하고 초췌하지만 당당하게 빛나는 모습. 결혼식 날 시거를 끌어안고 그녀의 눈을 지그시 바라보는 사진도 있었다. 그는 검은

50억년 동안의 고독

정장과 넥타이 차림이었고, 그녀는 온통 하얀 옷에 머리에는 연한 색 꽃을 꽂은 모습이었다. 그 밖의 사진들은 나무들이 검게 타서 죽어버린 해안의 푸른 하늘이 쿨렁거리는 검은 연기로 얼룩진 모습과 급류 위의 물안개에 햇빛이 반사되는 모습을 찍은 것이었다.

"옛날에, 사진에 정말 푹 빠진 적이 있었습니다." 시거가 부드럽게 말했다. "여행할 때 마이크는 요리를 하고 나는 사진을 찍었죠……. 나는 남편의 죽음에만 생각을 집중하고 싶지 않습니다. 하지만 어쨌든 남편은 세상을 떠났고, 그것은 정말이지 커다란 충격이었습니다. 거대한 잔물결 같은 효과를 일으켰어요. 이제 나는 좀 더 목적을 지니고 살려고 합니다. 내 아이들, 제자들, 내가 지도하는 학생들을 위해서. 어지러운 혼란을 뚫고 꿈을 향해 나아가라고 사람들에게 의욕을 불어넣기 위해 그 어느 때보다 열심히 노력하고 있습니다. 나 자신도 포함해서요."

나는 다음 날 오전 시거의 연구실에서 그녀를 만나 늦은 오후까지 함께하면서 정신없이 이어지는 회의, 전화 통화, 수업을 지켜보았다. 매 시간 그녀의 뇌에서 새로운 부분들이 새로운 문제에 주의를 기울이며 태양계외행성을 연구하는 박사후 연구원들에게 조언을 하기도 하고, 대학원생들과 위성의 온도조절과 관련된 상세한 부분을 토론하기도 했으며, 학부의 공학 전공 학생들에게 프로젝트 관리에 관한 조언을 해주기도 했다. 저녁이 되자 나는 기진맥진했지만 시거는 지치지도 않는 것 같았다. 우리는 두어 시간 동안 헤어졌다. 그동안 그녀는 무선통신 자격시험을 치렀다. 그녀는 통신위성에 대한 관심 때문에 이

자격증을 따고 싶어했다. 저녁 식사는 캠퍼스 안의 식당에서 생선초밥으로 먹었다. 그리고 우리는 밤의 캠퍼스를 걸어 그린 빌딩으로 가서 엘리베이터를 타고 17층의 연구실로 다시 올라갔다. 그녀가 깜박 잊고 가방을 두고 왔기 때문이다. 불을 켜지 않은 연구실 창문으로, 잔물결이 이는 검은 강물에 부딪혀 반짝이는 도시의 불빛들이 보였다. 순간적으로 우리가 우주에 둥둥 떠서 헤아릴 수 없이 많은 별들이 반짝이는 은하를 내려다보고 있는 것 같았다. 시거가 책상 주위에서 뭔가를 찾다가 고개를 들더니 가방을 손에 든 채 홀린 듯 그 풍경을 바라보았다.

"나는 이 풍경이 좋습니다." 그녀가 내게 등을 돌린 채로 말했다. "언제나 시선을 빼앗겨요. 강물. 하늘. 불빛. 이것이 사실 내 인생의 큰 부분을 차지하고 있습니다. 이 풍경이 점점 변하는 모습. 밤이 내리는 모습. 나는 창밖을 내다보며 사람들을 생각합니다. 이 세상의 아귀가 잘 맞아 돌아가는 것도 생각하고, 빛의 연속체도 생각합니다. 낮이 밤으로 변하고, 밤은 다시 낮으로 변합니다. 자연이 길을 정하지만, 우리도 조금은 힘을 갖고 있죠. 우리는 수천만 년 동안 이루어진 진화의 산물이지만, 그렇다고 시간을 허투루 낭비할 수는 없습니다. 그것이 내가 죽음에서 배운 교훈이에요." 그녀의 목소리가 갈라지고 가늘게 떨리다가 눈물 속에서 힘을 되찾았다. "죽음을 통해서 나는 대부분의 것들이 얼마나 덧없는지 깨달았습니다. 그렇죠? 그 무엇도 무의미합니다. 죽음은 모든 것을 빼앗아 가니까요. 나는 이제 의미 없는 것들을 참아줄 힘이 없습니다. 그런 일에 쓸 시간이 없어요. 무슨 말인지 아시겠어요?"

어둠 속에서 그녀가 전날 밤 내게 보여준 사진 하나가 머릿속에 떠

50억년 동안의 고독

올랐다. 웨브릭이 찍은 드문 사진이었다. 높은 곳에서 찍은 그 사진에는 노란 풀과 자라다 만 나무들이 이름 모를 호숫가까지 광대하게 펼쳐져 있었다. 호수 또한 나무 한 그루 없는 에스커 수평선까지 쭉 이어져 있었다. 사진 전면에 고독한 점 같은 사람 하나가 빨간 호선 밑에 몸을 숙이고 황금색 햇빛 속에 긴 그림자를 드리우고 있었다. 험한 땅 위로 무거운 카누를 굳건하게 끌고 가는 시거였다. 해상도가 별로 좋지 않은 이 사진만으로는 그녀가 이제 막 짐을 끌기 시작한 건지 아니면 목적지에 거의 도달한 건지 알 수 없었다. 저 멀리서 황무지가 다가왔다.

감사의 말

이 책을 위해 오랫동안 준비하면서 많은 사람들의 도움을 받았다. 나를 믿어준 코트니 영, 나의 문장을 편집자의 솜씨로 예리하게 다듬어준 에밀리 앤젤과 애니 고틀립에게 감사한다. 내 대리인인 피터 톨랙은 처음부터 끝까지 꼭 필요한 지원을 해주었으므로 많은 찬사를 받아 마땅하다.

정신적으로, 경제적으로 나를 지원해준 식구들에게도 신세를 졌다. 부모님인 마이크 빌링스와 팸 빌링스, 그리고 조부모님인 브루스 해나포드와 조 해나포드의 너그러움이 없었다면 이 책은 태어나지 못했을 것이다. 누이 캐롤린과 매부 맷 태피는 나의 말을 너그럽게 들어주고, 내가 자료 조사를 위해 여행할 때 내게 잠자리를 제공해주었다. 하지만 내게 흔들림 없는 지지를 보내고, 인내심과 사랑을 보여준 아내 멜리사 레리슨 빌링스에게 그 누구보다도 감사하고 싶다.

핵심 취재원들과 일찌감치 만날 수 있게 해준 애덤 블라이와 시드

미디어그룹 편집 팀에게 감사한다. 캘리포니아대학교 버클리캠퍼스의 밀러기초과학연구소는 연례 심포지엄에 여러 차례 나를 초청함으로써 이 책의 아이디어들을 성숙하게 다듬는 데 헤아릴 수 없는 도움을 주었다. 내가 찾아갔을 때 친절하게 대해준 캐스린 데이, 레이먼드 진로즈, 마이클 맹가에게도 특별히 감사한다. 'Boingboing.net'의 과학 편집자인 매기 코어스-베이커도 처음 이 책의 아이디어가 이륙할 수 있도록 커다란 도움을 주었다. 자신의 아버지와 만남을 주선해준 나디아 드레이크에게도 특별히 감사한다.

내게 우정, 조언, 격려를 준 사람들도 빼놓을 수 없다. 에반 러너, T. J. 켈리허, 폴 글리스터, 조슈아 롭크, 에릭 와인슈타인, 존 바딘, 켄 챙, 앤드루 풀러튼, 크리스토퍼 슈, 조시 체임버스, 조지 머서, 칼 지머, 네바다 카운티의 E. J.에게 감사한다.

많은 사람들이 몇 년에 걸쳐 내 질문에 친절하게 대답해준 것이 이 책에 직간접적인 도움이 되었다. 하지만 이 책에 혹시 잘못된 부분이 있다면 그것은 전적으로 내 책임이다. 내게 시간과 전문 지식을 할애해준 다음의 사람들에게 깊이 감사한다.

로저 앤젤, 기옘 앙글라다-에스쿠데, 마이크 아서, 윌리엄 베인스, 타날리 바탈라, 찰스 베이치먼, 데이비드 베넷, 마이클 볼트, 자비에 본피스, 앨런 보스, 존 카사니, 웹스터 캐시, 존 체임버스, 필 챙, 데이비드 샤보노, 닉 코원, 폴 데이비스, 드레이크 데밍, 프랭크 드레이크, 앨런 드레슬러, 마이클 엔들, 데브라 피셔, 캐스린 플래너건, 에릭 포드, 콜린 골드블랫, 마크 고건, 제프 그리슨, 존 그런스펠드, 하비에라 게지스, 올리비에 구연, 로빈 핸슨, 토리 홀러, 앤드루 하워드, 제레미 캐스딘,

짐과 새론 캐스팅, 헤더 크누트슨, 앙트완 라베이리, 데이비드 래섬, 그렉 래플린, 더그 린, 조너선 루닌, 케빈 매카트니, 클로디오 매콘, 브루스 매킨토시, 제프 마시, 존 매더, 그렉 매트로프, 미셸 마이어, 비키 메도우스, 존 모스, 맷 마운틴, 필 너츠먼, 벤 오펜하이머, 밥 오웬, 론 폴리던, 마크 포스트먼, 숀 레이몬드, 디미타 새슬로프, 진 슈나이더, 새라 시거, 마이클 샤오, 세스 쇼스탁, 루디 슬린저랜드, 크리스 스미스, 레미 수머, 데이비드 스퍼겔, 앨런 스턴, 피터 스톡먼, 질 타터, 필립 테보, 웨스 트롭, 마이클 터너, 스테판 우드리, 스티브 보그트, 짐 워커, 버니 월프, 앤드루 유딘, 케빈 잔리.